数据之力技术丛书

轻松拿捏大数据算法面试

典型算法面试题全解及面试指导

杨国栋 徐扬 徐振超 黄海军 罗富良 赵思南 编著

机械工业出版社
CHINA MACHINE PRESS

图书在版编目（CIP）数据

轻松拿捏大数据算法面试：典型算法面试题全解及面试指导 / 杨国栋等编著 . -- 北京：机械工业出版社，2024.12. -- （数据之力技术丛书）. -- ISBN 978-7-111-77262-0

Ⅰ . TP274

中国国家版本馆 CIP 数据核字第 2025FL5581 号

机械工业出版社（北京市百万庄大街 22 号 邮政编码 100037）
策划编辑：孙海亮　　　　　　　　　责任编辑：孙海亮
责任校对：孙明慧　李可意　景　飞　责任印制：单爱军
保定市中画美凯印刷有限公司印刷
2025 年 3 月第 1 版第 1 次印刷
186mm×240mm · 17.5 印张 · 344 千字
标准书号：ISBN 978-7-111-77262-0
定价：89.00 元

电话服务　　　　　　　　　网络服务
客服电话：010-88361066　　机　工　官　网：www.cmpbook.com
　　　　　010-88379833　　机　工　官　博：weibo.com/cmp1952
　　　　　010-68326294　　金　书　网：www.golden-book.com
封底无防伪标均为盗版　　　机工教育服务网：www.cmpedu.com

"数据之力技术丛书"编委会

主　任：杨国栋

副主任：李奇峰

委　员：徐振超　陈　鹤　赖志明　姜　楠　李钊丞　李　钊

"数据之力技术丛书"是由 PowerData 社区组织发起的一套面向数据从业者的专业技术图书，内容涵盖数据领域的前沿理论、关键技术、最佳实践、行业案例等多个维度，旨在深度挖掘与传播数据领域的智慧成果，通过系统化的知识梳理，助力广大数据从业者提升专业技能、拓宽技术事业，实现个人与行业的共同进步。

丛书编委会成员均为 PowerData 社区核心成员，他们来自大数据领域的工作前沿，就职于不同互联网大厂。他们以开源精神为指导，秉承社区"思考、交流、贡献、共赢"的价值观，为丛书的出版提供专业且富有深度的内容保障。

前 言 Preface

为什么要写这本书

数据结构（Data Structure）+ 算法（Algorithm）= 程序（Program）。大多数从事计算机行业的人都听过这个公式。这个公式是 Niklaus Wirth 在 1976 年出版的《算法 + 数据结构：程序》一书中提出的。换一个通俗的说法：数据结构是程序的"肉体"，它承载着程序的核心——数据的结构，是计算机存储、组织数据的方式；算法是程序的"灵魂"，提供了程序执行的流程与步骤；程序是数据结构与算法在特定编程语言和执行环境下的结合，只有合适的数据结构设计与算法实现，才能实现编程者的设计目标，使程序正确地运行起来。

在"旧 IT 时代"，程序与数据的规模没有现在这么大，那时传统的算法与数据结构在小数据样本下，可以稳健地运行在单机环境中。随着互联网与物联网等更多互联互通的场景出现，越来越多的数据、越来越复杂的算法流程不断在"新 IT 时代"对技术人员发起挑战。相比于复杂的算法流程，海量的数据集对编程人员的影响更加直观，我们已经无法简单地使用一台服务器去存储数据了。

在维克托·迈尔-舍恩伯格及肯尼斯·库克耶编写的《大数据时代》一书中，大数据处理被定义为不用随机分析法或抽样调查这样的方式，而是对所有数据进行分析处理的过程。此时对大数据集的算法提出了新的挑战。

本书从传统的数据结构与算法入手，并扩展至用于解决大数据场景问题的数据结构与算法，内容涵盖了大数据行业面试要掌握的所有典型数据结构与算法题、当前行业中的常用新算法及面试技巧。本书旨在帮助读者全面提升自己在大数据领域的算法能力，从而获得自己想要的职位，并在未来的职场中取得更好的发展。

读者对象

本书的主要目标读者群可分为如下几种。

- ❏ 刚毕业或者即将毕业并准备进入大数据领域一展抱负的大学生。
- ❏ 准备从其他技术岗转战大数据相关岗位的技术人员。
- ❏ 对大数据算法感兴趣，想深入学习并想了解不同算法背后逻辑的大数据爱好者。
- ❏ 其他想在数据要素时代大展宏图，却缺乏大数据相关知识的人。

本书导读

本书的前半部分（第 1 章和第 2 章）主要对传统的数据结构与算法进行介绍。通过大量的典型题目，帮读者系统学习和巩固各种常见数据结构与算法的相关知识。这部分包含一系列题目，从简单到复杂，难度逐步提高。这些题目涵盖基础数据结构以及排序、递归、贪心、动态规划等多种算法，可以帮助读者深入理解算法的原理和应用。书中还提供了详细解析和代码实现，可帮助读者更好地掌握算法的实现。

中间部分（第 3 章～第 5 章）是对目前大数据行业中常用算法的介绍，也是面试中高频出现的内容。随着大数据技术的快速发展，各个行业都在积极探索和应用大数据算法来解决实际问题。本书通过各种典型题目及其分析，详细介绍了如何解答大数据行业中常用的大数据算法问题。读者可以通过学习这些题目，了解不同行业对大数据算法的需求和应用，为自己的面试和职业发展做好准备。

最后一部分（第 6 章）是关于如何面试的内容。面试是每个求职者都必须面对的一道难题，本书提供了一套完整的面试指南，包括面试前的准备、面试中的技巧及面试后的反思。通过学习这些内容，读者可以提高自己的面试表现，提升获得理想工作的概率。

勘误和支持

由于作者的水平有限，编写时间仓促，书中难免会出现一些错误或者不准确的地方，恳请读者批评指正。大家可以关注 PowerData 社区公众号（搜索公众号名称"PowerData"，或者公众号的微信号"PowerDataHub"），回复"大数据算法"获得进入本书专属读者群的方法，本书所有作者都会在读者群和大家互动学习。还可以将书中的错误发布到读者群中，我们将尽量在线上为读者提供最满意的解答，期待能够得到你们的真挚反馈。

另外，为了方便读者学习，本书中所有源自力扣的题目均已打包到一起，大家可通过如下链接查看：https://datayi.cn/w/j9yDgpmo。

致谢

首先要感谢力扣网，提供了那么多好的算法题。

其次要感谢 PowerData 社区中每位充满创意和活力的朋友：李奇峰、老时、姜楠、李钊丞，以及名单之外的更多朋友，感谢你们长期对社区的支持和贡献。感谢"数据之力技术丛书"编委会的成员，你们的努力促成了这本书的合作与出版。

还要感谢机械工业出版社的孙海亮编辑，在这一年多的时间始终支持我们团队的写作，你的鼓励和帮助引导我们顺利完成全部书稿。

谨以此书献给 PowerData 社区的家人，以及众多热爱大数据技术的朋友！

Contents 目 录

前言

第1章 基础数据结构 ·············· 1
1.1 数组 ·· 1
1.1.1 两数之和——输入有序数组 ······ 1
1.1.2 删除有序数组中的重复项 ·········· 3
1.1.3 思维延展 ···························· 5
1.2 链表 ·· 6
1.2.1 合并两个有序链表 ···················· 7
1.2.2 相交链表 ···························· 8
1.2.3 思维延展 ·························· 11
1.3 字符串 ·· 13
1.3.1 有效的字母异位词 ·················· 13
1.3.2 重复的子字符串 ···················· 14
1.3.3 找出字符串中第一个匹配项的下标 ································ 17
1.3.4 无重复字符的最长子串 ············ 19
1.3.5 思维延展 ·························· 20
1.4 哈希表 ·· 22
1.4.1 快乐数 ···························· 23
1.4.2 找到所有数组中消失的数字 ······ 24
1.4.3 最长连续序列 ······················ 26
1.4.4 找到字符串中所有字母异位词 ·································· 27
1.4.5 思维延展 ·························· 29
1.5 栈和队列 ···································· 31
1.5.1 有效的括号 ························ 31
1.5.2 每日温度 ·························· 33
1.5.3 前 k 个高频元素 ·················· 35
1.5.4 合并 k 个升序链表 ················ 37
1.5.5 思维延展 ·························· 39
1.6 树和二叉树 ································ 42
1.6.1 二叉树的中序遍历 ················ 43
1.6.2 二叉树的层序遍历 ················ 44
1.6.3 从前序与中序遍历序列构造二叉树 ······························ 47
1.6.4 二叉搜索树的最近公共祖先 ······ 49
1.6.5 思维延展 ·························· 51
1.7 图 ·· 53
1.7.1 岛屿的周长 ························ 54
1.7.2 二进制矩阵中的最短路径 ········ 56
1.7.3 思维延展 ·························· 58

第2章 基础算法 ······················ 60
2.1 排序算法 ···································· 60
2.1.1 排序数组的求解 ···················· 61
2.1.2 思维延展 ·························· 68
2.2 递归算法 ···································· 69

2.2.1 斐波那契数 ··················· 69
2.2.2 两两交换链表中的节点 ······ 72
2.2.3 思维延展 ··················· 73
2.3 分治算法 ·························· 74
2.3.1 多数元素 ··················· 75
2.3.2 将有序数组转换为二叉
搜索树 ······················ 77
2.3.3 最大子数组和 ··············· 79
2.3.4 排序链表 ··················· 81
2.3.5 思维延展 ··················· 84
2.4 贪心算法 ·························· 85
2.4.1 分发饼干 ··················· 85
2.4.2 加油站 ····················· 87
2.4.3 跳跃游戏 ··················· 90
2.4.4 思维延展 ··················· 91
2.5 回溯算法 ·························· 92
2.5.1 寻找子集 ··················· 93
2.5.2 全排列 ····················· 94
2.5.3 岛屿数量 ··················· 96
2.5.4 n 皇后 ····················· 98
2.5.5 思维延展 ·················· 101
2.6 动态规划 ························· 101
2.6.1 爬楼梯 ···················· 102
2.6.2 不同路径 ·················· 104
2.6.3 编辑距离 ·················· 106
2.6.4 接雨水 ···················· 108
2.6.5 思维延展 ·················· 110

第 3 章 大数据量计算 ················ 112
3.1 Top k 问题 ······················ 112
3.1.1 前 k 个高频单词 ············ 113
3.1.2 数组中的第 k 个最大元素 ··· 116
3.1.3 思维延展——限制内存 Top N ··· 118

3.2 中位数 ··························· 118
3.2.1 寻找两个正序数组的中位数 ··· 119
3.2.2 数据流的中位数 ············ 122
3.2.3 思维延展：如何从 5 亿个数
中找出中位数 ·············· 125
3.3 位图算法 ························· 131
3.3.1 只出现一次的数字 ·········· 131
3.3.2 丢失的数字 ················ 133
3.3.3 思维延展：统计不同手机
号码的个数 ················ 136

第 4 章 树与存储结构 ················ 138
4.1 有序哈希字典问题 ················ 138
4.1.1 排序链表与哈希字典 ········ 138
4.1.2 树形结构与哈希字典 ········ 150
4.1.3 自平衡的树形结构 AVL 树 ··· 153
4.1.4 红黑树 ···················· 159
4.2 树的存储问题 ····················· 161
4.2.1 二叉树的序列化问题 ········ 162
4.2.2 快速查找树的父节点 ········ 165
4.2.3 持久化的快速查找树 ········ 167
4.2.4 线段树 ···················· 170
4.3 索引设计 ························· 173
4.3.1 B 树 ······················ 174
4.3.2 更快排序的树——B+ 树 ···· 178
4.3.3 空间索引问题 ·············· 180
4.3.4 R 树 ······················ 185
4.4 海量写入的存储设计 ·············· 192
4.4.1 LSM 树 ··················· 192
4.4.2 Bloom Filter ··············· 201

第 5 章 面试真题 ···················· 211
5.1 关键的位运算 ···················· 211

		5.1.1 颠倒二进制位 ················ 212
		5.1.2 计数质数 ···················· 213
5.2	奇妙的数论题 ······················· 215
	5.2.1 镜面反射 ···················· 215
	5.2.2 n 的第 k 个因子 ·········· 217
	5.2.3 最简分数 ···················· 219
	5.2.4 使数组可以被整除的最少删除次数 ······················ 221
5.3	灵活的数据结构 ··················· 223
	5.3.1 并查集类算法 ················ 223
	5.3.2 单调栈 ······················ 226
	5.3.3 位图 ························ 229
	5.3.4 LRU 缓存 ··················· 231
5.4	逃不过的算法题 ··················· 234
	5.4.1 模拟题 ······················ 234
	5.4.2 前缀和计算 ·················· 236
	5.4.3 随机化 ······················ 239
5.5	必知必会的 SQL 算法 ·············· 242
	5.5.1 连续时间问题 ················ 243
	5.5.2 时间间隔问题 ················ 244
	5.5.3 Top N 问题 ················ 245
	5.5.4 用户留存率问题 ·············· 247
	5.5.5 窗口函数问题 ················ 248

第 6 章 面试准备指南 ············· 250

6.1	算法刷题的重要性 ················· 250
	6.1.1 大数据时代的挑战 ············ 251
	6.1.2 算法对于大数据处理的作用 ···· 251
6.2	大数据刷题技巧 ··················· 252
	6.2.1 解决问题的方法论 ············ 254
	6.2.2 多种解法对比和分析的重要性 ························ 255
	6.2.3 多做题目多总结 ·············· 256
	6.2.4 面试模拟和实战演练 ·········· 257
	6.2.5 学会利用资源 ················ 260
6.3	面试准备 ·························· 261
	6.3.1 了解大数据职业方向 ·········· 261
	6.3.2 不同职位对算法的要求 ········ 262
6.4	面试技巧 ·························· 263
	6.4.1 自信和积极的态度 ············ 264
	6.4.2 清晰的表达和逻辑思维 ········ 265
	6.4.3 如何回答算法问题和优化思路 ························ 266
	6.4.4 针对不熟悉的问题的应对策略 ························ 267
	6.4.5 强调代码风格和可读性 ········ 267
	6.4.6 了解算法的应用场景 ·········· 268

第 1 章　基础数据结构

基础数据结构是指计算机科学中常用的数据结构，包括线性结构和非线性结构。线性结构包括数组和链表，非线性结构包括树和图。其中，数组是一种连续存储的线性结构，链表是一种离散存储的线性结构。树是一种由节点和边组成的层次结构，它的每个节点都只有一个父节点（除了根节点），每个节点都可以有多个子节点。树中不存在环路。图是一种由节点和边组成的网络结构，它的节点之间可以有多条边相互连接，图中可能存在环路。基础数据结构是计算机程序设计的基础，掌握基础数据结构对于编写高效、可靠的程序至关重要。因此，本书从基础数据结构开始。

1.1　数组

线性表是一种数据结构，它是由 $n(n \geq 0)$ 个具有相同性质的数据元素组成的有限序列，当 $n=0$ 时，线性表为空表。数组可以看成线性表的扩展，其特点是结构中的元素本身可以是具有某种结构的数据，但属于同一数据类型。数组是由类型相同的数据元素构成的有序集合，每个元素称为数组元素，每个元素受 $n(n \geq 1)$ 个线性关系的约束，每个元素在 n 个线性关系中的序号 $i_1, i_2, \cdots, i_n$ 称为该元素的下标，可以通过下标访问该数据元素。因为数组中每个元素处于 $n(n \geq 1)$ 个关系中，故称该数组为 n 维数组。

1.1.1　两数之和——输入有序数组

题目来源：力扣（LeetCode）

链接：https://leetcode.cn/problems/two-sum-ii-input-array-is-sorted/

给你一个下标从 1 开始的整数数组 numbers，该数组已按非递减顺序排列，请你从数组中找出满足相加之和等于目标数 target 的两个数。如果设这两个数分别是 numbers[index1] 和 numbers[index2]，则 $1 \leq index1 < index2 \leq numbers.length$。以长度为 2 的整数数组 [index1, index2] 的形式返回这两个整数的下标 index1 和 index2。可以假设每个输入只对应唯一的答案，而且不可以重复使用相同的元素。你所设计的解决方案必须只使用常量级的额外空间。

示例 1：

```
输入: numbers = [2,7,11,15], target = 9
输出: [1,2]
```

解释：2 与 7 之和等于目标数 9。因此，index1 = 1, index2 = 2，返回 [1, 2]。

示例 2：

```
输入: numbers = [2,3,4], target = 6
输出: [1,3]
```

解释：2 与 4 之和等于目标数 6。因此，index1 = 1, index2 = 3，返回 [1, 3]。

示例 3：

```
输入: numbers = [-1,0], target = -1
输出: [1,2]
```

解释：-1 与 0 之和等于目标数 -1。因此，index1 = 1, index2 = 2，返回 [1, 2]。

提示：

- $2 <= numbers.length <= 3 \times 10^4$。
- $-1000 <= numbers[i] <= 1000$。
- numbers 按非递减顺序排列。
- $-1000 <= target <= 1000$。

本题可以使用**双指针方法**来进行求解，即首先初始化两个指针，分别指向第一个元素的位置和最后一个元素的位置，然后每次计算两个指针指向的两个元素之和，并与目标值比较。如果两个元素之和等于目标值，则发现了唯一解。如果两个元素之和小于目标值，则将左侧指针右移一位。如果两个元素之和大于目标值，则将右侧指针左移一位。移动指针之后，重复上述操作，直到找到答案为止。

```
class Solution {
    public int[] twoSum(int[] numbers, int target) {
        // 定义指针 low 和 high, 初始值分别为数组的第一个位置和最后一个位置
        int low = 0, high = numbers.length - 1;
        while (low < high) { // 进入循环, 当两个指针相遇时结束循环
            int sum = numbers[low] + numbers[high]; // 计算指针所指位置的两个数之和
            if (sum == target) { // 如果两数之和等于 target, 则返回这两个数的下标 (注意,
                题目要求返回的下标从 1 开始)
                return new int[]{low + 1, high + 1};
            } else if (sum < target) { // 如果两数之和小于 target, 将指针 low 右移
                ++low;
            } else { // 如果两数之和大于 target, 将指针 high 左移
                --high;
            }
        }
        return new int[]{-1, -1}; // 如果循环结束仍未找到符合要求的两个数, 返回 [-1,-1]
    }
}
```

分析上述代码的性能: 因为使用了双指针方法, 在最坏情况下需要遍历整个数组一遍, 所以, 总体时间复杂度为 $O(n)$; 因为只需要使用常数个的变量进行计算, 而没有使用额外的辅助空间, 所以, 空间复杂度为 $O(1)$。

1.1.2 删除有序数组中的重复项

题目来源: 力扣 (LeetCode)

链接: https://leetcode.cn/problems/remove-duplicates-from-sorted-array/

给你一个升序排列的数组 nums, 请你原地删除重复出现的元素, 使每个元素只出现一次, 返回删除后数组的新长度。元素的相对顺序应该保持一致。然后返回 nums 中唯一元素的个数。考虑 nums 的唯一元素的数量为 k, 你需要做以下事情确保你的题解可以被通过: 更改数组 nums, 使 nums 的前 k 个元素包含唯一元素, 并按照它们最初在 nums 中出现的顺序排列。nums 的其余元素与 nums 的大小不重要。返回 k。

系统会用下面的代码来测试你的题解:

```
int[] nums = [...]; // 输入数组
int[] expectedNums = [...]; // 长度正确的期望答案
int k = removeDuplicates(nums); // 调用

assert k == expectedNums.length;
for (int i = 0; i < k; i++) {
    assert nums[i] == expectedNums[i];
}
```

如果所有断言都通过,那么你的题解将被通过。

示例 1:

输入: nums = [1,1,2]
输出: 2, nums = [1,2,_]

解释:函数应该返回新的长度 2,并且原数组 nums 的前两个元素被修改为 1 和 2。不需要考虑数组中超出新长度后面的元素。

示例 2:

输入: nums = [0,0,1,1,1,2,2,3,3,4]
输出: 5, nums = [0,1,2,3,4]

解释:函数应该返回新的长度 5,并且原数组 nums 的前 5 个元素被修改为 0、1、2、3 和 4。不需要考虑数组中超出新长度后面的元素。

提示:

- $1 <= nums.length <= 3 \times 10^4$。
- $-10^4 <= nums[i] <= 10^4$。
- nums 已按升序排列。

本题可以使用双指针法,首先根据题目中的"数组是有序的"这一条件,可以判断出重复的元素一定会相邻。那么,要求删除重复元素,实际上就是将不重复的元素移到数组的左侧。因此,可以考虑用两个指针:一个在前,记作 p;另一个在后,记作 q。其算法执行流程如下:比较 p 和 q 位置的元素是否相等。如果相等,则 q 后移 1 位;如果不相等,则将 q 位置的元素复制到 $p+1$ 位置上,p 后移 1 位,q 后移 1 位。重复上述过程,直到 q 等于数组长度。返回的 $p+1$ 即为新数组长度。

```java
public int removeDuplicates(int[] nums) {
    //如果输入数组为空或者长度为 0,则直接返回 0
    if(nums == null || nums.length == 0) return 0;
    int p = 0; //定义指针 p,表示不重复元素的最后一个位置
    int q = 1; //定义指针 q,表示当前需要判断的元素位置
    while(q < nums.length){ //进入循环,当 q 指针遍历完整个数组时结束循环
        if(nums[p] != nums[q]){ //如果指针 p 指向的元素不等于指针 q 指向的元素,则说明发现
            了一个不重复的元素
            nums[p + 1] = nums[q]; //将这个不重复元素放到不重复元素末尾
            p++; //更新指针 p,指向当前数组中不重复元素的最后一个位置
        }
        q++; //每次循环,q 指针都右移 1 位
    }
```

```
        return p + 1;  // 返回不重复元素的个数，即p+1
}
```

下面分析上述代码的性能。首先，因为本题需要遍历整个数组，所以考虑在最坏情况下指针 p 和 q 需要遍历整个数组 1 次，则时间复杂度为 $O(n)$。然后，由于算法只使用了常数个变量存储指针 p 和 q 及常数个数组元素做数据交换，所以空间复杂度是 $O(1)$。

1.1.3 思维延展

1. 技巧延展——双指针

在处理数组和链表相关问题时，**双指针方法**是一个经常用到并且非常有效的方法。双指针方法主要分为两类：左右指针和快慢指针。

左右指针是指两个指针相向而行或相背而行。例如，在有序数组中查找两数之和为定值的问题，可以设置一个左指针从头部开始，一个右指针从尾部开始，然后逐渐缩小范围，直至找到解或者确定无解。这种方法大大降低了搜索的时间复杂度。快慢指针将在链表部分进行讲解。

在数组问题中，虽然没有真正的"指针"，但可以用索引来模拟。利用双指针方法，可以在数组中轻松地解决许多看似复杂的问题，如三数之和、移除重复项、合并两个有序数组等。利用双指针方法，不仅可以降低算法的时间复杂度，还可以帮助简化代码逻辑，更加清晰、高效地解决问题。

2. 知识延展

题目中的数组有时也会存在一些限制和局限性，这是因为静态数组在创建时需要指定大小，无法动态调整。这意味着如果需要存储的元素数量超过了数组初始大小，就需要重新分配更大的数组，并将元素复制到新的数组中，这可能导致内存浪费和性能损失。此外，数组的一维性也会带来一定的局限性，如一维数组无法用于一些矩阵和空间的操作。

动态数组指的是一种具有动态大小的数组结构。动态数组解决了静态数组大小固定的限制，可以根据需要自动扩展和收缩。实现动态数组的一种常见方法是使用动态内存分配，如在许多编程语言中使用的动态分配堆内存。当数组需要扩展时，动态数组会分配更多的内存空间，并将原始数据复制到新的内存位置。同样，当数组需要收缩时，动态数组会释放多余的内存空间。这种自动管理内存大小的特性，使得动态数组更加灵活和方便。此外，动态数组还支持插入、删除和访问元素的常用操作。通过使用动态数组，可以动态地添加新元素、从数组中删除元素，并随时访问指定位置的元素，这为解决各种编程问题提供了便利和灵活性。

多维数组是一种具有多个维度的数组结构，常见的是二维数组和三维数组。多维数组可以应用在许多领域，特别是涉及矩阵、图像和空间数据处理的场景。例如，在图像处理中，可以使用二维数组来表示和操作像素数据。在解决迷宫问题时，可以使用二维数组来表示迷宫的布局。同样，三维数组可以用于表示三维空间中的数据，如立体图像的像素数据或者物体的三维坐标。多维数组在解决具有多个维度的问题时非常有用，通过适当的索引和访问方式，可以操作和处理多维数据结构。

在大数据领域，数组仍然具有广泛的应用场景，以下是一些例子。

- **数据集存储**：在大数据场景中，数据通常是以数组的形式进行存储和处理的。例如，可以使用动态数组来表示和操作大规模数据，如传感器数据、用户行为数据等。
- **并行计算**：在并行计算中，数组可用于将工作负载分配到多个处理单元上。例如，将大型矩阵分割成多个子矩阵，并在并行计算中对这些子矩阵进行处理。
- **图像处理**：在图像处理和计算机视觉领域，数组广泛用于表示和处理图像数据。图像可以被表示为二维数组，每个元素代表一个像素的数值或颜色信息。通过对图像数组进行操作，可以实现图像的滤波、变换和分析等任务。
- **大规模数据分析**：在大规模数据分析中，数组可用于存储和处理海量数据。例如，可以使用数组来表示和计算大型图形、网络或社交媒体数据，进行图形分析、社区检测和路径搜索等操作。

1.2 链表

链表是一种物理存储单元上非连续、非顺序的存储结构，数据元素的逻辑顺序是通过链表中的指针链接次序实现的。链表由一系列节点（链表中每一个元素称为节点）组成，节点可以在运行时动态生成。每个节点包括两个部分：一个是存储数据元素的数据域，另一个是存储下一个节点地址的指针域。

相对于数组，链表具有一些独特的特点和优势。

首先，链表具有动态性，可以在运行时动态生成和调整大小，无须预先知道数据量的大小。这使得链表非常适合处理需要频繁进行插入、删除等操作的场景，因为它可以高效地执行这些操作。其次，链表可充分利用计算机内存空间，通过动态分配内存，避免了静态数组固定大小带来的内存浪费。链表的灵活性使得它在处理数据大小不确定或经常变化的情况下更加适用。

然而，链表也存在一些限制和缺点。首先，由于链表的节点并不连续存储，无法像数组那样通过索引直接访问元素，而是需要从头节点开始遍历链表才能找到目标节点，这导致了随机访问效率较低。其次，链表需要额外的指针空间来存储下一个节点的地址，这增加了存储空间的开销。此外，链表的节点在内存中分散存储，无法有效利用计算机缓存，对于较大的链表，访问性能可能受到影响。

尽管链表存在一些缺点，但在许多情况下它仍然是一种非常有用的数据结构。此外，链表还可作为其他高级数据结构（如栈、队列和图）的基础，为它们提供灵活的操作方式。

1.2.1 合并两个有序链表

题目来源：力扣（LeetCode）

链接：https://leetcode.cn/problems/merge-two-sorted-lists/

将两个升序链表合并为一个新的升序链表并返回。新链表是通过拼接给定的两个链表的所有节点组成的。

样例：

```
输入：l1 = [1,2,4], l2 = [1,3,4]
输出：[1,1,2,3,4,4]
```

提示：

- 两个链表的节点数目范围是 [0, 50]。
- −100 <= Node.val <= 100。
- l1 和 l2 均按非递减顺序排列。

本题依旧可以使用双指针方法来解决。新建一个虚拟头节点，当 l_1 和 l_2 都不是空链表时，判断 l_1 和 l_2 哪一个链表的头节点的值更小，将较小值的节点添加到结果链表中，当一个节点被添加到结果里之后，将对应链表中的节点向后移一位。然后这样不断迭代，直到将链表合并完成。

```
class Solution {
    public ListNode mergeTwoLists(ListNode l1, ListNode l2) {
        ListNode prehead = new ListNode(-1); // 定义一个虚拟头节点，val 值为 -1
        
        ListNode prev = prehead; // 定义一个指向当前合并后链表尾部的指针 prev，初始值指向
                                 // 虚拟头节点
        while (l1 != null && l2 != null) { // 进入循环，当两个链表其中一个为空时结束循环
            if (l1.val <= l2.val) { // 比较两个链表当前位置的元素大小，选择小的那个插入到
                                    // 合并后链表中
                prev.next = l1;
                l1 = l1.next;
```

```
        } else {
            prev.next = l2;
            l2 = l2.next;
        }
        prev = prev.next; // 将合并后链表的尾部指针 prev 指向刚刚插入的元素
    }

    // 合并后 l1 和 l2 最多只有一个还未被合并完，直接将链表末尾指向未合并完的链表即可
    prev.next = l1 == null ? l2 : l1;

    return prehead.next; // 返回虚拟头节点的下一个节点（即真正的合并后链表头节点）
}
```

下面分析上述代码的性能。首先，因为每次循环迭代中，l_1 和 l_2 只有一个元素会被放进合并链表中，所以，while 循环的次数不会超过两个链表的长度之和；又因为所有其他操作的时间复杂度都是常数级别的，所以，总的时间复杂度为 $O(n+m)$。因为只需要常数的空间存放若干变量，所以，空间复杂度为 $O(1)$。

1.2.2 相交链表

题目来源：力扣（LeetCode）

链接：https://leetcode.cn/problems/intersection-of-two-linked-lists/

给你两个单链表的头节点 headA 和 headB，请你找出并返回两个单链表相交的起始节点。如果两个链表不存在相交节点，则返回 null。

图 1-1 所示两个链表在节点 c1 开始相交：题目数据保证整个链式结构中不存在环。注意，函数返回结果后，链表必须保持其原始结构。

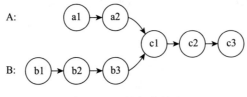

图 1-1 c1 处相交链表

自定义评测：评测系统的输入如下（你设计的程序不适用此输入）。

❑ intersectVal：相交的起始节点的值。如果不存在相交节点，则该值为 0。
❑ listA：第一个链表。

- listB：第二个链表。
- skipA：在 listA 中（从头节点开始计算）跳到交叉节点要经过的节点数。
- skipB：在 listB 中（从头节点开始计算）跳到交叉节点要经过的节点数。

评测系统将根据这些输入创建链式数据结构，并将两个头节点 headA 和 headB 传递给你的程序。如果程序能够正确返回相交节点，那么你的解决方案将被视作正确答案。

示例 1（见图 1-2）：

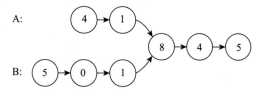

图 1-2 示例 1 示意图

输入：

```
intersectVal = 8, listA = [4,1,8,4,5], listB = [5,6,1,8,4,5], skipA = 2, skipB = 3
```

输出：

```
Intersected at '8'
```

解释：相交节点的值为 8（注意，如果两个链表相交，则不能为 0）。从各自的表头开始算起，链表 A 为 [4, 1, 8, 4, 5]，链表 B 为 [5, 6, 1, 8, 4, 5]。在链表 A 中，相交节点前有 2 个节点；在链表 B 中，相交节点前有 3 个节点。

注意，相交节点的值不为 1，因为在链表 A 和链表 B 中值为 1 的节点（链表 A 中第二个节点和链表 B 中第三个节点）是不同的节点。换句话说，它们在内存中指向两个不同的位置，而链表 A 和链表 B 中值为 8 的节点（链表 A 中第三个节点，链表 B 中第四个节点）在内存中指向相同的位置。

示例 2（见图 1-3）：

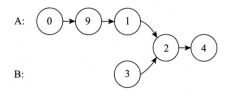

图 1-3 示例 2 示意图

输入：

```
intersectVal= 2, listA = [1,9,1,2,4], listB = [3,2,4], skipA = 3, skipB = 1
```

输出：

```
Intersected at '2'
```

解释：相交节点的值为 2（注意，如果两个链表相交，则不能为 0）。从各自的表头开始算起，链表 A 为 [1, 9, 1, 2, 4]，链表 B 为 [3, 2, 4]。在链表 A 中，相交节点前有 3 个节点；在链表 B 中，相交节点前有 1 个节点。

示例 3（见图 1-4）：

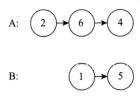

图 1-4　示例 3 示意图

输入：

```
intersectVal = 0, listA = [2,6,4], listB = [1,5], skipA = 3, skipB = 2
```

输出：

```
null
```

解释：从各自的表头开始算起，链表 A 为 [2,6,4]，链表 B 为 [1,5]。由于这两个链表不相交，所以，intersectVal 必须为 0，而 skipA 和 skipB 可以是任意值。这两个链表不相交，因此返回 null。

提示：listA 中的节点数目为 m，listB 中的节点数目为 n，$1 \leq m, n \leq 3 \times 10^4$

$1 \leq $ Node.val ≤ 105，$0 \leq $ skipA $\leq m$，$0 \leq $ skipB $\leq n$。如果 listA 和 listB 没有交点，则 intersectVal 为 0；如果 listA 和 listB 有交点，则 intersectVal == listA[skipA] == listB[skipB]。

本题可以使用双指针方法。由于只有当链表 headA 和 headB 都不为空时，两个链表才可能相交，所以，首先判断链表 headA 和 headB 是否为空，如果其中至少有一个链表为空，则两个链表一定不相交，返回 null。当链表 headA 和 headB 都不为空时，创建两个指针 pA 和 pB，初始时分别指向两个链表的头节点 headA 和 headB，然后用两个指针依次遍历两个链表的每个节点，直到两个指针相遇或者都到达了链表末尾。

```
public ListNode getIntersectionNode(ListNode headA, ListNode headB) {
    if (headA == null || headB == null) return null; // 如果其中一个链表为空，则直接返
        回null
    ListNode pA = headA, pB = headB; // 定义两个指针，分别指向两个链表的头节点
    while (pA != pB) { // 进入循环，直到两个指针相遇或者都到达了链表末尾
        pA = pA == null ? headB : pA.next; // 如果一个指针到达了链表末尾，就将它指向另一
            个链表的头节点，继续往前遍历
        pB = pB == null ? headA : pB.next;
    }
    return pA; // 返回两个链表相交的节点（如果有的话）
}
```

下面分析上述代码的性能。首先，在最坏情况下，两个指针都要遍历整个链表才能找到相交节点，因此时间复杂度是 $O(m+n)$。然后，由于算法只使用了常数个变量来存储两个指针和链表节点，因此空间复杂度是 $O(1)$。

1.2.3 思维延展

1. 技巧延展——虚拟头节点

双指针方法应用场景十分广泛，大家一定要熟练掌握。其中，快慢指针方法（即两个指针同向而行，但速度一快一慢）在链表问题中非常有用。对于单链表来说，快慢指针方法在很多问题中都有所应用。例如，在链表环判断问题中，可以通过一个快指针每次移动两步，慢指针每次移动一步，来判断是否存在环。如果存在环，则快指针最终会追上慢指针。其他如找链表的中间节点、判断链表是否有环、寻找环的入口等问题，也都可以使用这一技巧。

下面再介绍一个在链表中常用的小技巧——**虚拟头节点**。虚拟头节点实际上是一种假想的头节点，它不存储任何数据，仅用于简化代码逻辑。使用虚拟头节点有以下好处。

- **简化边界情况处理**。在处理链表时，通常需要特别处理头节点和尾节点。虚拟头节点的存在可以消除这些特殊情况，使得代码更加统一和简洁。
- **减少重复代码**。虚拟头节点可以减少在处理链表时编写的重复代码。例如，在添加节点到链表的过程中，无论是在头部插入还是在尾部追加，都可以使用相同的逻辑。
- **提高代码可读性**。虚拟头节点的使用可以使代码更加清晰和易于理解，因为它将边界情况处理抽象成了通用的情况。

当需要创建新链表或者处理链表时，可以考虑使用虚拟头节点。

2. 知识延展

除了上面介绍的单向链表，链表还有一些变种，如双向链表和循环链表。双向链表在每个节点中同时包含指向前一个节点和后一个节点的指针，这样可以支持双向遍历。循环链表的尾节点指向头节点，形成一个闭环结构。这些变种链表在功能和用法上有所区别，可以根据具体需求选择适合的链表类型。

此外，还有一些其他类型的链表：双端链表是一种具有头节点和尾节点的链表，可以在链表的两端进行插入和删除操作，提供更多的灵活性和功能；有序链表是按照一定顺序排列节点的链表，支持高效地按序插入和查找；稀疏链表是针对稀疏数据设计的链表结构，可以有效节省空间；压缩链表通过压缩相邻节点的信息来减少链表的空间占用，适用于处理大数据的场景。这些扩展链表在特定的应用场景中提供了更多的功能和效率优势。

链表的常见操作包括插入、删除和搜索。为了提高链表操作的效率和性能，可以应用一些优化技巧。例如，使用哨兵节点可以简化插入和删除操作的代码逻辑，避免对特殊情况进行额外处理。快慢指针是一种常用的技巧，用于解决搜索、判断链表是否有环等问题。通过同时移动两个指针，可以减少不必要的迭代和比较操作，提高搜索和判断的效率。

当涉及大数据领域的实际案例时，链表的应用相对较少。这是因为链表在大数据处理中存在一些性能和效率上的挑战，特别是在需要频繁随机访问和高速处理大量数据的场景下。然而，在一些特定情况下链表可以派上用场，下面进行介绍。

- ❑ **链表在分布式计算任务调度中的应用**：在分布式计算框架中，任务调度和管理是一个关键问题。链表可以用于构建任务队列，通过不断插入和删除节点的方式来动态调度和分配任务。这种基于链表的任务调度方式可以提供较好的任务管理和负载均衡。
- ❑ **链表在数据清洗和预处理中的应用**：在大数据分析中，数据的清洗和预处理是必要的步骤。链表可以用于构建数据清洗流程中的规则链。每个规则被封装成一个节点，并通过指针链接形成链表，以便按照特定的顺序应用规则进行数据清洗和转换。
- ❑ **链表在社交网络分析中的应用**：在社交网络分析中，链表可以用于构建社交关系图的邻接链表表示。每个用户被表示为一个节点，并通过指针连接表示用户之间的关系。这样的链表结构可以支持高效的社交网络遍历、关系推荐和群体分析。

1.3 字符串

字符串或串（String）是由数字、字母、下画线组成的一串字符。字符串本质上是一种以"\0"结尾的字符数组，即字符串是用数组来保存字符的一种形式。若一个数组中都是字符，那就可把它称为字符串。在大多数编程语言中，字符串被视为不可变的类型，即创建后无法更改其内容。

1.3.1 有效的字母异位词

题目来源：力扣（LeetCode）

链接：https://leetcode.cn/problems/valid-anagram/

给定两个字符串 s 和 t，编写一个函数来判断 t 是否是 s 的字母异位词。

注意：若 s 和 t 中每个字符出现的次数都相同，则称 s 和 t 互为字母异位词。

示例 1：

输入：s = "anagram", t = "nagaram"
输出：true

示例 2：

输入：s = "rat", t = "car"
输出：false

提示：

- $1 <=$ s.length, t.length $<= 5 \times 10^4$。
- s 和 t 仅包含小写字母。

本题中由于 t 是 s 的异位词等价于"两个字符串排序后相等"，所以，可以对字符串 s 和 t 分别排序，看排序后的字符串是否相等即可判断。此外，如果 s 和 t 的长度不同，则 t 必然不是 s 的异位词。

```
class Solution {
    public boolean isAnagram(String s, String t) {
        if (s.length() != t.length()) { // 如果两个字符串长度不相等，则直接返回 false
            return false;
        }
        char[] str1 = s.toCharArray(); // 将字符串转换为字符数组
        char[] str2 = t.toCharArray();
```

```
        Arrays.sort(str1);  // 对字符数组进行排序
        Arrays.sort(str2);
        return Arrays.equals(str1, str2);  // 判断两个字符数组是否相等（即判断两个字符串是
            否互为字母异位词）
    }
}
```

下面分析上述代码的性能。排序的时间复杂度为 $O(n \log n)$，比较两个字符串是否相等的时间复杂度为 $O(n)$，因此，总体时间复杂度为 $O(n \log n + n) = O(n \log n)$。这里依然是因为排序需要 $O(\log n)$ 的空间复杂度，所以空间复杂度为 $O(\log n)$。

1.3.2 重复的子字符串

题目来源：力扣（LeetCode）

链接：https://leetcode.cn/problems/repeated-substring-pattern/description/

给定一个非空的字符串 s，检查该字符串是否可以由它的一个子串重复多次构成。

示例 1：

输入：s = "abab"
输出：true

解释：可由子串 "ab" 重复两次构成。

示例 2：

输入：s = "aba"
输出：false

示例 3：

输入：s = "abcabcabcabc"
输出：true

解释：可由子串 "abc" 重复 4 次构成（或子串 "abcabc" 重复两次构成）。

提示：

- $1 <= $ s.length $ <= 10^4$。
- s 由小写英文字母组成。

求解这个题目有两个思路：一个是枚举法，另一个是 KMP 算法。

方法 1：枚举法

如果一个长度为 n 的字符串 s 可以由它的一个长度为 n' 的子串 s' 重复多次构成，那么：

- n 一定是 n' 的倍数。
- s' 一定是 s 的前缀。
- 对于任意的 $i \in [n', n)$，有 $s[i] = s[i-n']$。

也就是说，s 中长度为 n' 的前缀就是 s'，并且在这之后的每个位置上的字符 $s[i]$，都需要与它之前的第 n' 个字符 $s[i-n']$ 相同。因此，可以从小到大枚举 n'，并对字符串 s 进行遍历，进行上述判断。注意，因为子串至少需要重复一次，所以，n' 不会大于 n 的一半，只需要在 $[1, n/2]$ 范围内枚举 n' 即可。

方法 2：KMP 算法

KMP 算法的基本思路如下。

步骤 1 判断字符串是否可以由重复的子串构成，等价于判断字符串中是否存在一个长度大于 1 的子串，出现至少 2 次。

步骤 2 将给定的字符串 s 拼接 2 次，得到拼接后的字符串 $t = s + s$。

步骤 3 在拼接后的字符串 t 中使用 KMP 算法查找 s 是否为重复子串。

步骤 4 KMP 算法的核心思想是利用已经匹配的信息，尽可能减小匹配次数。具体地，在匹配过程中维护一个"当前匹配的位置" match，表示当前已经成功匹配的最后一个字符的下标。如果当前字符与模式串中的下一个字符匹配成功，则将 match 加 1，并继续匹配下一个字符；否则，根据失败指针数组（fail），将 match 回溯到前面的位置，再次尝试匹配。

步骤 5 循环遍历拼接后的字符串 t，使用 KMP 算法查找子串 s 是否为重复子串。

步骤 6 如果找到了一个重复子串，则说明原字符串 s 可以由重复的子串构成，返回 true；否则，返回 false。

方法 1 的代码如下：

```java
class Solution {
    public boolean repeatedSubstringPattern(String s) {
        int n = s.length(); // 计算字符串的长度
        for (int i = 1; i * 2 <= n; ++i) { // 枚举所有可能的子串 (i 表示子串的长度)
            if (n % i == 0) { // 如果字符串能被子串整除，说明该子串可能为重复子串
                boolean match = true;
                for (int j = i; j < n; ++j) { // 检查该子串是否能匹配整个字符串
                    if (s.charAt(j) != s.charAt(j - i)) { // 如果不能匹配，则标记为 false 并退出循环
                        match = false;
```

```
                    break;
                }
            }
            if (match) { // 如果该子串能够匹配整个字符串，则说明该子串为重复子串，直接
                        返回 true
                return true;
            }
        }
    }
    return false; // 如果没有找到任何重复子串，则返回 false
}
```

方法 2 的代码如下：

```
class Solution {
    public boolean repeatedSubstringPattern(String s) {
        return kmp(s + s, s); // 将字符串 s 拼接两次，然后用 KMP 算法在拼接后的字符串中查找
            s 是否为重复子串
    }

    public boolean kmp(String query, String pattern) {
        int n = query.length(); // 拼接后字符串的长度
        int m = pattern.length(); // 子串的长度
        int[] fail = new int[m]; // 失败指针数组
        Arrays.fill(fail, -1); // 初始值为 -1
        for (int i = 1; i < m; ++i) { // 计算失败指针数组
            int j = fail[i - 1];
            while (j != -1 && pattern.charAt(j + 1) != pattern.charAt(i)) {
                j = fail[j];
            }
            if (pattern.charAt(j + 1) == pattern.charAt(i)) {
                fail[i] = j + 1;
            }
        }
        int match = -1; // 当前匹配的位置
        for (int i = 1; i < n - 1; ++i) { // 在拼接后的字符串中查找子串
            while (match != -1 && pattern.charAt(match + 1) != query.charAt(i)) {
                match = fail[match];
            }
            if (pattern.charAt(match + 1) == query.charAt(i)) {
                ++match;
                if (match == m - 1) { // 如果已经匹配到了整个子串，则说明子串为重复子串
                    return true;
                }
            }
        }
        return false; // 如果没有找到任何重复子串，则返回 false
    }
}
```

下面分析上述代码的性能。对于方法 1 来说，枚举 i 的时间复杂度为 $O(n)$，遍历 s 的时间复杂度为 $O(n)$，相乘即为总时间复杂度 $O(n^2)$；因为只使用了常数个变量，所以空间复杂度为 $O(1)$。对于方法 2 来说，将字符串 s 拼接 2 次需要 $O(n)$ 的时间复杂度，在拼接后的字符串中使用 KMP 算法查找子串，需要 $O(n)$ 的时间复杂度，因此总时间复杂度为 $O(n)$。因为声明了一个长度为 m 的整型数组（即失效指针数组），所以空间复杂度最坏情况下为 $O(n)$。

1.3.3　找出字符串中第一个匹配项的下标

题目来源：力扣（LeetCode）

链接：https://leetcode.cn/problems/find-the-index-of-the-first-occurrence-in-a-string/

给你两个字符串 haystack 和 needle，请在 haystack 字符串中找出 needle 字符串的第一个匹配项的下标（下标从 0 开始）。如果 needle 不是 haystack 的一部分，则返回 −1。

示例 1：

输入：haystack = "sadbutsad", needle = "sad"
输出：0

解释："sad" 在下标 0 和 6 处匹配。第一个匹配项的下标是 0，所以返回 0。

示例 2：

输入：haystack = "leetcode", needle = "leeto"
输出：−1

解释："leeto" 没有在 "leetcode" 中出现，所以返回 −1。

提示：

❑ $1 <= $ haystack.length, needle.length $ <= 10^4$。
❑ haystack 和 needle 仅由小写英文字符组成。

这里要用到经典的字符串匹配算法——KMP 算法。KMP 算法的主要思路就是构建一个 next 数组，通过 next 数组进行回退来实现匹配的过程。其具体实现过程如下。

步骤 1　将原串和匹配串前面都加上空格，使它们的下标从 1 开始。

步骤 2　构造 next 数组，next 数组的长度为匹配串的长度。从第二个位置开始，逐位计算 next[j] 的值，如果匹配不成功，则 j 要回退到 next[j] 的位置；如果匹配成功，则进行

j++ 操作,并将此时的 j 赋给 next[i]。

步骤 3 开始匹配,从原串的第一位开始逐步匹配,如果匹配不成功,则将 j 回退到 next[j] 的位置;如果匹配成功,则进行 j++ 操作;如果一段子串都匹配成功,则返回它的起始下标;如果一直匹配到最后仍未匹配成功,则返回 −1。

```java
class Solution {
    // KMP 算法
    // haystack: 原串 (string)    needle: 匹配串 (pattern)
    public int strStr(String haystack, String needle) {
        if (needle.isEmpty()) return 0;

        // 分别读取原串和匹配串的长度
        int n = haystack.length(), m = needle.length();
        // 原串和匹配串前面都加空格,使其下标从 1 开始
        haystack = " " + haystack;
        needle = " " + needle;

        char[] s = haystack.toCharArray();
        char[] p = needle.toCharArray();

        // 构建 next 数组,数组长度为匹配串的长度(next 数组是和匹配串相关的)
        int[] next = new int[m + 1];
        // 构造过程从 i = 2, j = 0 开始, i 小于或等于匹配串长度【构造 i 从 2 开始】
        for (int i = 2, j = 0; i <= m; i++) {
            // 如果匹配不成功,则 j = next(j)
            while (j > 0 && p[i] != p[j + 1]) j = next[j];
            // 如果匹配成功,则先让 j++
            if (p[i] == p[j + 1]) j++;
            // 更新 next[i],结束本次循环, i++
            next[i] = j;
        }

        // 匹配过程, i = 1, j = 0 开始, i 小于等于原串长度【匹配 i 从 1 开始】
        for (int i = 1, j = 0; i <= n; i++) {
            // 如果匹配不成功,则 j = next(j)
            while (j > 0 && s[i] != p[j + 1]) j = next[j];
            // 如果匹配成功,则先让 j++,结束本次循环后 i++
            if (s[i] == p[j + 1]) j++;
            // 如果整段匹配成功,则直接返回下标
            if (j == m) return i - m;
        }

        return -1;
    }
}
```

下面分析上述代码的性能。KMP 算法的时间复杂度主要取决于两部分——构建 next 数

组和匹配。构建 next 数组的时间复杂度为 $O(m)$，其中 m 是匹配串的长度。匹配过程的时间复杂度为 $O(n)$，其中 n 是原串的长度。由于每次回退不会重复比较已经匹配成功的字符，所以总的时间复杂度是 $O(m+n)$。因为需要开辟一个 next 数组来存储匹配串的信息，所以空间复杂度为 $O(m)$。同时，还需要将原串和匹配串都加上空格才能进行匹配，但这些空格所占用的空间在数据量较大时相对较小，可以忽略不计。

1.3.4　无重复字符的最长子串

题目来源：力扣（LeetCode）

链接：https://leetcode.cn/problems/longest-substring-without-repeating-characters/

给定一个字符串 s，请找出其中不含有重复字符的最长子串的长度。

示例 1：

```
输入: s = "abcabcbb"
输出: 3
```

解释：因为无重复字符的最长子串是 "abc"，所以，其长度为 3。

示例 2：

```
输入: s = "bbbbb"
输出: 1
```

解释：因为无重复字符的最长子串是 "b"，所以，其长度为 1。

示例 3：

```
输入: s = "pwwkew"
输出: 3
```

解释：因为无重复字符的最长子串是 "wke"，所以，其长度为 3。

注意，答案必须是子串的长度，"pwke" 是一个子序列，不是子串。

提示：

- $0 <= s.length <= 5 \times 10^4$。
- s 是由英文字母、数字、符号和空格组成的。

本题可以使用滑动窗口法。滑动窗口其实就是一个队列，如例题中的 abcabcbb，进入这个队列（窗口）的条件为 abc 满足题目要求。若再进入一个 a，那么队列变成了 abca，这时就不满足要求了，因此要移动这个队列。把队列左边的元素移出，直到满足题目要求。一直维持这样的队列，找出队列最大的长度，即可求出解。

```java
class Solution {
    public int lengthOfLongestSubstring(String s) {
        // 哈希集合，记录每个字符是否出现过
        Set<Character> occ = new HashSet<Character>();
        int n = s.length();
        // 右指针，初始值为 -1，相当于在字符串的左边界的左侧，还没有开始移动
        int rk = -1, ans = 0;
        for (int i = 0; i < n; ++i) {
            if (i != 0) {
                // 左指针向右移动一格，移除一个字符
                occ.remove(s.charAt(i - 1));
            }
            while (rk + 1 < n && !occ.contains(s.charAt(rk + 1))) {
                // 不断移动右指针
                occ.add(s.charAt(rk + 1));
                ++rk;
            }
            // 第 i 到 rk 个字符是一个极长的无重复字符子串
            ans = Math.max(ans, rk - i + 1);
        }
        return ans;
    }
}
```

下面分析上述代码的性能。对于每个 i，这个算法会向右寻找最长的不含重复字符的子串。对于两个相邻的 i 值，它们共同组成的区间最多被枚举 2 次：一次是左指针向右移动 1 格的时候，另一次是右指针向右移动 1 格的时候。因此，算法的时间复杂度是 $O(2n) = O(n)$。由于在本题中没有明确说明字符集，所以可以默认为所有字符的 ASCII 码在 [0, 128) 内，即 $|e| = 128$，需要用到哈希集合来存储出现过的字符，而字符最多有 $|e|$ 个，因此，空间复杂度为 $O(|e|)$。

1.3.5 思维延展

1. 技巧延展——滑动窗口法

滑动窗口法是双指针方法的一种特殊应用，思路非常简单：程序运行时，移动指针维护一个窗口，与此同时更新答案。但是在力扣上一旦出现这种题目，几乎难度都是中等或困难，所以，这类题目不是难在思路，而是难在各种问题的细节，如何时添加元素扩大窗口、何时删减元素缩小窗口、何时更新结果集合。下面总结一下这类题究竟应该怎么入手。

滑动窗口法的实现代码示例如下：

```java
public void slidingWindow(String s) {
    // 用合适的数据结构记录窗口中的数据
    HashMap<Character, Integer> window = new HashMap<>();
    // 定义窗口左右边界指针
    int left = 0, right = 0;
    while (right < s.length()) {
        // c是将移入窗口的字符
        char c = s.charAt(right);
        window.put(c, window.getOrDefault(c, 0) + 1);
        // 移动右指针，增大窗口
        right++;
        // 进行窗口内数据的一系列更新
        ...
        / 此处可以进行调试 /
        System.out.printf("window: [%d, %d)\n", left, right);
        // 判断左侧窗口是否要收缩
        while (left < right && window needs shrink) {
            // d是将移出窗口的字符
            char d = s.charAt(left);
            window.put(d, window.get(d) - 1);
            // 移动左指针，缩小窗口
            left++;
            // 进行窗口内数据的一系列更新
            ...
        }
    }
}
```

模板中的两个 ... 代表更新窗口数据的具体步骤，可以直接在这两个位置添加具体的实现细节。值得注意的是，这两处 ... 对应的是扩展窗口和收缩窗口时的操作，并且这两个操作是对称的。

此外，尽管在滑动窗口的代码框架中存在一个嵌套的 while 循环，但其时间复杂度仍然为 $O(n)$，其中 n 是输入的字符串或数组的长度。因为指针 left 和 right 只会向前移动，不会回溯，所以每个元素只会进入和离开窗口一次，没有任何元素会重复进入和离开。因此，算法的时间复杂度与输入的长度呈线性关系。建议大家理解和掌握核心算法思想。一旦了解了框架，就可以根据自己的需要修改代码。

最后，希望大家可以通过实践来学习这个模板，吃透滑动窗口这个方法。力扣中的第 76 题"最小覆盖子串"、第 567 题"字符串的排列"、第 438 题"找到字符串中所有字母异位词"、第 3 题"无重复字符的最长子串"都可以套用上面的模板，这些题目都是面试中常见的考题。

2. 知识延展

字符串处理在大数据相关领域有广泛的应用，因此，深入研究这类算法题对从事大数据开发的同学很有必要。

- **文本分析和自然语言处理（NLP）**：大数据中包含大量的文本数据，如社交媒体帖子、新闻文章、用户评论等。字符串处理技术用于文本数据的清洗、分词、情感分析、主题建模、命名实体识别等任务，从而帮助企业了解用户舆情、分析市场趋势、进行内容推荐等。
- **日志分析**：大型应用程序和系统会生成大量的日志数据，这些日志包含关键信息。字符串处理可用于解析和分析这些日志，以检测异常、监控性能、识别潜在问题，并进行安全审计。
- **数据清洗和预处理**：大数据往往包含各种格式和来源的数据，包括不规范的文本。字符串处理技术用于数据清洗、格式标准化和去重，以确保数据质量和一致性。
- **搜索和信息检索**：大数据领域中的搜索引擎和信息检索系统依赖于字符串处理技术，用于索引、查询处理和相关性排序，以提供准确的搜索结果。
- **模式匹配和数据抽取**：字符串处理可用于从大数据中提取结构化信息。例如，从网页中提取产品价格、日期、地址等信息，或者从电子邮件中提取关键字段。
- **日常化处理**：在大数据处理过程中，字符串处理还用于常规任务，如字符串拼接、替换、分割、格式化等，以便更好地处理和分析数据。
- **数据压缩和编码**：字符串处理技术也在数据压缩和编码中发挥着重要作用。例如，压缩算法使用字符串处理来减小数据文件的大小，以节省存储和传输成本。
- **图像和音频处理**：虽然图像和音频数据通常不是字符串，但在某些情况下，字符串处理技术可以用于处理这些数据。例如，在图像搜索中使用图像签名或音频处理中的信号处理。

1.4 哈希表

哈希表（Hash Table）有时也被称为散列表，是一种基于数组的数据结构。哈希表通过将关键字映射到数组的特定位置来实现高效查找和插入操作。

哈希表的关键思想是利用哈希函数将关键字映射到数组的索引位置。哈希函数将关键字转换为一个固定大小的哈希值（Hash Value），然后使用哈希值对数组大小取模，得到关键字应该存储的索引位置。这样当需要查找或插入关键字时，可以直接根据哈希值计算出对应的数组索引，从而实现快速访问。

哈希表的特点和优势如下。

- **高效查找和插入**。通过哈希函数和数组的随机访问特性，哈希表可以在平均情况下实现常数时间复杂度（$O(1)$）的查找和插入操作。
- **空间换时间**。哈希表以空间换取时间，通过使用较大的数组来存储关键字和数据，从而实现快速查找。
- **适用于大规模数据**。哈希表在处理大规模数据时具有良好的性能，可以快速定位和操作大量的关键字。
- **动态扩展和收缩**。哈希表可以根据需要动态调整数组的大小，以适应数据的变化，保持较低的装载因子，从而保证操作的高效。

1.4.1 快乐数

题目来源：力扣（LeetCode）

链接：https://leetcode.cn/problems/happy-number/

编写一个算法来判断一个数 n 是不是快乐数。快乐数的定义如下：对于一个正整数，每次将该数替换为它每个位置上的数字的平方和，然后重复这个过程，直到这个数变为 1，也可能是无限循环，但始终变不到 1。如果这个过程结果为 1，那么这个数就是快乐数。如果 n 是快乐数，就返回 true；不是，则返回 false。

样例：

```
输入: n = 19
输出: true
```

解释：

```
1^2 + 9^2 = 82
8^2 + 2^2 = 68
6^2 + 8^2 = 100
1^2 + 0^2 + 0^2 = 1
```

提示：$1 <= n <= 2^{31} - 1$。

本题的解答可以分成两部分。第一部分：给一个数字 n，明确它的下一个数字是什么。第二部分：根据一系列的数字来判断是否进入了一个循环。在第一部分，按照题目的要求做数位分离，求平方和。在第二部分，可以使用哈希集合完成。每次生成链中的下一个数字时，都会检查它是否已经在哈希集合中。如果不在哈希集合中，则添加它；如果在哈希集合中，则意味着处于一个循环中，因此应该返回 false。

之所以使用哈希集合而不是向量、列表或数组，是因为需要反复检查其中是否存在某数字。检查数字是否在哈希集合中，需要 $O(1)$ 的时间复杂度，而对于其他数据结构，则需要 $O(n)$ 的时间复杂度。

```
class Solution {
    // 计算一个数字每个数位上的平方和
    private int getNext(int n) {
        int totalSum = 0;
        while (n > 0) {
            int d = n % 10; // 取出当前数位上的数字
            n = n / 10; // 将 n 缩小到下一个数位
            totalSum += d * d; // 累加每个数位上的平方
        }
        return totalSum; // 返回平方和
    }
    public boolean isHappy(int n) {
        Set<Integer> seen = new HashSet<>(); // 用于存储已经出现过的数字
        while (n != 1 && !seen.contains(n)) { // 如果 n 不为 1，且 n 没有出现过，则继续计算平方和
            seen.add(n); // 将 n 加入 set 中
            n = getNext(n); // 计算下一个数的平方和
        }
        return n == 1; // 如果最终结果为 1，说明是快乐数；否则，说明不是快乐数
    }
}
```

下面分析上述代码的性能。在本题中，因为不知道具体有多少次循环才能判断一个数是否是快乐数，所以不能简单地将时间复杂度定为 $O(n)$。不过，可以使用 $O(1)$ 的 $\log n$ 级别来估算最坏情况下的计算次数。对于数字 n，它的位数为 $\log n$。因此，在 getNext() 函数中，需要做 $\log n$ 次循环。而在 isHappy() 方法中，由于每次计算平方和都会使数字的位数缩小，所以最多只需要进行 $\log n$ 次循环。综上所述，最坏情况下，时间复杂度为 $O(n \log n)$。空间复杂度主要取决于 Set<Integer> seen 的大小。Set 用于存储已经出现过的数字，最多不会超过输入数 n 的位数 $\log n$ 个数字。因此，空间复杂度为 $O(\log n)$。

1.4.2　找到所有数组中消失的数字

题目来源：力扣（LeetCode）

链接：https://leetcode.cn/problems/find-all-numbers-disappeared-in-an-array/

给你一个含 n 个整数的数组 nums，其中 nums[i] 在区间 [1, n] 内。请找出所有在 [1, n] 范围内但没有出现在 nums 中的数字，并以数组的形式返回结果。

样例：

输入：nums = [4,3,2,7,8,2,3,1]
输出：[5,6]

提示：

- n == nums.length。
- $1 <= n <= 10^5$。
- $1 <= nums[i] <= n$。

在本题中，需要遍历输入数组中的每个数字，计算其应该在数组中的位置（由于数字可能重复出现，所以，需要取绝对值），将该位置上的数字标记为负数，表示该数字已经在数组中出现过。然后，再次遍历数组，找到大于 0 的数字所在的位置，并将其加入结果集中，即未出现过的数字。具体实现过程中，可以使用一个同样长度的 Bool 类型的数组（也可以使用原数组本身），用于标记数字是否出现过。由于数组下标从 0 开始，所以在返回结果时还需要将下标加 1。

```java
class Solution {
    public List<Integer> findDisappearedNumbers(int[] nums) {
        int n = nums.length; // 数组长度
        List<Integer> ret = new ArrayList<Integer>(); // 用于存储消失的数字

        for(int num : nums){ // 遍历数组中的每个数字
            int pos = Math.abs(num) -1; // 计算当前数字应该在数组中的位置（由于可能重复出
                现，因此需要取绝对值）
            if(nums[pos] > 0) // 如果该位置上的数字还没有被标记为负数
                nums[pos] = -nums[pos]; // 将该位置上的数字标记为负数
        }

        for(int i=0; i<n; i++){ // 遍历数组
            if(nums[i] > 0) // 如果该位置上的数字大于 0，则说明该位置上的数字没有出现过（因
                为之前出现过的数字都被标记为了负数）
                ret.add(i+1); // 将该位置加入结果集中
        }
        return ret; // 返回结果集
    }
}
```

下面分析上述代码的性能。

时间复杂度分析：第一个循环遍历整个数组 nums，对每个数字进行处理，时间复杂度为 $O(n)$，其中 n 是数组的长度。第二个循环再次遍历整个数组 nums，查找未被标记的位置，时间复杂度也为 $O(n)$。因此，总的时间复杂度为 $O(n+n) = O(2n)$，但在大 O 表示法

中,常数项通常被省略,所以最终的时间复杂度为 $O(n)$。

空间复杂度分析:除了输入数组 nums 和输出结果集 ret,算法只使用了常数额外的空间来存储临时变量,如 n 和 pos。因此,空间复杂度为 $O(1)$,即为常数级别的空间复杂度。

综上所述,该算法的时间复杂度为 $O(n)$,空间复杂度为 $O(1)$。

1.4.3 最长连续序列

题目来源:力扣(LeetCode)

链接:https://leetcode.cn/problems/longest-consecutive-sequence/description/

给定一个未排序的整数数组 nums,找出数字连续的最长序列(不要求序列元素在原数组中连续)的长度。

请你设计并实现时间复杂度为 $O(n)$ 的算法来解决此问题。

示例 1:

输入: nums = [100,4,200,1,3,2]
输出: 4

解释:最长数字连续序列是 [1, 2, 3, 4]。它的长度为 4。

示例 2:

输入: nums = [0,3,7,2,5,8,4,6,0,1]
输出: 9

提示:

- $0 <= $ nums.length $ <= 10^5$。
- $-10^9 <= $ nums[i] $ <= 10^9$。

在本题中,使用 HashSet 存储数组中的元素,去重之后遍历 HashSet 中的每个元素,如果它没在 HashSet 中的前一个位置(即 num−1)出现过,则从该元素开始计算连续序列的长度。具体实现过程中,可以使用一个循环来计算以当前数字 num 开头的连续序列长度,每次判断 HashSet 中是否存在下一个数字(即 currentNum+1),并将当前数字加 1,更新序列长度,直到下一个数字不存在于 HashSet 中为止。在计算完每个连续序列的长度后,使用 Math.max 函数比较它们的长度,找到最长的连续序列,并返回其长度。

```
class Solution {
    public int longestConsecutive(int[] nums) {
        HashSet<Integer> set = new HashSet<>(); // 定义一个 HashSet, 存储数组中的元素
        for(int num : nums){
            set.add(num); // 将数组中的元素加入 set, 去重
        }
        int max = 0; // 初始化最长连续序列的长度为 0
        for(int num : set){
            if(!set.contains(num-1)){ // 如果 num 不在 set 中, 则开始计算以 num 开头的连续
                                      // 序列的长度
                int currentNum = num;
                int len = 1; // 初始化当前连续序列长度为 1 (即包含当前数字)
                while(set.contains(currentNum+1)){ // 如果下一个数字存在于 set 中, 则将
                                                   // 当前数字增加 1, 并更新序列长度
                    currentNum = currentNum+1;
                    len++;
                }
                max = Math.max(max, len); // 更新最长连续序列的长度
            }
        }
        return max; // 返回最长连续序列的长度
    }
}
```

下面分析上述代码的性能。因为遍历长度为 n 的数组，所以，时间复杂度为 $O(n)$。利用哈希表存储数组中所有的数需要 $O(n)$ 的空间，所以，空间复杂度为 $O(n)$。

1.4.4 找到字符串中所有字母异位词

题目来源：力扣（LeetCode）

链接：https://leetcode.cn/problems/find-all-anagrams-in-a-string/

给定两个字符串 s 和 p，找到 s 中所有 p 的异位词的子串，返回这些子串的起始索引。不考虑答案输出的顺序。

异位词是指由相同字母重排列形成的字符串（包括相同的字符串）。

示例 1：

输入: s = "cbaebabacd", p = "abc"
输出: [0,6]

解释：

- 起始索引等于 0 的子串是 "cba"，它是 "abc" 的异位词。

- 起始索引等于 6 的子串是 "bac"，它是 "abc" 的异位词。

示例 2：

输入: s = "abab", p = "ab"
输出: [0,1,2]

解释：

- 起始索引等于 0 的子串是 "ab"，它是 "ab" 的异位词。
- 起始索引等于 1 的子串是 "ba"，它是 "ab" 的异位词。
- 起始索引等于 2 的子串是 "ab"，它是 "ab" 的异位词。

提示：

- $1 <= $ s.length, p.length $<= 3 \times 10^4$。
- s 和 p 仅包含小写字母。

本题使用哈希表 + 双指针的方法来解决。定义两个 HashMap，一个存储字符串 s 的所有字符，另一个存储窗口 p 中有的字符，当两个 map 中的数据相等时，即可将 start 加入结果集合。其具体思路如下。

步骤 1 定义需要维护的变量，包括返回结果数组、存储字符串 s 中字符出现次数的哈希表 maps 和存储字符串 p 中字符出现次数的哈希表 mapp。遍历字符串 p 中的每个字符，将每个字符出现的次数记录到 mapp 中。

步骤 2 定义滑动窗口的起始位置 start 和结束位置 end，从起始位置开始向右遍历字符串 s 的每个字符。

步骤 3 维护 maps 中字符出现次数的相应变化，对于当前遍历到的字符 cur，如果其在 maps 中已经出现过，则将其出现次数加 1；否则，在 maps 中记录其出现次数为 1。此外，如果因当前字符 cur 的出现导致 maps 中字符出现次数与 mapp 完全一致，则说明找到了一个符合条件的字母异位词，将其起始位置 start 加入返回结果数组中。

步骤 4 如果滑动窗口的长度已经达到字符串 p 的长度，则需要将窗口起始位置向右移动一位。首先获取滑动窗口的起始位置的字符 old，将其在 maps 中对应的出现次数减 1，如果减 1 后该字符在窗口中已经没有出现，则需要将其从 maps 中删除；否则，如果该字符在窗口中还有出现，需要更新其出现次数。

步骤 5 遍历完整个字符串 s 后，返回结果数组 res，其中存储了所有符合条件的字母异位词的起始位置。

```
class Solution {
    public List<Integer> findAnagrams(String s, String p) {
```

```java
//1.定义需要维护的变量
List<Integer> res = new ArrayList<Integer>(); //定义返回结果数组
HashMap<Character, Integer> maps = new HashMap<Character, Integer>();
    //定义存储字符串 s 中字符出现次数的哈希表
HashMap<Character, Integer> mapp = new HashMap<Character, Integer>();
    //定义存储字符串 p 中字符出现次数的哈希表
for(char c : p.toCharArray()){ //将字符串 p 中每个字符出现的次数记录到 mapp 中
    mapp.put(c, mapp.getOrDefault(c,0)+1);
}

//2.定义滑动窗口
int start=0; //定义滑动窗口起始位置
for(int end=0; end<s.length(); end++){ //遍历字符串 s 中的所有字符
    //3.维护变量 maps
    char cur = s.charAt(end); //获取当前字符
    maps.put(cur, maps.getOrDefault(cur, 0)+1); //在 maps 中记录当前字符出现
        的次数
    if(maps.equals(mapp)){ //如果 maps 中和 mapp 中的字符出现次数完全一致,说明找
            到了一个符合条件的字母异位词
        res.add(start); //将起始位置加入返回结果数组中
    }
    if(end >= p.length()-1){ //如果滑动窗口的长度已达到字符串 p 的长度
        char old = s.charAt(start); //获取滑动窗口起始位置的字符
        int count = maps.get(old) - 1; //将 maps 中该字符出现的次数减 1
        if(count == 0){ //如果该字符在滑动窗口中已经没有出现,将其从 maps 中删除
            maps.remove(old);
        }
        if(count > 0){ //如果该字符在滑动窗口中还有出现,更新其出现次数
            maps.put(old, count);
        }
        start++; //将滑动窗口起始位置向右移动一位
    }
}
return res; //返回结果数组
```

下面分析上述代码的性能。需要遍历一次 s,并且在每个位置进行常数次哈希表操作。因此,总时间复杂度为 $O(n)$。本解法中需要使用两个哈希表,分别记录 p 中每个字符的出现次数和 s 中当前滑动窗口中每个字符的出现次数。在最坏情况下,s 中每个字符都不同,因此空间复杂度为 $O(n)$。

1.4.5 思维延展

1. 技巧延展——哈希表

在算法题中,哈希表是一种常见且强大的解题方法,可以用于解决多种问题。**什么情**

况下适合引入哈希表来解题？以下是一些使用哈希表的常见技巧和注意事项。

- **查找元素或去重**。哈希表用于存储元素的唯一性，可以快速查找元素是否存在，或者去除重复元素。这对于查找某个数、查找子集、判断两个字符串是否是异位词等非常有用。
- **存储中间结果**。哈希表可以用来存储中间结果，以避免重复计算。这在递归算法中特别有用，可以显著提高效率。
- **频次统计**。使用哈希表可以高效地统计元素出现的频次。这对于查找众数、查找重复次数超过一半的元素等问题非常有用。
- **缓存**。缓存是一种常见的优化技巧，哈希表可以用来实现缓存，以存储计算结果，避免重复计算，从而提高性能。
- **解决映射关系**。哈希表可以用于建立键值对映射关系，例如，将单词映射到其出现的次数或者将数字映射到其对应的索引等。
- **解决两数之和问题**。哈希表可以用于解决两数之和问题，其中需要找到数组中两个数的和等于给定目标值的索引。
- **解决子数组和问题**。哈希表可以用于解决子数组和问题，如找到数组中和等于给定目标值的子数组。
- **处理有序数据**。哈希表通常用于处理无序数据，但在某些情况下也可以用于处理有序数据，如查找两个有序数组的交集。
- **注意冲突**。在使用哈希表时，要考虑哈希冲突的问题。哈希冲突是指两个不同的键映射到相同的哈希桶中。解决冲突的方法包括链地址法和开放寻址法等。
- **空间和时间权衡**。使用哈希表时，需要权衡空间复杂度和时间复杂度。增加哈希表的大小可以减少冲突，但会增加空间复杂度，降低内存效率。选择合适的哈希函数和哈希表大小是解决这个问题的关键。

2. 知识延展

哈希表的扩容和缩容是为了适应数据的动态变化，保持哈希表的性能和空间利用的平衡。扩容是在哈希表中元素数量增加时触发的操作，缩容在元素数量减少时触发。扩容的触发条件通常是当哈希表中的元素数量达到了一定的装载因子阈值，如超过了哈希表容量的 70%。一旦触发扩容，哈希表会创建一个更大的新数组，并将所有的元素重新插入到新数组中。在这个过程中，需要重新计算每个元素的哈希值和在新数组中的位置，以确保元素的正确性。缩容的触发条件通常是当哈希表中的元素数量减少到一定的装载因子阈值以下，如低于哈希表容量的 30%。触发缩容后，哈希表会创建一个更小的新数组，并将元素重新插入到新数组中。与扩容类似，缩容也需要重新计算元素的哈希值和在新数组中的位置。选择合适的扩容因子和缩容阈值对于平衡内存利用和性能至关重要。较小的扩容因子和较高的装载因子阈值可以减少扩容的频率，但可能导致哈希表在插入新元素时发生冲突的可能性增加。相反，较大的扩容因子和较低的装载因子阈值可以减少冲突的可能性，但会增加内存的消耗。需要根据具体的应用场景和性能需求进行权衡和调整。

哈希表在大数据领域有广泛的应用，以下是一些实际应用示例。

- **分布式缓存**：哈希表常用于分布式缓存系统中，用于快速存储和查找大量的缓存数据。通过使用哈希函数将数据映射到不同的节点或分片，可以实现高效的缓存读/写和分布式负载均衡。
- **数据库索引**：哈希表可以用于数据库索引结构，加快数据的查找速度。例如，在内存数据库中，可以使用哈希表存储关键字和对应的数据地址，以实现快速的索引查询操作。
- **键值存储系统**：在键值存储系统中，哈希表用于存储和检索键值对数据。将键通过哈希函数映射到桶中，可以快速定位和访问。
- **布隆过滤器**：基于哈希表的数据结构，用于判断一个元素是否可能存在于一个集合中，可进行高效查找和存储。

1.5 栈和队列

栈是一种限定在表尾进行插入和删除操作的线性表。栈的特点是后进先出（Last-In-First-Out，LIFO），即最后插入的元素最先被删除，而最先插入的元素最后被删除。栈有一个特殊的位置称为栈顶。栈顶是可以进行插入和删除操作的位置，而栈底是固定的。栈的主要操作包括入栈（Push）和出栈（Pop）。入栈操作将元素插入到栈顶，使其成为新的栈顶元素；出栈操作从栈顶删除元素，使栈顶指针下移。此外，还有一个查看栈顶元素的操作，它可以返回栈顶元素的值，但不对栈进行修改。

队列是一种限定在一端进行插入操作，而在另一端进行删除操作的线性表。队列的特点是先进先出（First-In-First-Out，FIFO），即最早插入的元素最先被删除。队列有两个端点，允许插入的一端称为队尾，允许删除的一端称为队头。队列的主要操作包括入队（Enqueue）和出队（Dequeue）。入队操作将元素插入到队尾，使其成为新的队尾元素；出队操作从队头删除元素，并使队头指针后移。与栈类似，队列还可以进行查看队头元素的操作，返回队头元素的值，但不对队列进行修改。

1.5.1 有效的括号

题目来源：力扣（LeetCode）

链接：https://leetcode.cn/problems/valid-parentheses/

给定一个只包括"('、')"、"{'、'}"、"['、']"的字符串 s，判断字符串是否有效。有效字符串需满足：

- 左括号必须用相同类型的右括号闭合。
- 左括号必须以正确的顺序闭合。
- 每个右括号都有一个对应的相同类型的左括号。

示例 1：

输入：s = "()"
输出：true

示例 2：

输入：s = "()[]{}"
输出：true

示例 3：

输入：s = "(]"
输出：false

提示：

- $1 <= s.length <= 10^4$。
- s 仅由括号"()[]{}"组成。

括号匹配是典型的使用栈来解决的问题。从左往右遍历，每当遇到左括号便放入栈内，遇到右括号则判断其和栈顶的括号是否是同一类型，如果是同一类型，则从栈内取出左括号；否则，说明字符串不合法。其具体思路如下：首先，判断输入字符串是否为空，如果为空，则返回 true；然后定义一个栈 stack，用于维护括号匹配关系。遍历输入字符串 s 中的每个字符 c，分如下几种情况讨论。

- 如果当前字符为左括号（即（、{ 或 [)，则将它对应的右括号（即）、} 或]）压入栈中。
- 如果当前字符为右括号，则从栈顶弹出一个元素，检查是否和当前字符匹配。若不匹配，则返回 false；否则，继续向后遍历字符串。
- 如果遍历完所有字符后栈为空，则说明括号匹配成功，返回 true；否则，返回 false。

```
public boolean isValid(String s) {
    if(s.isEmpty())
```

```
        return true;
Stack<Character> stack=new Stack<Character>();  // 定义一个栈,用于维护括号匹配关系
for(char c:s.toCharArray()){  // 遍历输入字符串 s 中的每个字符
    if(c=='(')  // 如果当前字符为左括号,则将它对应的右括号压入栈中
        stack.push(')');
    else if(c=='{')
        stack.push('}');
    else if(c=='[')
        stack.push(']');
    else  if(stack.empty()||c!=stack.pop())  // 如果当前字符不是左括号,且它和栈顶元
        素不匹配,则返回 false
        return false;
}
if(stack.empty())  // 遍历完所有字符后,如果栈为空,则说明括号匹配成功
    return true;
return false;  // 否则返回 false
}
```

下面分析上述代码的性能。因为它需要遍历整个字符串一次,并且仅涉及栈的入栈、出栈等基础操作,所以时间复杂度为 $O(n)$。因为最坏情况下,可能需要将字符串 s 中的所有字符都压入栈中,所以空间复杂度为 $O(n)$。

1.5.2 每日温度

题目来源:力扣(LeetCode)

链接:https://leetcode.cn/problems/daily-temperatures/

给定一个整数数组 temperatures,表示每天的温度,返回一个数组 answer,其中 answer[i] 是指对于第 i 天,下一个更高温度出现在几天后。如果气温在这之后都不会升高,请在该位置用 0 来代替。

示例 1:

输入: temperatures = [73,74,75,71,69,72,76,73]
输出: [1,1,4,2,1,1,0,0]

示例 2:

输入: temperatures = [30,40,50,60]
输出: [1,1,1,0]

示例 3:

输入: temperatures = [30,60,90]

```
输出: [1,1,0]
```

提示:

- $1 <= $ temperatures.length $<= 10^5$。
- $30 <= $ temperatures[i]$<= 100$。

首先定义一个栈 stack 和一个存储最终结果的数组 res,遍历输入数组 temperatures 中的每个元素 i,然后分多种情况讨论:

- 如果当前元素小于或等于栈顶元素,则将当前元素的下标放入栈中(即将还未找到更高温度的元素下标压入栈顶)。
- 如果当前元素大于栈顶元素,则弹出栈顶元素,并将该元素的结果记录到 res 中(即这个元素到它后面第一个比它大的元素的距离),重复执行此步骤,直到栈为空或当前元素小于或等于栈顶元素。此时,将当前元素的下标放入栈中,以便后续判断。
- 重复以上操作,直到遍历完所有元素。

最终,存储结果的数组 res 中的每个元素都代表该元素后面第一个比它大的值距离自身有多少个元素。

```java
public static int[] dailyTemperatures(int[] temperatures) {
    // 定义一个栈,用于维护还未找到更高温度的元素下标
    Stack<Integer> stack = new Stack<>();
    // 定义存储最终结果的数组
    int[] res = new int[temperatures.length];
    // 遍历输入数组中每个元素
    for (int i = 0; i < temperatures.length; i++) {
        /**
         * 取出下标,进行元素值的比较
         */
        while (!stack.isEmpty() && temperatures[i] > temperatures[stack.peek()]) {
            /**
             * 如果当前元素大于栈顶元素,说明栈顶元素所在的位置的后面有一个更高温度的元素
             * 将栈顶元素所在位置的结果记录到 res 数组中,并弹出栈顶元素
             */
            int preIndex = stack.pop();
            res[preIndex] = i - preIndex;
        }
        /**
         * 将当前元素的下标放入栈中
         */
        stack.push(i);
    }
```

```
        return res; // 返回存储最终结果的数组
}
```

下面分析上述代码的性能。因为它需要遍历整个数组一次，并且仅涉及栈的入栈、出栈等基础操作，所以时间复杂度为 $O(n)$。因为最坏情况下可能需要将输入数组 temperatures 中的所有元素都压入栈中，以及创建一个用于存储结果的数组 res，所以空间复杂度为 $O(n)$。

1.5.3 前 k 个高频元素

题目来源：力扣（LeetCode）

链接：https://leetcode.cn/problems/top-k-frequent-elements/

给你一个整数数组 nums 和一个整数 k，请返回其中出现频率前 k 高的元素。你可以按任意顺序返回答案。

示例 1：

```
输入: nums = [1,1,1,2,2,3], k = 2
输出: [1,2]
```

示例 2：

```
输入: nums = [1], k = 1
输出: [1]
```

提示：

- $1 <= $ nums.length $ <= 10^5$。
- k 的取值范围是 [1, 数组中不相同的元素的个数]。
- 题目数据保证答案唯一，换句话说，数组中前 k 个高频元素的集合是唯一的。

解决本道题目可以使用 HashMap 字典。首先，将数组 nums 中的各个元素，以及它们出现的次数存储在字典中。接着，使用一个最小堆 PriorityQueue 来保存出现频率最高的 k 个元素。对于每个元素，如果最小堆没有填满，则直接加入最小堆；如果已经填满，则比较当前元素的出现次数和最小堆堆顶元素的出现次数。如果堆顶元素次数比当前元素低，则弹出堆顶元素，并将当前元素加入最小堆。最后，从最小堆中按顺序取出元素并返回。

```
class Solution {
    public int[] topKFrequent(int[] nums, int k) {
        // 使用字典，统计每个元素出现的次数，元素为键，元素出现的次数为值
```

```java
HashMap<Integer,Integer> map = new HashMap();
for(int num : nums){
    if (map.containsKey(num)) { // 如果当前元素已经在字典中，则将该元素的出现次数
        加 1
        map.put(num, map.get(num) + 1);
    } else  {   // 如果当前元素不在字典中，则将该元素添加到字典中，并将其出现次数初始化
        为 1
        map.put(num, 1);
    }
}
// 遍历 map，用最小堆保存频率最高的 k 个元素
PriorityQueue<Integer> pq = new PriorityQueue<>(new Comparator<Integer>()
    { // 定义一个最小堆，并指定比较器
    @Override
    public int compare(Integer a, Integer b) {
        return map.get(a) - map.get(b); // 比较两个元素出现的次数，出现次数少的
            在前面
    }
});
for (Integer key : map.keySet()) { // 遍历字典中的每个元素
    if (pq.size() < k) { // 如果堆的元素个数还不到 k 个，则直接将当前元素加入堆中
        pq.add(key);
    } else if (map.get(key) > map.get(pq.peek())) { // 如果当前元素出现的次数
        比堆顶元素出现的次数多，则将堆顶元素弹出，并将当前元素加入堆中
        pq.remove();
        pq.add(key);
    }
}
// 取出最小堆中的元素
int[] res = new int[k];
int idx=0;
for(int num: pq) {
    res[idx++] = num;
}
return res;
}
}
```

下面分析上述代码的性能。首先，遍历一遍数组，统计元素的频率，这一系列操作的时间复杂度是 $O(n)$；接着，遍历用于存储元素频率的 map，如果元素的频率大于最小堆中顶部的元素，则将顶部的元素删除并将该元素加入堆中，这里维护堆的数目是 k，所以这一系列操作的时间复杂度是 $O(n \log k)$；因此，总的时间复杂度是 $O(n \log k)$。最坏情况下（每个元素都不同），map 需要存储 n 个键值对，优先队列需要存储 k 个元素，因此，空间复杂度是 $O(n)$。

1.5.4 合并 k 个升序链表

题目来源：力扣（LeetCode）

链接：https://leetcode.cn/problems/merge-k-sorted-lists/

给你一个链表数组，每个链表都已经按升序排列。请将所有链表合并到一个升序链表中，返回合并后的链表。

示例 1：

```
输入: lists = [[1,4,5],[1,3,4],[2,6]]
输出: [1,1,2,3,4,4,5,6]
```

链表数组如下：

```
[
    1->4->5,
    1->3->4,
    2->6
]
```

将它们合并到一个有序链表中：

1->1->2->3->4->4->5->6

示例 2：

```
输入: lists = []
输出: []
```

示例 3：

```
输入: lists = [[]]
输出: []
```

提示：

- k == lists.length。
- $0 <= k <= 10^4$。
- $0 <= $ lists[i].length $<= 500$。
- $-10^4 <= $ lists[i][j] $<= 10^4$。
- lists[i] 按升序排列。

其实，合并 k 个有序链表的逻辑类似于合并两个有序链表，难点在于如何快速得到 k

个节点中的最小节点并将其接到结果链表上。这里就要用到优先级队列（二叉堆）这种数据结构，把链表节点放入一个最小堆，就可以每次获得 k 个节点中的最小节点。

步骤 1 算法遍历每个链表，将每个链表的头节点插入优先队列。这一步需要遍历 k 个链表，每个链表最多添加 1 个节点到优先队列中，因此该操作的时间复杂度为 $O(k)$。

步骤 2 算法从优先队列中依次弹出最小的节点，将其添加到最终结果的链表中，如果弹出的节点还有下一个节点，则将其加入优先队列中。因此，这个操作需要将所有节点都添加到最终结果中。

步骤 3 算法返回最终结果的链表。

```java
import java.util.PriorityQueue;

/**
 * Definition for singly-linked list.
 * public class ListNode {
 *     int val;
 *     ListNode next;
 *     ListNode() {}
 *     ListNode(int val) { this.val = val; }
 *     ListNode(int val, ListNode next) { this.val = val; this.next = next; }
 * }
 */

class Solution {
    public ListNode mergeKLists(ListNode[] lists) {
        // 判断链表数组是否为空，如果为空，则直接返回 null
        if (lists.length == 0) {
            return null;
        }
        // 创建一个虚拟头节点，用于最后返回合并后的链表
        ListNode dummyHead = new ListNode(0);
        // 创建一个指针 p，用于遍历新链表
        ListNode p = dummyHead;
        // 创建一个优先队列（最小堆）
        PriorityQueue<ListNode> pq = new PriorityQueue<>((o1, o2) -> o1.val - o2.val);
        // 将链表数组中不为空的链表的头节点添加到优先队列中
        for (ListNode list : lists) {
            if (list != null) {
                pq.offer(list);
            }
        }

        // 如果优先队列不为空，则出队一个最小节点，将其添加到新链表中，并把其下一个节点加入优先队列
        while (!pq.isEmpty()) {
            ListNode minNode = pq.poll(); // 出队一个最小节点
```

```
                p.next = minNode; // 将其添加到新链表中
                p = p.next; // 更新指针
                if (minNode.next != null) { // 如果最小节点还有下一个节点,则将其添加进入优先
                    队列
                    pq.offer(minNode.next);
                }
            }
        }

        return dummyHead.next; // 返回合并后的链表
    }
}
```

下面分析上述代码的性能。首先,将链表数组中不为空的链表的头节点添加到优先队列中,时间复杂度为 $O(k \log k)$。接着,从优先队列中出队最小节点,每次出队操作需要重新调整堆的结构,时间复杂度为 $O(\log k)$。由于每个元素最多只会被访问一次,所以总的时间复杂度为 $O(n \log k)$。空间复杂度主要由优先队列产生,它最多保存 k 个元素。另外,由于本算法采用的是顺序访问的方式,所以每次只需要一个指针来记录新链表的尾节点,而不需要额外的数组或集合来辅助完成遍历,因此,总的空间复杂度为 $O(k)$。

1.5.5　思维延展

1. 技巧延展——单调栈

单调栈实际上就是栈,只是利用了一些巧妙的逻辑,使得每次新元素入栈后,栈内的元素都保持有序(单调递增或单调递减)。对于一些特殊问题,用单调栈处理起来会非常简便,如"下一个更大元素""上一个更小元素"等。

单调栈模板如下。

```
public int[] nextGreaterElement(int[] nums) {
    int n = nums.length;
    int[] res = new int[n];
    Stack<Integer> s = new Stack<>();
    // 倒着往栈中放
    for (int i = n - 1; i >= 0; i--) {
        // 判定大小
        while (!s.isEmpty() && s.peek() <= nums[i]) {
            // 小的出栈
            s.pop();
        }
        // nums[i] 后面的更大元素
        res[i] = s.isEmpty() ? -1 : s.peek();
        s.push(nums[i]);
    }
```

```
    return res;
}
```

在 for 循环中，从尾部开始扫描元素，之所以这样设计是因为使用了栈这一数据结构。从后向前进行入栈，是为了确保元素从前向后出栈。while 循环的目的是移除位于两个"较高"元素之间的元素，因为这些元素在一个"更为高大"的元素之前，所以它们不会被视为后续入栈元素的下一个更大的元素。

至于算法的时间复杂度，可能初步看起来并不直接。有人可能会觉得，由于 for 循环内嵌套了 while 循环，因此此算法的时间复杂度为 $O(n^2)$。然而，实际的复杂度只有 $O(n)$。总共有 n 个元素，每个元素都只会被压入栈一次，并且至多只会被弹出栈一次，没有进行任何多余的操作。因此，总的操作数量与元素的数量 n 是线性相关的，也即 $O(n)$ 的复杂度。

2. 技巧延展——优先队列

优先队列是一种数据结构，它能够以任何给定的优先级来存储元素。在优先队列中，元素被赋予相应优先级。当访问元素时，拥有最高优先级的元素最先被删除。优先队列在算法和计算机科学中被广泛应用，特别是在那些需要动态地按照某种优先级来处理数据的场景中。优先队列的经典实现是使用二叉堆（特别是最小堆或最大堆）。堆是一种特殊的树形数据结构，树中任何节点的值都小于（或大于）其子节点的值。优先队列的优势如下：允许动态地插入元素，同时始终能够快速地访问或删除最高优先级的元素。使用合适的数据结构（如二叉堆）实现时，优先队列的插入和删除操作可以非常快速。

优先队列常被用于解决如下问题。

- **Dijkstra 算法**：该算法用于找到图中的最短路径。优先队列用来选择下一个最短边。
- **Prim's 算法**：该算法用于生成图的最小生成树。优先队列用来选择下一个最短边。
- **模拟事件系统**：在模拟事件系统中，事件可以基于其发生的时间进行排队。
- **合并 k 个已排序的列表**。
- **查找大量数据中的最小或最大的 n 个元素**。

优先队列的实现也很简单，在许多编程语言的标准库中都提供了优先队列的实现。例如，在 Java 中，可以使用 PriorityQueue 类；在 Python 中可以使用 heapq 模块。

3. 知识延展

队列也有一些其他的变种，如循环队列和优先级队列。

循环队列是一种优化了空间利用的队列变种。循环队列通过将队列的尾部连接到队列的头部，形成一个循环结构。循环队列可以避免数据搬移操作，提高了入队和出队的效率，适用于需要频繁执行入队和出队操作的场景，如循环缓冲区、操作系统任务调度等。循环队列的实现原理涉及使用数组和两个指针（头指针和尾指针）来表示队列，同时需要考虑队列满和队列空的判断条件。循环队列的入队和出队操作的时间复杂度都是 $O(1)$。

优先级队列是一种基于优先级的队列变种，其中每个元素都有一个相关的优先级。元素按照优先级的顺序进行入队和出队操作，优先级高的元素先出队。优先级队列适用于需要按照某种优先级顺序处理元素的场景，如任务调度、事件处理等。优先级队列可以使用堆（二叉堆、斐波那契堆）来实现，确保高优先级元素始终处于队列的前部。

在大数据领域，队列广泛应用于消息中间件、任务调度和数据处理中。

- **消息中间件**：消息队列用于解耦和异步处理系统中的消息传递。生产者将消息发送到队列中，消费者可以从队列中获取和处理消息。消息队列的应用有助于提高系统的可伸缩性、灵活性和可靠性。
- **任务调度**：任务调度系统使用队列来管理待处理的任务。任务按照一定的顺序进入队列，并由调度器按照设定的规则进行调度和执行。队列的先进先出特性确保任务按照顺序进行处理，而优先级队列可以根据任务的重要性和紧急程度进行调度。
- **数据处理**：在大数据处理中，队列用于缓冲和调度数据处理任务。数据处理流程中的各个阶段可以使用队列来传递和处理数据，确保数据按照正确的顺序和方式进行处理。队列还可以用于实现数据分发和负载均衡。

栈也有一些变种，如双端栈和最小栈。

双端栈是一种具有两个栈顶的栈变种，可以从两端同时执行入栈和出栈操作。双端栈提供了更灵活的数据访问方式，可以从前端和后端同时操作栈。双端栈适用于需要在两端进行频繁操作的场景，如双端队列的实现、回文判断等。可以使用数组或链表结构来支持两个栈顶的操作。

最小栈是一种可以在常数时间内获取栈中最小元素的栈变种。除了支持正常的入栈和出栈操作外，最小栈还记录当前栈的最小元素。通过额外的辅助数据结构或算法，可以在 $O(1)$ 时间内获取当前栈的最小值。最小栈适用于需要频繁获取栈中最小值的场景，如数据流中的滑动窗口最小值计算、动态规划中的状态转移等。

在大数据领域，栈也有一些应用场景，如与递归和回溯相关的问题。

- **大数据处理中的任务调度**：在大数据处理中，任务调度是一项关键工作。栈可以用于实现任务的调度顺序。每当有新的任务到达时，将其压入栈中，然后按照栈顶元素的顺序执行任务。这种方式保证了后到达的任务优先执行，还可以有效进行任务调度和处理。
- **数据流处理**：在大数据流处理系统中，栈被广泛用于实现缓冲区或者数据窗口。数据流处理需要实时处理无限流式数据，而栈可以用于维护最近的一部分数据，以便进行窗口计算、滑动窗口聚合等操作。

1.6 树和二叉树

树（Tree）和二叉树（Binary Tree）是两种常见的数据结构，在计算机科学中扮演着重要的角色。下面将深入介绍这两种数据结构。

树是一个多层级的数据结构。通过树，可以模拟各种复杂的层次结构，就像家谱中的家族关系、计算机文件系统的目录结构等。树是由 $n(n \geq 0)$ 个节点的有限集合构成的。具体定义如下。

- 每棵树都有且仅有一个根（Root）节点。
- 其余的节点可分为 $m(m \geq 0)$ 个互不相交的子集 $T_1, T_2, T_3, \cdots, T_m$，其中每个子集又是一棵树，被称为子树（Subtree）。
- 子树都非空，以确保树的结构有明确定义。

在树的介绍中，我们引入了一些关键术语，具体如下。

- **父节点和子节点**：基于节点之间的相对位置关系，每个节点都可能是其他节点的父节点或子节点。
- **树叶和分支节点**：树的叶子节点是没有子节点的节点，而其他节点称为分支节点。注意，分支节点可以只有一个分支。
- **祖先和子孙**：基于节点之间的父子关系和传递性，可以确定节点之间的祖先和子孙关系。
- **度数**：节点的度数是指其子节点的数量，叶子节点的度数为 0。
- **路径和路径长度**：路径是指从一个节点到另一个节点的连接，路径的长度是指路径上的边的数量。
- **节点的层数和树的高度**：节点的层数描述了节点在树中的位置，而树的高度是树中节点的最大层数。
- **节点的顺序**：在某些情况下，可能需要为节点分配顺序，以便更精确地描述树的结构。

二叉树是一种特殊的树，每个节点最多只有两个子节点，分别称为左子节点和右子节点。二叉树的搜索效率比普通树高，因为每个节点最多只有 2 个子节点，所以，在查找时可以通过比较大小快速定位到目标节点所在的位置。

二叉树的遍历方式有如下 3 种：前序遍历、中序遍历和后序遍历。前序遍历是先访问根节点，然后依次遍历左子树和右子树；中序遍历是先遍历左子树，然后访问根节点，最后遍历右子树；后序遍历是先遍历左子树，然后遍历右子树，最后访问根节点。这 3 种遍历方式的应用场景不同，具体选择哪一种，要根据实际情况来分析。

树和二叉树是计算机科学中非常重要的数据结构，它们在各个领域都有广泛的应用，从搜索和排序到编程语言解析和文件系统组织。深入理解这些数据结构的性质和应用，将为编程和算法设计提供强大的工具。

1.6.1　二叉树的中序遍历

题目来源：力扣（LeetCode）

链接：https://leetcode.cn/problems/binary-tree-inorder-traversal/

给定一个二叉树的根节点 root，返回它的中序遍历。

示例 1（见图 1-5）：

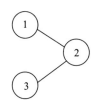

图 1-5　二叉树示例

```
输入: root = [1,null,2,3]
输出: [1,3,2]
```

示例 2：

```
输入: root = []
输出: []
```

示例 3：

```
输入: root = [1]
输出: [1]
```

提示：-100 <= Node.val <= 100，树中节点数目在 [0, 100] 内。

解决本道题目，首先定义 inorder(root)，用其表示当前遍历到 root 节点的结果；然后按照定义，只需要递归调用 inorder(root.left) 来遍历 root 节点的左子树；接着将 root 节点的值加入结果；最后递归调用 inorder(root.right) 来遍历 root 节点的右子树。递归终止的条件为遇到空节点。

```java
class Solution {
    // 定义一个方法来进行中序遍历
    public List<Integer> inorderTraversal(TreeNode root) {
        // 定义一个整型数组来存储遍历结果
        List<Integer> res = new ArrayList<Integer>();
        // 调用递归函数来进行中序遍历
        inorder(root, res);
        // 返回遍历结果
        return res;
    }

    // 中序遍历递归函数
    public void inorder(TreeNode root, List<Integer> res) {
        // 如果节点为空，则直接返回
        if (root == null) {
            return;
        }
        // 递归左子树
        inorder(root.left, res);
        // 将当前节点添加到遍历结果中
        res.add(root.val);
        // 递归右子树
        inorder(root.right, res);
    }
}
```

时间复杂度：$O(n)$，其中 n 为二叉树节点的个数。二叉树的遍历中每个节点会被访问一次且只会被访问一次。

空间复杂度：$O(n)$，其中 n 表示树中节点的个数，空间复杂度取决于递归调用的深度，最坏情况下，树为一条链，深度为 n，此时递归调用的次数也为 n。在存储遍历结果时，需要使用一个大小为 n 的 ArrayList 来存储所有节点的值，故空间复杂度为 $O(n)$。

1.6.2 二叉树的层序遍历

题目来源：力扣（LeetCode）

链接：https://leetcode.cn/problems/binary-tree-level-order-traversal/

给定一个二叉树的根节点 root，返回其节点值的层序遍历（即逐层从左到右访问所有节点）。

示例 1（见图 1-6）：

输入：root = [3,9,20,null,null,15,7]
输出：[[3],[9,20],[15,7]]

示例 2：

输入：root = [1]
输出：[[1]]

示例 3：

输入：root = []
输出：[]

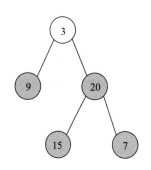

图 1-6　层序遍历示例

提示：

- 树中节点数目在范围 [0, 2000] 内。
- $-1000 <= Node.val <= 1000$。

可以用广度优先搜索解决这个问题。最朴素的方法是用一个二元组 (node，level) 来表示状态，它表示某个节点和它所在的层数，每个新进队列的节点的 level 值都是其父亲节点的 level 值加 1。最后根据每个点的 level 对该点进行分类，分类时可以利用哈希表维护一个以 level 为键，以对应节点值组成的数组为值的哈希表，广度优先搜索结束以后按键 level 从小到大取出所有值，组成答案返回即可。

考虑优化空间开销，可不用哈希映射，只用一个变量 node 表示状态实现这个功能，那如何做呢？可以用一种巧妙的方法修改广度优先搜索：首先根节点入队，当队列不为空时求当前队列的长度 s，然后依次从队列中取 s 个节点进行拓展，并进入下一次迭代。这种方法和普通广度优先搜索的区别在于，普通广度优先搜索每次只取一个节点拓展，而这里每次取 s_i 个节点。在上述过程中，第 i 次迭代就得到了二叉树的第 i 层 s_i 个节点。

为什么这么做是对的呢？观察这个算法，可以归纳出如下循环不变式：第 i 次迭代前，队列中的所有元素就是第 i 层的所有节点，并且按照从左向右的顺序排列。下面证明它的 3 条性质（数学归纳法）。

- 初始化：当 $i=1$ 时，队列中只有 root。root 是层数为 1 的唯一节点，因为只有一个节点，所以满足从左向右排列。
- 保持：如果 $i=k$ 时性质成立，即下轮中出队 s_k 的节点是第 k 层的所有节点，并且顺序从左到右。因为对树进行广度优先搜索时由第 k 层的节点拓展出的节点一定也只能是 $k+1$ 层的节点，并且 $k+1$ 层的节点只能由第 k 层的节点拓展得到，所以由这 s_k 个节点能拓展到下一层所有的 s_{k+1} 个节点。又因为队列的先进先出特性，既然第 k 层的节点的出队顺序是从左向右，那么第 $k+1$ 层也一定是从左向右。至此，已经可以通过数学归纳法证明循环不变式的正确性。

❑ 终止：因为该循环不变式是正确的，所以按照这个方法迭代之后，每次迭代得到的也就是当前层的层次遍历结果。至此，证明了算法是正确的。

```java
class Solution {
    // 定义一个方法来进行层序遍历
    public List<List<Integer>> levelOrder(TreeNode root) {
        // 定义一个二维数组来存储遍历结果
        List<List<Integer>> ret = new ArrayList<List<Integer>>();
        // 如果根节点为空，则直接返回空数组
        if (root == null) {
            return ret;
        }

        // 定义一个队列来存储每层的节点
        Queue<TreeNode> queue = new LinkedList<TreeNode>();
        // 将根节点添加到队列中
        queue.offer(root);
        while (!queue.isEmpty()) {
            // 定义一个一维数组来存储当前层的节点值
            List<Integer> level = new ArrayList<Integer>();
            // 获取当前队列的大小，即当前层的节点数
            int currentLevelSize = queue.size();
            for (int i = 1; i <= currentLevelSize; ++i) {
                // 取出队首节点
                TreeNode node = queue.poll();
                // 将节点值添加到当前层的数组中
                level.add(node.val);
                // 如果左子节点不为空，则将其添加到队列中
                if (node.left != null) {
                    queue.offer(node.left);
                }
                // 如果右子节点不为空，则将其添加到队列中
                if (node.right != null) {
                    queue.offer(node.right);
                }
            }
            // 将当前层的数组添加到遍历结果中
            ret.add(level);
        }

        // 返回遍历结果
```

```
        return ret;
    }
}
```

下面分析上述代码的性能。因为每个节点都会被访问一次，所以时间复杂度为 $O(n)$。空间复杂度主要取决于队列的大小。最坏情况下，队列中将存储所有的 n 个节点，故空间复杂度为 $O(n)$。在存储遍历结果时，需要使用一个 ArrayList 和若干个临时数组来存储所有节点的值，但由于这些数组的大小均小于 n，所以它们对总体空间复杂度不会产生影响。

1.6.3 从前序与中序遍历序列构造二叉树

题目来源：力扣（LeetCode）

链接：https://leetcode.cn/problems/construct-binary-tree-from-preorder-and-inorder-traversal/

给定两个整数数组 preorder 和 inorder，其中 preorder 是二叉树的先序遍历，inorder 是同一棵树的中序遍历，请构造二叉树并返回其根节点。

示例 1（见图 1-7）：

输入: preorder = [3,9,20,15,7], inorder = [9,3,15,20,7]
输出: [3,9,20,null,null,15,7]

示例 2：

输入: preorder = [-1], inorder = [-1]
输出: [-1]

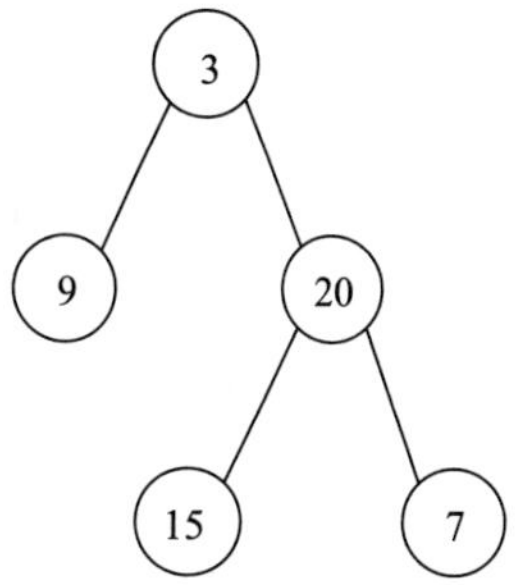

图 1-7　构造二叉树示例

提示：

- $1 <= $ preorder.length $ <= 3000$。
- inorder.length == preorder.length。
- $-3000 <= $ preorder[i], inorder[i] $ <= 3000$。
- preorder 和 inorder 均无重复元素。
- inorder 均出现在 preorder 中。
- preorder 保证为二叉树的前序遍历序列。
- inorder 保证为二叉树的中序遍历序列。

由于对于任意一棵树而言，前序遍历的形式总是 [根节点, [左子树的前序遍历结果], [右子树的前序遍历结果]]，即根节点总是前序遍历中的第一个节点。中序遍历的形式总是 [[左子树的中序遍历结果], 根节点, [右子树的中序遍历结果]]。因此，只要在中序遍历中定位到根节点，就可以知道左子树和右子树中的节点数目。由于同一棵子树的前序遍历和中序遍历的长度显然是相同的，所以就可以对应到前序遍历的结果中，对上述形式中的所有左右括号进行定位。这样就知道了左子树的前序遍历和中序遍历结果，以及右子树的前序遍历和中序遍历结果，就可以递归地构造出左子树和右子树，再将这两棵子树接到根节点的左右位置。

在中序遍历中对根节点进行定位时，一种简单的方法是直接扫描整个中序遍历的结果并找出根节点，但这样做的时间复杂度较高。因此，可以考虑使用哈希表来帮助快速定位根节点。对于哈希映射中的每个键值对，键表示一个元素（节点的值），值表示其在中序遍历中的出现位置。在构造二叉树之前，对中序遍历的列表进行一遍扫描，就可以构造出这个哈希映射。

```java
class Solution {
    private Map<Integer, Integer> indexMap;

    public TreeNode myBuildTree(int[] preorder, int[] inorder, int preorder_left,
        int preorder_right, int inorder_left, int inorder_right) {
        if (preorder_left > preorder_right) {
            return null;
        }

        // 前序遍历中的第一个节点就是根节点
        int preorder_root = preorder_left;
        // 在中序遍历中定位根节点
        int inorder_root = indexMap.get(preorder[preorder_root]);

        // 先把根节点建立出来
        TreeNode root = new TreeNode(preorder[preorder_root]);
        // 得到左子树中的节点数目
        int size_left_subtree = inorder_root - inorder_left;
        // 递归地构造左子树，并连接到根节点
        // 先序遍历中从"左边界+1"开始的"size_left_subtree"个元素就对应了中序遍历中从
        //    "左边界"开始到"根节点定位-1"的元素
        root.left = myBuildTree(preorder, inorder, preorder_left + 1, preorder_
            left + size_left_subtree, inorder_left, inorder_root - 1);
        // 递归地构造右子树，并连接到根节点
        // 先序遍历中从"左边界+1+左子树节点数目"开始到"右边界"的元素就对应了中序遍历中
        //    "根节点定位+1"到"右边界"的元素
        root.right = myBuildTree(preorder, inorder, preorder_left + size_left_
            subtree + 1, preorder_right, inorder_root + 1, inorder_right);
        return root;
    }

    public TreeNode buildTree(int[] preorder, int[] inorder) {
        int n = preorder.length;
```

```
        // 构造哈希映射，帮助快速定位根节点
        indexMap = new HashMap<Integer, Integer>();
        for (int i = 0; i < n; i++) {
            indexMap.put(inorder[i], i);
        }
        return myBuildTree(preorder, inorder, 0, n - 1, 0, n - 1);
    }
}
```

下面分析上述代码的性能。因为每个节点都会被访问 1 次，所以，总体空间复杂度为 $O(n)$。空间复杂度主要取决于哈希映射和递归时的栈空间。其中，因为最多需要存储 n 个节点的值和下标，哈希映射的空间复杂度为 $O(n)$。在递归时，栈的深度最深可达到 n，因此栈的空间复杂度为 $O(n)$，即总体空间复杂度为 $O(n)$。

1.6.4 二叉搜索树的最近公共祖先

题目来源：力扣（LeetCode）

链接：https://leetcode.cn/problems/lowest-common-ancestor-of-a-binary-search-tree/

给定一个二叉搜索树，找到该树中两个指定节点的最近公共祖先。在百度百科中最近公共祖先的定义如下：对于有根树 T 的两个节点 p、q，最近公共祖先表示为一个节点 x，满足 x 是 p、q 的祖先且 x 的深度尽可能大（一个节点也可以是它自己的祖先）。例如，给定如下二叉搜索树 root = [6, 2, 8, 0, 4, 7, 9, null, null, 3, 5]，如图 1-8 所示。

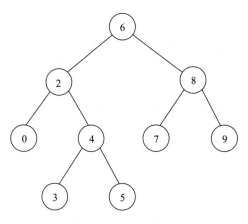

图 1-8 二叉搜索树

示例 1：

输入：root = [6,2,8,0,4,7,9,null,null,3,5], p = 2, q = 8

输出：6

解释：节点 2 和节点 8 的最近公共祖先是 6。

示例 2：

输入：root = [6,2,8,0,4,7,9,null,null,3,5], p = 2, q = 4
输出：2

解释：节点 2 和节点 4 的最近公共祖先是 2，因为根据定义，最近公共祖先节点可以为节点本身。

说明：所有节点的值都是唯一的；p、q 为不同节点且均存在于给定的二叉搜索树中。

由于题目中给出的是一棵"二叉搜索树"，所以可以快速找出树中的某个节点，以及从根节点到该节点的路径，例如，需要找到节点 p：

（1）从根节点开始遍历。
（2）如果当前节点就是 p，则找到了节点。
（3）如果当前节点的值大于 p 的值，则说明 p 应该在当前节点的左子树，因此将当前节点移动到它的左子节点。
（4）如果当前节点的值小于 p 的值，则说明 p 应该在当前节点的右子树，因此将当前节点移动到它的右子节点。

对于节点 q 同理。在寻找节点的过程中，可以顺便记录经过的节点，这样就得到了从根节点到被寻找节点的路径。

分别得到了从根节点到 p 和 q 的路径之后，就可以很方便地找到它们的最近公共祖先了。显然，p 和 q 的最近公共祖先就是从根节点到它们路径上的"分岔点"，也就是最后一个相同的节点。因此，如果设从根节点到 p 的路径为数组 $path_p$，从根节点到 q 的路径为数组 $path_q$，那么只要找出最大的编号 i，其满足 $path_{p[i]} = path_{q[i]}$，对应的节点就是"分岔点"，即 p 和 q 的最近公共祖先就是 $path_{p[i]}$ 或 $path_{q[i]}$。

```java
public class Solution {
    // 定义一个方法来查找最近公共祖先
    public TreeNode lowestCommonAncestor(TreeNode root, TreeNode p, TreeNode q) {
        // 获取节点 p 和节点 q 的路径
        List<TreeNode> path_p = getPath(root, p);
        List<TreeNode> path_q = getPath(root, q);
        // 定义一个变量来存储最近公共祖先
        TreeNode ancestor = null;
        // 遍历两个路径，找到最近公共祖先
        for (int i = 0; i < path_p.size() && i < path_q.size(); ++i) {
```

```
            if (path_p.get(i) == path_q.get(i)) {
                ancestor = path_p.get(i);
            } else {
                break;
            }
        }
        // 返回最近公共祖先
        return ancestor;
    }

    // 定义一个方法来获取指定节点在二叉搜索树中的路径
    public List<TreeNode> getPath(TreeNode root, TreeNode target) {
        // 定义一个数组来存储路径
        List<TreeNode> path = new ArrayList<TreeNode>();
        // 定义一个变量来保存当前节点
        TreeNode node = root;
        // 当节点不等于目标节点时，将当前节点添加到路径中，并继续查找目标节点
        while (node != target) {
            path.add(node);
            if (target.val < node.val) {
                node = node.left;
            } else {
                node = node.right;
            }
        }
        // 将目标节点也添加到路径中
        path.add(node);
        // 返回路径
        return path;
    }
}
```

下面分析上述代码的性能。上述代码需要的时间与节点 p 和 q 在树中的深度线性相关，在最坏情况下，树呈现链式结构，p 和 q 一个是树的唯一叶子节点，另一个是该叶子节点的父节点，此时时间复杂度为 O(n)。因为需要存储根节点到 p 和 q 的路径，所以和上面的分析方法相同。在最坏情况下，路径的长度为 O(n)，因此，需要 O(n) 的空间。

1.6.5 思维延展

在深入研究二叉树的基础上，下面将探讨一些特殊类型的二叉树，这些树结构不仅具有独特的特点，还在各自的领域发挥着重要作用。这些特殊的二叉树变种不仅为数据结构的设计提供了灵感，还为解决各种复杂问题提供了有力的工具。

❑ **满二叉树**：满二叉树是一种特殊的二叉树，其特点是，除了叶子节点，每个节点都

恰好有两个子节点。这意味着在满二叉树中，每层都充满了节点，没有缺失。满二叉树的结构非常简洁，节点分布均匀。由于其严格的规则，满二叉树在某些特定的应用场景中表现出色，最典型的应用之一是堆数据结构。堆是一种常见的数据结构，用于高效地找到最大或最小元素，如优先级队列就是其常用场景。

- **完全二叉树**：完全二叉树是一种特殊的树结构，其特点是除了最后一层的所有层都是满的，而最后一层的节点从左到右依次排列，没有空缺。与满二叉树不同，完全二叉树的最后一层可以不满。这种树结构在存储和操作上比一般的二叉树更加高效。完全二叉树的高效性使其成为二叉堆和优先级队列等数据结构的理想选择。在这些数据结构中，元素通常以完全二叉树的形式组织，以便快速执行插入、删除和查找操作。
- **平衡二叉树**：平衡二叉树是一种特殊的二叉搜索树，其最重要的特性是左子树和右子树的高度差不超过 1。这种平衡性质保证了树的高度相对较低，从而保证了搜索、插入和删除操作足够快。AVL 树和红黑树是常见的平衡二叉树实现。这些树在数据库索引、自平衡搜索树等领域有广泛的应用。

二叉树的遍历算法是在处理树结构时常用的操作之一。优化遍历过程对算法的效率和性能至关重要。一种值得注意的优化算法是 Morris 遍历算法，它充分利用了二叉树中的空闲指针，通过线索化技术在 $O(1)$ 的空间复杂度下实现了中序遍历。Morris 遍历算法通过修改二叉树的指针，将节点的前驱节点连接到当前节点的右子树的最左节点上，从而实现了中序遍历。这种算法的优势在于减少了对栈的使用，节省了空间，并且保持了遍历的顺序。

除了 Morris 遍历算法，还有其他一些优化技巧可用于二叉树的遍历，如迭代遍历和非递归遍历。迭代遍历利用栈或队列模拟递归过程，实现了前序、中序和后序遍历。非递归遍历则使用循环和条件判断代替递归调用，降低了函数调用的开销，提高了效率。

树结构和二叉树在大数据领域也有广泛的应用。以下是一些大数据领域常见的树和二叉树应用场景。

- **数据库索引**。数据库索引可使用 B 树或 B+ 树等结构来加速数据库查询操作。这些树形结构能够高效地支持数据的插入、删除和查询操作，因此，在大数据环境中，分布式数据库系统也使用树来实现索引分片、数据分布和查询优化等功能，以满足大规模数据集和高并发查询的需求。
- **树形存储结构**。在分布式存储系统中，树形结构常被用于构建元数据存储和文件系统的目录结构。树形存储结构能够方便地管理和检索大规模数据集，提供高效的数据存储和访问性能。这对于大数据环境下的数据组织和检索至关重要，因为数据规模庞大，需要有效的结构来组织和管理。

1.7　图

图是一种常用的数据结构，由节点（也称为顶点）和连接这些节点的边组成。图可以用于表示许多实际问题中的关系和联系，如路线图、社交网络、电路图等。

下面介绍图的相关概念。

- **顶点（节点）**：图中的基本单元，通常用圆圈或方框表示。每个顶点代表一个实体，如社交网络中的用户或地图中的城市。
- **边**：连接节点的线段或箭头，表示节点之间的关系。边可以是有向的或无向的，有向边有方向，无向边没有方向。
- **无向图**：无向图由一组节点和无向边组成，无向边表示双向关系。例如，如果节点 A 和节点 B 之间有一条无向边，那么 A 与 B 相互连接。
- **有向图**：有向图由一组节点和有向边组成，有向边表示单向关系。例如，如果节点 A 到节点 B 之间有一条有向边，那么 A 指向 B，反之则不成立。
- **权重**：边可以关联一个权重，表示连接的强度、距离或成本。例如，在路网中，边的权重可以表示两个城市之间的距离。

图的应用包括如下方向。

- **社交网络分析**：用于表示社交网络中的用户和他们之间的关系，帮助分析社交网络的结构和特征。
- **路由和网络**：在计算机网络中，用于表示路由算法和网络拓扑，帮助确定数据包的传输路径。
- **推荐系统**：用于分析用户和物品之间的关联，实现个性化推荐，如电影推荐或产品推荐。
- **地图和导航**：用在地理信息系统（GIS）和导航应用程序中，表示地理位置、路线和交通信息。
- **语义网络**：用于表示知识图谱和语义关系，支持自然语言处理任务，如搜索引擎或智能助手。

典型图的算法包括如下几个。

- **图的遍历**：深度优先搜索（DFS）和广度优先搜索（BFS）是两种常用的图遍历算法，用于查找特定节点或路径。
- **最短路径**：Dijkstra 算法和 Bellman-Ford 算法用于查找图中两个节点之间的最短路径，如在导航应用中找最短路线。
- **最小生成树**：Kruskal 算法和 Prim 算法用于找到连接图中所有节点的最小生成树，

如在通信网络找最小成本设计。

总之，图是一种重要的数据结构，能够清晰地表示节点之间的关系和联系，在许多领域发挥着关键作用，并且对于算法设计和实现具有重要意义。

1.7.1 岛屿的周长

题目来源：力扣（LeetCode）

链接：https://leetcode.cn/problems/island-perimeter/

给定一个 row x col 的二维网格地图 grid，其中，grid[i][j] = 1 表示陆地，grid[i][j] = 0 表示水域。网格中的格子水平和垂直方向相连（对角线方向不相连）。整个网格被水完全包围，但其中恰好有一个岛屿（或者说，一个或多个表示陆地的格子相连组成的岛屿）。岛屿中没有"湖"（"湖"指水域在岛屿内部且不和岛屿周围的水相连）。格子是边长为 1 的正方形。网格为长方形，且宽度和高度均不超过 100。计算这个岛屿的周长。

示例 1（见图 1-9）：

输入: grid = [[0,1,0,0],[1,1,1,0],[0,1,0,0],[1,1,0,0]]
输出: 16

解释：它的周长是图 1-9 中的 16 条白色的边。

示例 2：

输入: grid = [[1]]
输出: 4

图 1-9　计算岛屿的周长示例

示例 3：

输入: grid = [[1,0]]
输出: 4

提示：

- row == grid.length。
- col == grid[i].length。
- 1 <= row, col <= 100。
- grid[i][j] 为 0 或 1。

在本题中，使用深度优先搜索算法遍历整个网格，并依次对每个陆地格子进行深度优先搜索。在深度优先搜索过程中,定义4个方向(上、下、左、右),分别计算每个陆地格子周围的海洋格子数和边缘数量。如果周围有海洋格子,则该位置周长贡献为1,如果周围的格子是边缘,则该位置同样贡献周长1。搜索时需要检查当前位置是否越界或者已经遍历过,如果是海洋或已经遍历过的陆地,则返回0。在遍历每个陆地时,将其周长累加到总周长中。最后返回总周长即可。

```java
public class Solution {
    // 定义上、下、左、右 4 个方向
    static int[] dx = {0, 1, 0, -1};
    static int[] dy = {1, 0, -1, 0};

    public int islandPerimeter(int[][] grid) {
        // 获取网格的行数和列数
        int n = grid.length, m = grid[0].length;
        // 记录周长总和
        int ans = 0;
        for (int i = 0; i < n; ++i) {
            for (int j = 0; j < m; ++j) {
                // 如果当前位置为陆地
                if (grid[i][j] == 1) {
                    // 进行深度优先搜索,并将周长加入总和中
                    ans += dfs(i, j, grid, n, m);
                }
            }
        }
        // 返回总周长
        return ans;
    }

    public int dfs(int x, int y, int[][] grid, int n, int m) {
        // 如果当前位置超出边界或是海洋,则该位置贡献周长 1
        if (x < 0 || x >= n || y < 0 || y >= m || grid[x][y] == 0) {
            return 1;
        }
        // 如果当前位置已经遍历过,则不需要再次计算周长
        if (grid[x][y] == 2) {
            return 0;
        }
        // 标记当前位置已经遍历过
        grid[x][y] = 2;
        // 记录当前位置贡献的周长
        int res = 0;
        // 遍历 4 个方向
        for (int i = 0; i < 4; ++i) {
            int tx = x + dx[i];
            int ty = y + dy[i];
            // 递归搜索
```

```
                res += dfs(tx, ty, grid, n, m);
            }
            return res;
        }
    }
```

下面分析上述代码的性能。每个格子至多会被遍历一次，因此，总时间复杂度为 $O(nm)$。深度优先搜索复杂度取决于递归的栈空间，而栈空间最坏情况下会达到 $O(nm)$。其中，n 为网格的高度，m 为网格的宽度。

1.7.2　二进制矩阵中的最短路径

题目来源：力扣（LeetCode）

链接：https://leetcode.cn/problems/shortest-path-in-binary-matrix/

给你一个 $n \times n$ 的二进制矩阵 grid 中，返回矩阵中最短畅通路径的长度。如果不存在这样的路径，则返回 -1。二进制矩阵中的畅通路径是一条从左上角单元格（即（0，0））到右下角单元格（即（$n-1$，$n-1$））的路径，该路径同时满足下述要求：

❏ 路径途经的所有单元格的值都是 0。
❏ 路径中所有相邻的单元格应当在 8 个方向之一上连通（即相邻两单元之间彼此不同且共享一条边或者一个角）。
❏ 畅通路径的长度是该路径途经的单元格总数。

示例 1（见图 1-10）：

输入：grid = [[0,1],[1,0]]
输出：2

示例 2（见图 1-11）：

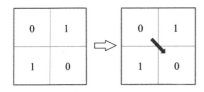
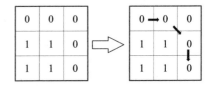

图 1-10　最短路径示例 1　　　　图 1-11　最短路径示例 2

输入：grid = [[0,0,0],[1,1,0],[1,1,0]]
输出：4

示例 3：

输入：grid = [[1,0,0],[1,1,0],[1,1,0]]
输出：-1

提示：

- n == grid.length。
- n == grid[*i*].length。
- 1 <= *n* <= 100。
- grid[*i*][*j*] 为 0 或 1。

在本题中，使用双向队列存储节点，从起点（0,0）开始进行广度优先搜索。在广度优先搜索过程中，每次遍历当前队列中所有的节点，并依次探索它们周围的节点。定义 8 个方向（包含对角线方向），以期可以更全面地探索每个节点周围的位置。对于每个节点，首先判断其是否已经被访问过或者不为 0（路障或无法到达），若是则跳过该节点。如果当前节点即为终点，则直接返回步伐长度 step；否则，在广度优先搜索中标记访问该节点，然后将其未被访问的邻居加入队列中。当队列为空时，无法到达目标，返回 -1 表示无法到达。

```java
import java.util.Deque;
import java.util.LinkedList;

public class Solution {
    public static int shortestPathBinaryMatrix(int[][] grid) {
        if (grid == null || grid.length == 0 || grid[0].length == 0 || grid[0][0]
            != 0) {
            return -1;
        }
        // 行列大小
        int row = grid.length;
        int col = grid[0].length;
        // 向周围探索的方向
        int[][] direction = new int[][]{{-1, 0}, {1, 0}, {0, -1}, {0, 1}, {-1,
            -1}, {-1, 1}, {1, -1}, {1, 1}};
        // 存储节点
        Deque<int[]> queue = new LinkedList<>();
        queue.offer(new int[]{0, 0});
        // 步伐长度
        int step = 0;
        while (!queue.isEmpty()) {
            int size = queue.size();
            ++step;
            for (int i = 0; i < size; i++) {
                // 取出当前位置
                int crow = queue.peek()[0];
```

```
                int ccol = queue.peek()[1];
                queue.poll();
                if (grid[crow][ccol] != 0) continue;
                // 找到目标返回
                if (crow == row - 1 && ccol == col - 1) return step;
                // 标记访问
                grid[crow][ccol] = 1;
                // 下一个位置
                for (int[] next : direction) {
                    int nr = crow + next[0];
                    int nc = ccol + next[1];
                    // 如果下一个位置的坐标在范围内且不等于1且没有被访问过加入队列
                    if (nr >= 0 && nr < row && nc >= 0 && nc < col && grid[nr][nc]
                        != 1) {
                        queue.offer(new int[]{nr, nc});
                    }
                }
            }
        }
        return -1;
    }
}
```

下面分析上述代码的性能。该算法使用了 BFS（广度优先搜索）进行遍历，时间复杂度为 $O(n)$，其中，n 为网格中的单元格数量。该算法使用了一个双端队列（Deque）来存储节点，空间复杂度为 $O(n)$，其中 n 为网格中的单元格数量。

1.7.3 思维延展

图的遍历算法是图数据结构中最基础且重要的算法之一，常用的算法包括深度优先搜索（DFS）和广度优先搜索（BFS）。下面对它们的原理、应用场景和实现方式进行详细介绍。

深度优先搜索是一种递归或栈辅助的遍历算法。其原理是从图的某个起始节点开始，沿着一条路径尽可能深地访问图中的节点，直到达到最深的节点后再回溯到上一层继续探索其他路径。深度优先搜索适用于解决连通性、路径搜索和拓扑排序等问题。在连通性问题中，深度优先搜索可以判断两个节点之间是否存在路径或图是连通的。在路径搜索问题中，深度优先搜索可以找到两个节点之间的最短路径或所有可能的路径。在拓扑排序问题中，深度优先搜索可以得到图的拓扑排序序列。

广度优先搜索是一种队列辅助的遍历算法。其原理是从图的某个起始节点开始，逐层访问其邻居节点，即先访问起始节点的所有邻居节点，然后依次访问邻居节点的邻居节点，直到遍历完所有节点。广度优先搜索适用于解决连通性、最短路径和图的分层问题。在连通性问题中，广度优先搜索可以判断两个节点之间是否存在路径或图是连通的。在最短路径问题中，广度优先搜索可以找到起始节点到目标节点的最短路径。在图的分层问题中，广度优先搜索可以将图中的节点按层次进行分类。

实现深度优先搜索和广度优先搜索算法时，需要使用适当的数据结构来辅助遍历过程。对于深度优先搜索，可以使用递归方法或显式地使用栈来存储待访问的节点。对于广度优先搜索，可以使用队列来存储待访问的节点，并按照先入先出的顺序遍历节点。

图在大数据领域有广泛的应用，以下是图在大数据领域的一些应用场景。

- **推荐系统**。推荐系统在大数据环境下起着至关重要的作用，可帮助用户发现和获取感兴趣的内容。图可以用于构建用户和物品之间的关系，通过分析图中的连接和相似性，可以实现个性化推荐。图算法可以用于发现潜在兴趣、寻找相似用户或物品，并生成个性化推荐结果。
- **物联网数据分析**。随着物联网的普及，大量的传感器数据被收集和分析。图可以用于构建传感器节点之间的连接关系，通过分析图中的节点和边的数据，可以实现对物联网数据的监测、分析和预测。图算法可以用于识别异常事件、优化传感器网络和改进智能决策。

第 2 章

基础算法

基础算法很多,但是在面试中常被提及的主要有排序算法、递归算法、分治算法、贪心算法、回溯算法、动态规划,本章对这几种算法进行解读。

2.1 排序算法

排序算法是一种常见的计算机科学领域的算法,它的任务是将一组数据按照一定的顺序进行排列。排序算法在数据处理、数据库查询、信息检索等领域都有广泛应用。排序算法的种类多种多样,每种都有其独特的特点和适用场景。本章将介绍一些常见的排序算法,并深入理解它们的原理和性能。

（1）**冒泡排序**（Bubble Sort）：通过比较相邻元素的大小,不断交换相邻元素的位置,直到整个序列有序。冒泡排序的时间复杂度为 $O(n^2)$,因此,在大规模数据上表现不佳。冒泡排序在小规模数据和原始数组接近有序的情况下表现良好。冒泡排序是一种稳定的排序算法,即相同元素的相对位置在排序后保持不变。

（2）**插入排序**（Insertion Sort）：将未排序的元素逐个插入已排序的部分,形成一个新的有序数组。插入排序的时间复杂度也为 $O(n^2)$,但在原始数组接近有序的情况下表现出色。插入排序也是一种稳定的排序算法。

（3）**快速排序**（Quick Sort）：以一个元素为基准元素,将序列划分为左、右两个部分,其中,左边部分的元素都小于基准元素,右边部分的元素都大于基准元素,然后对左、右两个部分按递归进行快速排序。快速排序的时间复杂度为 $O(n \log n)$,是最常用的排序算法之一。快速排序是不稳定的排序算法。

（4）堆排序（Heap Sort）：堆排序利用堆的性质进行排序，它将待排序数组构建成一个大顶堆或小顶堆，然后不断取出堆顶元素并将其放入已排序的部分中来实现排序。堆排序的时间复杂度为 $O(n \log n)$，是一种高效的排序算法。堆排序同样是稳定的排序算法。

（5）归并排序（Merge Sort）：将待排序的序列分为若干个子序列，对每个子序列进行单独排序，然后将已经排序的子序列合并成更大的数组。归并排序的时间复杂度为 $O(n \log n)$，适用于大规模数据排序。归并排序是稳定排序算法。

注意：排序算法的稳定性指的是排序后两个相同的元素在原序列中的先后顺序保持不变。例如，在排序前两个相等的元素顺序为 a、b，在排序之后如果 a 仍然在 b 的前面，则该排序算法是稳定的；否则，是不稳定的。通常情况下，稳定排序算法更加可靠和实用，因为它们可以保证数据的有序性和相对位置。

除了上述常见的排序算法，还有其他排序算法，如希尔排序、计数排序、桶排序、基数排序等，它们在特定情况下具有优势。在实际应用中，可以根据不同场景和需求选择合适的排序算法，以提高效率和性能。排序算法是算法设计和分析中的经典问题，深入理解不同算法的原理和特点，对于解决实际问题至关重要。

2.1.1 排序数组的求解

题目来源：力扣（LeetCode）

链接：https://leetcode.cn/problems/sort-an-array/

给你一个整数数组 nums，请你对该数组进行升序排列。

示例 1：

```
输入：nums = [5,2,3,1]
输出：[1,2,3,5]
```

示例 2：

```
输入：nums = [5,1,1,2,0,0]
输出：[0,0,1,1,2,5]
```

提示：

- $1 <=$ nums.length $<= 5 \times 10^4$。
- $-5 \times 10^4 <=$ nums[i] $<= 5 \times 10^4$。

1. 冒泡排序

冒泡排序的基本思想如下:外层循环每次经过两两比较,把每轮未排序部分最大的元素放到数组的末尾。

首先,定义一个布尔类型变量 sorted 用于标记当前数组是否是有序的,初始值为 true,表示默认数组是有序的。然后,进行外层循环,从数组的末尾开始,不断缩小比较的范围,每循环一次缩小一轮。接着,进行内层循环,在当前循环范围内,依次比较相邻的两个元素的大小,如果前一个元素大于后一个元素,则交换它们的位置,并将 sorted 标记设为 false,表示当前数组并不是有序的。内层循环结束后,检查 sorted 标记,如果此时该标记仍为 true,则说明当前数组已经是升序数组,可以直接结束排序;否则,再次进入外层循环,继续上述操作。最终,返回排序好的数组 nums。

```java
public class Solution {

    // 冒泡排序:时间复杂度为 O(n^2),空间复杂度为 O(1)
    public int[] sortArray(int[] nums) {
        int len = nums.length;
        for (int i = len - 1; i >= 0; i--) { // 外层循环控制需要比较的轮数
            // 先默认数组是有序的,只要发生一次交换,就必须进行下一轮比较,
            // 如果在内层循环中,都没有执行一次交换操作,说明此时数组已经是升序数组
            boolean sorted = true;
            for (int j = 0; j < i; j++) { // 内层循环控制每轮比较次数
                if (nums[j] > nums[j + 1]) {
                    swap(nums, j, j + 1);
                    sorted = false; // 标记当前数组并不是有序的
                }
            }
            if (sorted) { // 如果当前数组已经是升序数组,则直接结束排序
                break;
            }
        }
        return nums;
    }

    private void swap(int[] nums, int index1, int index2) {
        int temp = nums[index1];
        nums[index1] = nums[index2];
        nums[index2] = temp;
    }
}
```

下面分析上述代码的性能。因为每次外层循环都会比较 *n* 次,所以共需要比较 *n* × (*n* − 1)/2 次。在最坏情况下(即待排序数组是完全倒序的),排序需要进行 *n* 轮,因此,总时间

为 $O(n^2)$。该算法使用常数级别的额外空间,因此空间复杂度为 $O(1)$。

2. 插入排序

维护一个循环不变量:将 nums[i] 插入左侧区间 $[0, i)$,使之成为有序数组。在每次迭代中,将 nums[i] 插入前面有序的数组中的正确位置,并保证插入后仍然满足循环不变量。具体实现时,外层循环控制需要排序的元素下标 i,内层循环逐个比较并移动元素,找到 nums[i] 的正确位置 j 并将其插入。

```java
public class Solution {

    // 插入排序:时间复杂度为 O(n^2),空间复杂度为 O(1),稳定排序

    public int[] sortArray(int[] nums) {
        int len = nums.length;
        // 循环不变量:将 nums[i] 插入区间 [0, i),使之成为有序数组
        for (int i = 1; i < len; i++) { // 外层循环控制需要排序的元素下标
            // 先暂存这个元素,比这个元素大的元素逐个后移,留出空位
            int temp = nums[i];
            int j = i;
            while (j > 0 && nums[j - 1] > temp) { // 内层循环比较并移动元素
                nums[j] = nums[j - 1];
                j--;
            }
            nums[j] = temp; // 将当前元素插入正确位置
        }
        return nums; // 返回排序后的数组
    }
}
```

下面分析上述代码的性能。因为每次内层循环最多需要比较和移动 i 次,所以,共需要比较和移动的次数为 $1 + 2 + \cdots + (n-1)$,即 $n \times (n-1)/2$。在最坏情况下(即待排序数组是完全倒序的),插入排序的时间复杂度仍然是 $O(n^2)$。该算法使用常数级别的额外空间,因此空间复杂度为 $O(1)$。

3. 快速排序

选取一个主元,将数组划分为小于或等于主元和大于主元两个区间,然后递归地对这两个区间进行排序,直到区间长度为 1。在随机化快速排序中,随机选取一个位置作为主元,以避免最坏情况下时间复杂度退化成 $O(n^2)$。

```java
class Solution {
    public int[] sortArray(int[] nums) {
```

```
        randomizedQuicksort(nums, 0, nums.length - 1); // 使用随机化快速排序进行排序
        return nums; // 返回排序后的数组
    }

    public void randomizedQuicksort(int[] nums, int l, int r) {
        if (l < r) { // 如果区间长度大于1, 需要继续递归排序
            int pos = randomizedPartition(nums, l, r); // 随机选取主元并进行划分操作
            randomizedQuicksort(nums, l, pos - 1); // 对左半部分区间进行递归排序
            randomizedQuicksort(nums, pos + 1, r); // 对右半部分区间进行递归排序
        }
    }

    public int randomizedPartition(int[] nums, int l, int r) {
        int i = new Random().nextInt(r - l + 1) + l; // 随机选一个作为主元
        swap(nums, r, i); // 将主元放到最后
        return partition(nums, l, r); // 进行划分操作并返回主元的位置
    }

    public int partition(int[] nums, int l, int r) {
        int pivot = nums[r]; // 选取最后一个数作为主元
        int i = l - 1; // i 表示小于或等于主元的区间的右端点
        for (int j = l; j <= r - 1; ++j) { // j 表示当前遍历到的数的位置
            if (nums[j] <= pivot) { // 如果当前遍历到的数小于或等于主元
                i = i + 1; // 将 i 右移一位
                swap(nums, i, j); // 将当前数与 i 处的数交换
            }
        }
        swap(nums, i + 1, r); // 将主元放到正确的位置
        return i + 1; // 返回主元的位置
    }

    private void swap(int[] nums, int i, int j) {
        int temp = nums[i];
        nums[i] = nums[j];
        nums[j] = temp;
    }
}
```

下面分析上述代码的性能。基于随机选取主元的快速排序时间复杂度为期望 $O(n \log n)$，其中，n 为数组的长度。需要额外的 $O(n)$ 的递归调用的栈空间，由于划分的结果不同，导致了快速排序递归调用的层数也会不同，最坏情况下需 $O(n)$ 的空间，最优情况下每次都平衡，此时整个递归树高度为 $\log n$，空间复杂度为 $O(\log n)$。

4. 堆排序

在堆排序中，将待排序数组构建成一个二叉树，称为堆。堆具有以下性质：每个父节

点的值都大于或等于它的左右子节点的值，且堆是一棵完全二叉树。在堆排序的过程中，将待排序数组转换成一个最大堆，然后反复地取出最大堆的堆顶元素（即数组中的最大元素），放入已排好序部分的末尾，并调整剩余未排序部分的堆，使之仍然为最大堆。当所有元素均被取出并放入已排好部分时，排序完成。

```java
class Solution {
    public int[] sortArray(int[] nums) {
        heapSort(nums); // 使用堆排序进行排序
        return nums; // 返回排序后的数组
    }

    public void heapSort(int[] nums) {
        int len = nums.length - 1; // 数组长度减 1
        buildMaxHeap(nums, len); // 先建立最大堆
        for (int i = len; i >= 1; --i) { // 不断取出堆顶元素，放入已排好序的部分中
            swap(nums, i, 0); // 将堆顶元素与当前未排序部分的最后一个元素交换位置
            len -= 1; // 缩小堆的范围
            maxHeapify(nums, 0, len); // 维护堆的性质
        }
    }

    public void buildMaxHeap(int[] nums, int len) {
        for (int i = len / 2; i >= 0; --i) { // 从最后一个非叶子节点开始，依次向上调整每
                                             // 棵子树，使之成为最大堆
            maxHeapify(nums, i, len);
        }
    }

    public void maxHeapify(int[] nums, int i, int len) {
        for (; (i << 1) + 1 <= len;) { // 对以 i 为根节点的子树进行维护堆的性质的操作
            int lson = (i << 1) + 1; // 左子节点的下标
            int rson = (i << 1) + 2; // 右子节点的下标
            int large;
            if (lson <= len && nums[lson] > nums[i]) { // 如果左子节点比父节点大，则将
                                                       // large 设置为左子节点
                large = lson;
            } else {
                large = i; // 否则 large 为当前节点
            }
            if (rson <= len && nums[rson] > nums[large]) { // 如果右子节点比 large 所
                                                           // 代表的节点大，则将 large 设置为右子节点
                large = rson;
            }
            if (large != i) { // 如果需要交换
                swap(nums, i, large); // 将 large 所代表的节点与当前节点交换位置
                i = large; // 继续向下调整
            } else {
```

```
            break;  // 否则退出循环
        }
    }
}

private void swap(int[] nums, int i, int j) {
    int temp = nums[i];
    nums[i] = nums[j];
    nums[j] = temp;
}
```

下面分析上述代码的性能。初始化建堆的时间复杂度为 $O(n)$，建完堆以后需要进行 $n-1$ 次调整，一次调整的时间复杂度为 $O(\log n)$，那么 $n-1$ 次调整即需要 $O(n \log n)$ 的时间复杂度。因此，总时间复杂度为 $O(n + n \log n) = O(n \log n)$。只需要常数的空间存放若干变量，所以，空间复杂度为 $O(1)$。

5. 归并排序

归并排序利用了分治的思想来对序列进行排序。对一个长为 n 的待排序的序列，将其分解成两个长度为 $n/2$ 的子序列。每次先递归调用函数，使两个子序列有序，然后线性合并两个有序的子序列，使整个序列有序。

定义 mergeSort(nums, l, r) 函数，用该函数对 nums 数组中 $[l, r]$ 部分的元素进行排序，整个函数流程如下。

（1）递归调用函数 mergeSort(nums, l, mid)，对 nums 数组中的 [l, mid] 部分的元素进行排序。

（2）递归调用函数 mergeSort(nums, mid + 1, r)，对 nums 数组中的 [mid + 1, r] 部分的元素进行排序。

（3）此时 nums 数组中的 [l, mid] 和 [mid + 1, r] 两个区间已经有序，对两个有序区间线性归并即可使 nums 数组中的 $[l, r]$ 部分的元素有序。

线性归并的过程并不难理解，由于两个区间均有序，所以维护两个指针 i 和 j，表示当前考虑到 [l, mid] 中的第 i 个位置和 [mid + 1, r] 的第 j 个位置。如果 nums[i] <= nums[j]，那么就将 nums[i] 放入临时数组 tmp 中并让 i += 1，即指针往后移；否则，就将 nums[i] 放入临时数组 tmp 中并让 j = 1。如果有一个指针已经移到了区间的末尾，那么就把另一个区间中的数按顺序加入 tmp 数组中即可。这样能保证每次都是让两个区间中较小的数加入临时数组中，那么整个归并过程结束后 $[l, r]$ 即为有序的。

```
class Solution {
```

```
        int[] tmp; //用来暂存排序结果的数组

        public int[] sortArray(int[] nums) {
            tmp = new int[nums.length]; //初始化 tmp 数组
            mergeSort(nums, 0, nums.length - 1); //使用归并排序进行排序
            return nums; //返回排序后的数组
        }

        public void mergeSort(int[] nums, int l, int r) {
            if (l >= r) { //如果区间长度小于或等于1,则直接返回
                return;
            }
            int mid = (l + r) >> 1; //获取中间位置
            mergeSort(nums, l, mid); //对左半部分区间进行递归排序
            mergeSort(nums, mid + 1, r); //对右半部分区间进行递归排序
            int i = l, j = mid + 1; //双指针法,i指向左半部分区间的开头,j指向右半部分区间的
                开头
            int cnt = 0; //计数器,记录已经合并的元素个数
            while (i <= mid && j <= r) { //将左半部分区间和右半部分区间合并
                if (nums[i] <= nums[j]) { //如果左半部分区间的当前元素小于或等于右半部分区间
                    的当前元素
                    tmp[cnt++] = nums[i++]; //将左半部分区间的当前元素放入 tmp 数组中
                } else {
                    tmp[cnt++] = nums[j++]; //否则将右半部分区间的当前元素放入 tmp 数组中
                }
            }
            while (i <= mid) { //如果左半部分区间没有遍历完,则将剩余的元素加入 tmp 数组中
                tmp[cnt++] = nums[i++];
            }
            while (j <= r) { //如果右半部分区间没有遍历完,则将剩余的元素加入 tmp 数组中
                tmp[cnt++] = nums[j++];
            }
            for (int k = 0; k < r - l + 1; ++k) { //将排好序的 tmp 数组中的元素赋值回原数组
                nums[k + l] = tmp[k];
            }
        }
    }
```

下面分析上述代码的性能。由于归并排序每次都将当前待排序的序列按折半原则拆分成两个子序列进行递归调用,然后合并两个有序的子序列,而每次合并两个有序的子序列需要 $O(n)$ 的时间复杂度,所以归并排序运行时间 $T(n)$ 的递归表达式如下:

$$T(n) = \begin{cases} \Theta(1), & n \leq 1 \\ 2T\left(\dfrac{n}{2}\right) + \Theta(n), & n > 1 \end{cases}$$

根据主定理可以得出归并排序的时间复杂度为 $O(n \log n)$。需要额外 $O(n)$ 空间的 tmp

数组,且归并排序递归调用的层数最深为 log n,所以,还需要额外 $O(\log n)$ 的栈空间,所需的空间复杂度即为 $O(n + n \log n) = O(n)$。

2.1.2 思维延展

排序算法的复杂度分析是评估算法效率和性能的关键指标。下面深入分析不同排序算法的时间复杂度和空间复杂度,并探讨它们的优劣及在不同情况下的性能特点。

时间复杂度用于衡量排序算法在处理不同规模数据时所需的时间量级。以下是一些常见排序算法的时间复杂度。

- **冒泡排序、插入排序和选择排序**:这些基础排序算法的平均时间复杂度为 $O(n^2)$,在最坏情况下达到 $O(n^2)$。它们适用于小规模数据排序。
- **快速排序、归并排序和堆排序**:这些高级排序算法的平均时间复杂度为 $O(n \log n)$,在最坏情况下可达到 $O(n^2)$。它们适用于大规模数据排序,并且在平均情况下具有较好的性能。

时间复杂度的选择取决于排序数据的规模及性能要求。对于小规模数据集,基础排序算法可能更加简单和高效。对于大规模数据集,高级排序算法通常更具优势。

空间复杂度表示排序算法在执行过程中所需的额外内存空间。以下是一些常见排序算法的空间复杂度。

- **冒泡排序、插入排序、选择排序和堆排序**:这些算法的空间复杂度为 $O(1)$,即常数级别的额外空间。
- **快速排序和归并排序**:这些算法的空间复杂度为 $O(n)$,其中 n 为排序数据的规模。它们需要额外的内存空间来存储临时数据。

空间复杂度的选择通常取决于计算机的内存限制和数据规模。在内存资源有限的情况下,选择空间复杂度较低的算法可能更合适。

排序算法在大数据领域具有广泛的应用。以下是一些实际应用示例,这些示例展示了排序算法在大数据领域中的应用场景和优化策略。

- **搜索引擎**:搜索引擎需要对大量网页、文档或其他内容进行排序,以提供与用户相关性较高的搜索结果。排序算法在搜索引擎中扮演着关键角色,通过对搜索结果进行排序,提供高效的搜索体验。
- **数据清洗和数据挖掘**:在数据清洗和数据挖掘过程中,排序算法常用于对数据进行排序和重排。例如,在数据去重、噪声去除、排序和分组等操作中,排序算法有助于更好地分析和处理数据。
- **排行榜和排名系统**：排行榜和排名系统需要根据特定指标对对象进行排序，并将它们排列在相应的位置，如社交媒体中的用户排名、电子商务中的商品销量排行榜等。排序算法可用于快速计算和更新排行榜，以及提供实时的排名信息。

在实际应用中，需要根据不同的场景和需求选择合适的排序算法，以满足性能和效率的需求。排序算法不仅是一门算法学科中的基础内容，更是解决实际问题的重要工具。深入理解不同排序算法的原理和特性对于选择和优化算法至关重要。

2.2 递归算法

递归算法是一种通过调用自身来解决问题的算法设计策略。在递归算法中，一个函数（或过程）直接或间接地调用自身来解决一个给定的问题。递归算法通常用于解决那些可以分解为更小规模相同问题的问题。

递归算法的实现步骤通常如下：

步骤 1 定义递归函数，该函数负责解决具体的问题。这个函数的参数通常包括输入数据和递归所需的其他参数。

步骤 2 在递归函数中设定一个终止条件，当满足这个条件时，递归将停止并返回结果。这样做是确保递归不会无限循环。

步骤 3 调用递归函数，即在递归函数中调用自身来解决子问题。通过递归调用，可以反复将问题分解为更小的子问题，直到达到终止条件为止。

步骤 4 整合子问题的解，即在递归函数中将子问题的解整合起来，得到原始问题的解。这通常涉及对子问题的解进行合并、计算或其他操作。

需要注意的是，在使用递归算法时，要确保递归能够正确终止，并且要注意避免出现无限递归的情况。另外，递归算法的效率通常较低，因此，在设计算法时要考虑时间和空间复杂度的问题。

2.2.1 斐波那契数

题目来源：力扣（LeetCode）

链接：https://leetcode.cn/problems/fibonacci-number/

斐波那契数（通常用 $F(n)$ 表示）形成的序列称为斐波那契数列。该数列由 0 和 1 开始，

后面的每一个数字都是前面两个数字的和。也就是

```
F(0) = 0，F(1)= 1
F(n) = F(n - 1) + F(n - 2)，其中 n > 1
```

给定 n，请计算 $F(n)$。

示例 1

示例 1：
输入：n = 2
输出：1

解释：$F(2) = F(1) + F(0) = 1 + 0 = 1$

示例 2：

输入：n = 3
输出：2

解释：$F(3) = F(2) + F(1) = 1 + 1 = 2$

示例 3：

输入：n = 4
输出：3

解释：$F(4) = F(3) + F(2) = 2 + 1 = 3$

提示：$0 <= n <= 30$。

上面的题目很明显是一个关于斐波那契数列的题目。斐波那契数列是一个在数学和计算机科学领域非常著名的数列。

正如题目所定义的那样，它以两个起始数字 0 和 1 开始，后续的每个数字都等于前两个数字的和，即 $F(0) = 0$，$F(1) = 1$，而其他项 $F(n) = F(n - 1) + F(n - 2)$。因此，可以通过递归的方式来计算斐波那契数。使用递归方式实现斐波那契数列的过程可以理解为不断将问题分解成更小的子问题，直到达到边界条件。

因此，这里需要解决两个关键问题：一个是寻找边界条件，另一个是将问题拆分为更小的子问题。首先需要考虑边界情况，即当 $n = 0$ 或 $n = 1$ 时，直接返回 n。这是因为斐波那契数列的前两项分别为 0 和 1，而对于 $n \le 1$ 的情况，$F(n)$ 等于其本身。找到了边界，就要考虑如何进行问题的拆分。这里比较明显的是题目提到的公式：$F(n) = F(n-1) + F(n-2)$，在这个式子中，可以将计算 $F(n)$ 的问题转换为计算 $F(n-1)$ 和 $F(n-2)$ 的问题，即将一个大问

题拆分为两个小问题来解决。对于计算 $F(n-1)$，可以继续应用相同的递推关系式 $F(n-1) = F(n-2) + F(n-3)$，将其拆分为计算 $F(n-2)$ 和 $F(n-3)$。同样地，对于计算 $F(n-2)$，还可以应用递推关系式 $F(n-2) = F(n-3) + F(n-4)$，拆分为计算 $F(n-3)$ 和 $F(n-4)$。以此类推，可以不断将大问题拆分为小问题，直到问题规模变得足够小，达到前面提到的边界，就可以直接计算出结果。

在本题中，拆分小问题的思路可以利用递归来实现。通过不断拆分计算 $F(n-1)$ 和 $F(n-2)$，直到达到递归的终止条件（$n == 0$ 或 $n == 1$），然后通过递归回溯的方式，将计算结果逐步合并为最终的结果 $F(n)$。

具体步骤如下。

步骤 1 判断输入的 n 是否为 0 或 1，若是，则直接返回 n。

步骤 2 若 n 大于 1，则使用递归调用来计算 $F(n-1)$ 和 $F(n-2)$ 的值，并返回它们的和。

Java 代码如下。

```java
// 计算斐波那契数列的第 n 项
public class FibonacciNumber {
    public int fib(int n) {
        // 当 n 等于 0 或 1 时，直接返回 n 本身
        if (n == 0 || n == 1) {
            return n;
        }
        // 若 n 大于 1，则使用递归调用来计算 F(n - 1) 和 F(n - 2) 的值，并返回它们的和
        return fib(n - 1) + fib(n - 2);
    }
}
```

使用递归方法虽然简单，但是在计算某些较大的 n 时，会产生很多重复计算，导致效率低下。这是因为根据递推关系式，在使用递归方式计算斐波那契数列时，每层的时间复杂度都是前两层时间复杂度之和，假设最坏情况下递归树的高度为 n，那总的时间复杂度将近似为指数级别的时间复杂度：$T(n) \approx O(2^n)$。此外，在每层递归调用中，需要保存参数和局部变量，所以，递归栈的空间复杂度与递归树的高度成正比，即最坏情况下，递归树的高度为 n，所以空间复杂度为 $O(n)$。

综上所述，递归实现的斐波那契数列具有指数级别的时间复杂度和线性级别的空间复杂度。由于时间复杂度极高，所以，递归算法不适合用于计算较大的斐波那契数列。如果想要更高效地计算斐波那契数列，可以使用什么方法呢？使用后续讲到的动态规划就可以对其进行优化，可以将时间复杂度降低到线性或对数级别。

2.2.2 两两交换链表中的节点

题目来源：力扣（LeetCode）

链接：https://leetcode.cn/problems/swap-nodes-in-pairs/

给你一个链表，两两交换其中相邻的节点，并返回交换后链表的头节点。必须在不修改节点内部值的情况下完成本题（即只能进行节点交换）。

示例 1（见图 2-1）：

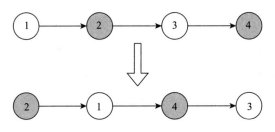

图 2-1 交换链表节点示例图

```
输入: head = [1,2,3,4]
输出: [2,1,4,3]
```

示例 2：

```
输入: head = []
输出: []
```

示例 3：

```
输入: head = [1]
输出: [1]
```

提示：

- 链表中节点的数目在范围 [0, 100] 内。
- 0 <= Node.val <= 100。

题目中已经提及本题的解法，即直接交换链表中的节点，最简单的方式就是通过递归的方式实现两两交换链表中的节点，其中递归的终止条件是链表中没有节点，或者链表中只有一个节点，因为此时无法进行交换了。如果链表中至少有两个节点，则在两两交换链表中的节点之后，原始链表的头节点变成新链表的第二个节点，原始链表的第二个节点变成新链表的头节点，链表中的其余节点的两两交换可以递归实现。在对链表中的其余节点递归进行两两交换之后，更新节点之间的指针关系即可完成整个链表的两两交换。

从上面的分析得出，用 head 表示原始链表的头节点并作为新的链表的第二个节点，用 newHead 表示新的链表的头节点并作为原始链表的第二个节点，原始链表中的其余节点的头节点是 newHead.next。令 head.next = swapPairs(newHead.next)，表示将其余节点进行两两交换，交换后的新的头节点为 head 的下一个节点。然后令 newHead.next = head，即已完成所有节点的交换。最后返回新的链表的头节点 newHead。

Java 代码实现如下。

```java
public class Solution {
    public ListNode swapPairs(ListNode head) {
        // 如果链表为空或只有一个节点，则直接返回原链表
        if (head == null || head.next == null) {
            return head;
        }
        // 用 newHead 表示新的头节点，即原链表中的第二个节点
        ListNode newHead = head.next;
        // 对原链表中剩余部分进行递归操作，并将返回结果连接到新的头节点后面
        head.next = swapPairs(newHead.next);
        // 将原来的头节点放到新的头节点的后面，完成交换
        newHead.next = head;
        // 返回新的头节点
        return newHead;
    }
}
```

因为需要对每个节点进行更新指针的操作，所以，共需要进行 $n/2$ 次交换。每次交换需要常数时间，所以，其时间复杂度为 $O(n)$。空间复杂度主要取决于递归调用的栈空间，本题中递归深度为链表长度的一半，即 $O(n)$，其中 n 是链表的节点数量。

上面的代码虽然可以解决这个问题，但是需要注意的是，当链表长度非常大时，递归的深度也会变得很大，因此，可能导致栈溢出。如果链表长度过大，可以考虑使用迭代的方式实现，以避免递归带来的潜在问题。

2.2.3 思维延展

递归和迭代是两种不同的算法设计思想，各有优缺点和适用场景。递归的优点是能够简化问题的表达和理解，使算法更加直观和易于实现。递归通过将问题分解为相同类型的子问题，然后通过递归调用解决子问题，最终得到问题的解。递归思想常用于解决树、图等具有递归结构的问题，可以简化代码逻辑，使算法更易读和理解。然而，递归也存在一些缺点：递归的实现通常需要函数调用和额外的栈空间，这会增加算法的空间复杂度，并

且在递归层级较深时可能导致栈溢出。此外，递归算法可能存在重复计算的问题，导致性能下降。因此，在某些情况下，递归并不是最优的选择。

相比之下，迭代是一种基于循环结构的算法设计思想。迭代通过循环迭代的方式逐步求解问题，不需要额外的函数调用和栈空间，因此，节省了空间开销。迭代通常使用迭代变量来跟踪问题的状态，并通过迭代更新状态直到达到目标。迭代思想常用于解决数组、链表等线性结构的问题。

选择递归算法还是迭代算法取决于问题的特性和需求。递归算法适用于问题具有递归结构，能够通过将问题拆分为子问题来解决的情况。迭代算法适用于问题的求解过程可以通过迭代逐步进行的情况。有时，可以将递归问题转换为迭代问题，通过循环结构来求解，以避免递归带来的额外开销。

递归算法在大数据领域也有一些重要的应用，以下是几个典型例子。

- **数据处理与分析**：在大数据处理和分析中，递归算法可以应用于数据清洗、数据挖掘和数据转换等任务。例如，递归算法可以用于处理层次结构数据，如 XML 或 JSON 文件，通过递归解析和遍历数据结构，实现数据的提取、转换和加载。
- **数据库查询与优化**：在数据库系统中，递归算法可用于处理递归查询或递归关系。例如，递归查询可以用于查找某个节点的所有子节点或祖先节点，从而实现层级关系的查询。此外，递归算法可以用于数据库查询和优化，通过递归拆分查询计划或优化索引结构，提高查询性能。

2.3 分治算法

分治算法的基本思想是将一个难以直接解决的大问题分割成一些规模较小的相同问题，以便各个击破，分而治之。分治算法的精髓在于，将原问题分解为若干个子问题，递归地解决这些子问题，然后将子问题的解合并起来，从而得到原问题的解。

分治法的实现步骤通常如下。

步骤 1 分解，即将要解决的问题划分成若干规模较小的同类问题。这些子问题互相独立且与原问题形式相同，但规模更小。

步骤 2 求解，即当子问题划分得足够小时，用较简单的方法解决。这一步通常是递归的，即继续对子问题应用分治策略，直到子问题的规模足够小，可以直接解决。

步骤 3 合并，即按原问题的要求，将子问题的解逐层合并构成原问题的解。这一步可能涉及一些额外的计算，以便将子问题的解组合起来，形成原问题的解。

分治法适用于那些原问题可以分解为若干个规模较小的相同问题，且子问题的解可以合并得到原问题的解的问题。此外，分治法还要求子问题之间是相互独立的，即子问题之间不包含公共的子问题，这样可以避免重复计算，提高算法的效率。

2.3.1　多数元素

题目来源：力扣（LeetCode）

链接：https://leetcode.cn/problems/majority-element/

给定一个大小为 n 的数组 nums，返回其中的多数元素。多数元素是指在数组中出现次数大于 $n/2$ 的元素。可以假设数组是非空的，并且给定的数组总是存在多数元素。

示例 1：

输入：nums = [3,2,3]
输出：3

示例 2：

输入：nums = [2,2,1,1,1,2,2]
输出：2

提示：

- n == nums.length。
- $1 <= n <= 5 \times 10^4$。
- $-10^9 <=$ nums[i] $<= 10^9$。

进阶：尝试设计时间复杂度为 $O(n)$、空间复杂度为 $O(1)$ 的算法解决此问题。

解决这个题目可以根据众数的一个结论来判断，即如果数 a 是数组 nums 的众数，将 nums 分成两部分，那么 a 必定是至少其中某个部分的众数。可以使用反证法来证明这个结论，假设 a 既不是左半部分的众数，也不是右半部分的众数，那么 a 出现的次数少于 $r/2 + l/2$ 次，其中，l 和 r 分别是左半部分和右半部分的长度。由于 $r/2 + l/2 \leqslant (r+l)/2$，说明 a 也不是数组 nums 的众数，因此出现了矛盾。所以这个结论是正确的。

这样就可以使用分治法解决这个问题：将数组分成左右两部分，分别求出左半部分的众数 a_1 及右半部分的众数 a_2，随后在 a_1 和 a_2 中选出正确的众数。使用经典的分治算法递归求解，直到所有的子问题都是长度为 1 的数组。长度为 1 的子数组中唯一的数显然是众数，直接返回即可。如果回溯后某区间的长度大于 1，必须将左右子区间的值合并。如果它们的众数相同，那么显然这一段区间的众数是它们相同的值。否则，需要比较两个众数在整个区间内出现的次数来决定该区间的众数。

具体实现代码如下。

```
class Solution {
    // 计算 nums 数组在区间 [lo, hi] 中 num 元素出现的次数
    private int countInRange(int[] nums, int num, int lo, int hi) {
        int count = 0;
        for (int i = lo; i <= hi; i++) {
            if (nums[i] == num) {
                count++;
            }
        }
        return count;
    }

    // 递归求解多数元素
    private int majorityElementRec(int[] nums, int lo, int hi) {
        // 大小为 1 的数组中唯一的元素是多数
        if (lo == hi) {
            return nums[lo];
        }

        // 在这个切片的左半部分和右半部分重复出现
        int mid = (hi - lo) / 2 + lo;
        int left = majorityElementRec(nums, lo, mid);
        int right = majorityElementRec(nums, mid + 1, hi);

        // 如果双方在多数元素上达成一致，则返回
        if (left == right) {
            return left;
        }

        // 否则，计算每个元素并返回
        int leftCount = countInRange(nums, left, lo, hi);
        int rightCount = countInRange(nums, right, lo, hi);

        return leftCount > rightCount ? left : right;
    }

    public int majorityElement(int[] nums) {
        // 递归求解多数元素并返回
        return majorityElementRec(nums, 0, nums.length - 1);
    }
}
```

上述代码中首先将数组分为两部分，分别寻找左半部分和右半部分的多数元素（即众

数），然后比较左右两部分的多数元素。如果它们相同，就返回该元素；否则，计算两个多数元素在整个区间内出现的次数，然后返回出现次数较多的多数元素。

在这个算法中，每次递归都将问题的规模减半，因此，它的时间复杂度为 $O(n \log n)$，其中 n 是数组的长度。这是因为在每层递归中，需要对数组进行一次分割和两次合并，而每次分割和合并的时间复杂度都是 $O(n)$。对于本题主要消耗空间的地方是递归调用栈和一些局部变量的存储。递归调用栈的深度取决于问题的规模，即数组的长度，因此，空间复杂度为 $O(\log n)$。另外，局部变量的存储空间是常数级别的，不会随着问题规模的增大而变化。因此，总的空间复杂度可以视为 $O(\log n)$。

2.3.2　将有序数组转换为二叉搜索树

题目来源：力扣（LeetCode）

链接：https://leetcode.cn/problems/convert-sorted-array-to-binary-search-tree/

给你一个整数数组 nums，其中元素已经按升序排列，请将其转换为一棵高度平衡的二叉搜索树。高度平衡二叉树是一棵满足"每个节点的左右两个子树的高度差的绝对值不超过 1"的二叉树。

示例 1（见图 2-2）：

输入：nums = [-10,-3,0,5,9]
输出：[0,-3,9,-10,null,5]

解释：[0, -10, 5, null, -3, null, 9] 也将被视为正确答案，如图 2-3 所示。

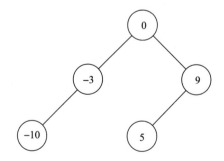

图 2-2　转换为二叉搜索树示例 1 图示

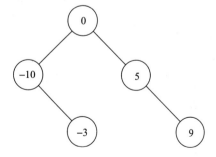

图 2-3　转换为二叉搜索树示例 1 的解

示例 2（见图 2-4）：

输入：nums = [1,3]
输出：[3,1]

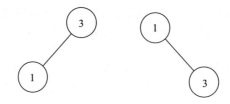

图 2-4　转换为二叉搜索树示例 2 图示

解释：[1, null, 3] 和 [3, 1] 都是高度平衡二叉搜索树。

提示：

- $1 <= $ nums.length $ <= 10^4$。
- $-10^4 <= $ nums[i] $<= 10^4$。
- nums 按严格递增顺序排列。

在本题中，可以使用递归的方法来实现分治。每次选取区间的中间位置作为当前根节点，左子树由前半段数组构建，右子树由后半段数组构建。因此，该问题就被划分成两个子问题，对两个子数组进行递归调用即可。

当区间长度为 0 时，直接返回 null；当区间长度为 1 时，以该元素构建单独的节点，并将其作为当前递归层的根节点返回。

下面是详细的步骤。

步骤 1　判断输入的数组是否为空，如果为空，则返回 null（代表树为空）。
步骤 2　对于非空的数组，需要找到其中间位置，以此作为当前根节点。由于数组已经排好序，所以，中间位置即为数组的中位数。
步骤 3　新建一个 TreeNode 节点，将中位数作为当前根节点的值。
步骤 4　递归调用函数，构建当前根节点的左子树。左子树由前半段数组构成，即区间 [left, mid−1]。
步骤 5　递归调用函数，构建当前根节点的右子树。右子树由后半段数组构成，即区间 [mid+1, right]。
步骤 6　递归结束的条件是 left > right，此时返回 null。
步骤 7　返回当前根节点。

具体实现代码如下。

```java
class Solution {
    public TreeNode sortedArrayToBST(int[] nums) {
        if (nums == null || nums.length == 0) {   // 判断输入数组是否为空
```

```
            return null;
        }
        return helper(nums, 0, nums.length - 1);  // 调用helper函数构建二叉搜索树
    }
    private TreeNode helper(int[] nums, int left, int right) {
        if (left > right) {   // 判断区间是否合法
            return null;   // 区间不合法，则返回null，代表当前树为空
        }
        int mid = left + (right - left) / 2;   // 取中位数作为当前根节点的值
        TreeNode root = new TreeNode(nums[mid]);   // 新建一个TreeNode，作为当前根节点
        root.left = helper(nums, left, mid - 1);    // 递归构建左子树
        root.right = helper(nums, mid + 1, right);   // 递归构建右子树
        return root;   // 返回当前根节点
    }
}
```

首先要注意到这是一个将有序数组转换为平衡的二叉搜索树的算法。算法采用了分治的思想，其核心在于将数组分成左、右两部分，选取中间元素作为当前树的根节点，然后递归地构建左子树和右子树。这个算法的时间复杂度非常优秀，为 $O(n)$，其中 n 是输入数组的长度。由于每个元素仅被访问一次，所以，算法在平均情况下表现良好，适用于大多数情况。此外，构建的是平衡的二叉搜索树，树的高度较小，因此，在搜索时具有较高的效率。

然而，需要注意的是，算法的空间复杂度为 $O(\log n)$，占用的空间取决于递归的深度。这意味着在输入规模较大的情况下，递归调用可能会占用较多的内存空间。另外，算法需要额外的 $O(n)$ 空间来存储构建的二叉树节点。因此，在内存资源受限的情况下，需要谨慎使用此算法。

综上所述，上述代码以高效的时间复杂度和平衡树的优势，适用于大多数场景，但在大规模数据处理或内存受限的情况下，需要考虑其他实现方式。

2.3.3 最大子数组和

题目来源：力扣（LeetCode）

链接：https://leetcode.cn/problems/maximum-subarray/

给你一个整数数组 nums，请找出一个具有最大和的连续子数组（子数组最少包含一个元素），返回其最大和。子数组是数组中的一个连续部分。

示例1：

输入：nums = [-2,1,-3,4,-1,2,1,-5,4]
输出：6

解释：连续子数组 [4, −1, 2, 1] 的和最大，为 6。

示例 2：

输入: nums = [1]
输出: 1

示例 3：

输入: nums = [5,4,-1,7,8]
输出: 23

提示：

- $1 <= $ nums.length $<= 10^5$。
- $-10^4 <= $ nums[i] $<= 10^4$。

进阶：如果已经实现复杂度为 $O(n)$ 的解法，可以尝试使用更为精妙的分治法求解。

在本题中，可以将输入数组分为左右两部分，分别找到左部分、右部分和跨越中点的最大连续子数组，这 3 个结果中的最大值即为所求。具体地，假设输入数组为 nums，从 left 到 right 是当前处理的区间，那么可以递归地找出以下 3 种情况。

- 最大子数组完全在 nums[left, mid] 中，此时递归求解 nums[left, mid]。
- 最大子数组完全在 nums[mid + 1, right] 中，此时递归求解 nums[mid + 1, right]。
- 最大子数组跨越了中点，此时需要将其拆分成 [left, mid] 和 [mid + 1, right] 两部分分别处理，然后将两部分的结果合并起来。

合并两部分的结果时，需要注意跨越中点的最大连续子数组可能左右两个端点都在 [left, mid] 内或都在 [mid + 1, right] 内，或者跨越了中点，因此需要单独计算。假设左半部分最大连续子数组为 [l_1, r_1]，右半部分最大连续子数组为 [l_2, r_2]，那么跨越中点的最大连续子数组为 [i, j]，其中 i 是 [l_1, mid] 中的某个位置，j 是 [mid + 1, r_2] 中的某个位置。

具体实现代码如下。

```
class Solution {
    public int maxSubArray(int[] nums) {
        return helper(nums, 0, nums.length - 1);
    }

    private int helper(int[] nums, int left, int right) {
        if (left == right) {   // 如果区间长度为 1，则直接返回该元素
            return nums[left];
        }
```

```java
        int mid = (left + right) / 2;  // 取区间中点
        int leftMax = helper(nums, left, mid);  // 递归求解左部分的最大子数组和
        int rightMax = helper(nums, mid+1, right);  // 递归求解右部分的最大子数组和
        int crossMax = crossSum(nums, left, right, mid);  // 计算跨越中点的最大子数组和
        return Math.max(Math.max(leftMax, rightMax), crossMax);  // 返回三者中的最大值
    }

    private int crossSum(int[] nums, int left, int right, int mid) {
        int leftSum = Integer.MIN_VALUE;
        int sum = 0;     // 计算左部分的最大子数组和
        for (int i = mid; i >= left; --i) {
            sum += nums[i];
            leftSum = Math.max(leftSum, sum);
        }

        int rightSum = Integer.MIN_VALUE;
        sum = 0;     // 计算右部分的最大子数组和
        for (int i = mid + 1; i <= right; ++i) {
            sum += nums[i];
            rightSum = Math.max(rightSum, sum);
        }

        return leftSum + rightSum;  // 返回跨越中点的最大子数组和
    }
}
```

在本题中，每次递归都将问题规模减半，因此，递归的层数是 $O(\log n)$，其中 n 是数组的长度。在每层递归中，需要计算跨越中点的最大子数组和，这需要线性时间 $O(n)$。因此，总的时间复杂度是 $O(n \log n)$。在上述代码中，主要消耗空间的地方是递归调用栈和一些局部变量的存储。递归调用栈的深度取决于问题的规模，即数组的长度，因此空间复杂度为 $O(\log n)$。另外，局部变量的存储空间是常数级别的，不会随着问题规模的增大而变化。因此，总的空间复杂度也可以视为 $O(\log n)$。

2.3.4 排序链表

题目来源：力扣（LeetCode）

链接：https://leetcode.cn/problems/sort-list/

给你链表的头节点 head，请将其按升序排列并返回排序后的链表。

示例 1（见图 2-5）：

输入：head = [4,2,1,3]
输出：[1,2,3,4]

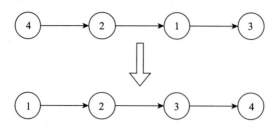

图 2-5　排序链表示例 1 图示

示例 2（见图 2-6）：

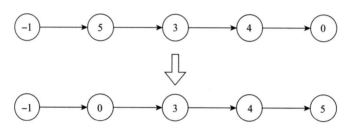

图 2-6　排序链表示例 2 图示

输入：head = [-1,5,3,4,0]
输出：[-1,0,3,4,5]

示例 3：

输入：head = []
输出：[]

提示：

- 链表中节点的数目在 $[0, 5 \times 10^4]$ 范围内。
- -10^5 <= Node.val <= 10^5。

进阶：在 $O(n \log n)$ 时间复杂度和常数级空间复杂度下对链表进行排序。

链表排序是一个常见的算法问题，而归并排序是一种非常适合用于链表排序的算法。归并排序的时间复杂度为 $O(n \log n)$，这意味着无论链表有多长，都能以较高的效率完成排序操作。下面将详细探讨归并排序的工作原理及为什么它适用于链表。首先，归并排序采用了分治策略，这意味着它将大问题分解为小问题，然后合并这些小问题的解。对于链表来说，这个策略的体现是通过将链表拆分为两个子链表，然后递归地对这些子链表排序，最后合并它们。

拆分链表的方法是通过快慢指针技巧。快指针每次移动两步，慢指针每次移动一步，直到快指针到达链表末尾。这时，慢指针正好位于链表的中间，将链表成功分为两半。接下来，对这两个子链表进行排序，这也是归并排序的关键步骤。采用递归方式对子链表进行排序，直到链表为空或只包含一个节点。排序完成后，将这两个有序子链表合并成一个有序链表。合并操作是归并排序的核心。在合并时，需要比较两个链表的头节点，并选择较小的节点作为合并后链表的下一个节点。然后，继续递归合并两个子链表的剩余部分，直到其中一个子链表为空。最终，完成排序的链表被重新连接，排序完成。

具体实现代码如下。

```java
class Solution {
    public ListNode sortList(ListNode head) {
        // 归并排序做法
        if (head == null || head.next == null) return head;
        // 切分两组
        ListNode newHead = split(head);
        // 排序左链表
        head = sortList(head);
        // 排序右链表
        newHead = sortList(newHead);
        // 归并排序左右链表
        return merge(head, newHead);
    }

    public ListNode split(ListNode node){ // 找出中间节点，切割后返回右子链表的开头节点
        // 如果 slow 从 node 开始会导致只有两个节点，则返回的 slow.next 为 null，故要构建虚拟头节点
        ListNode slow = new ListNode();
        slow.next = node;
        ListNode fast = slow;

        while (fast != null && fast.next != null){
            slow = slow.next;
            fast = fast.next.next;
        }
        ListNode newNode = slow.next; // 右子链表的开头节点
        slow.next = null; // 断开两个子链表之间的联系
        return newNode;
    }

    public ListNode merge(ListNode head1, ListNode head2){ // 合并并排序左右子链表
        ListNode headA = head1;
        ListNode headB = head2;
        ListNode head = new ListNode();
        ListNode pre = head;
        while (headA != null && headB != null){
            if (headA.val <= headB.val){
```

```
            pre.next = headA;
            pre = pre.next;
            headA = headA.next;
        } else {
            pre.next = headB;
            pre = pre.next;
            headB = headB.next;
        }
    }
    if (headA != null){
        pre.next = headA;
    }

    if (headB != null){
        pre.next = headB;
    }
    return head.next;
   }
}
```

在上述代码中，通过分治策略将数组分成两部分，递归地对每部分进行排序，然后对它们进行合并。合并的时间复杂度是线性的，因为它需要比较和移动每个元素一次，所以合并的时间复杂度是 $O(n)$。递归层次的总数是 $\log_2(n)$，因此，总的时间复杂度是 $O(n \log n)$。此外，在递归过程中需要额外的空间来存储左右两个子数组。这会占用一定的内存空间，但通常不会占用太多，因此，空间复杂度是线性的，即为 $O(n)$ 的空间复杂度。

2.3.5 思维延展

分治算法在处理大规模问题时可能会遇到重复计算的情况，这会降低算法的效率。为了提高算法的性能，可以采取以下优化策略。

❑ **减少对子问题的重复计算**。通过使用记忆化搜索技术，将子问题的解存储起来，以便在需要时直接获取，避免重复计算。这可以通过使用缓存、哈希表或动态规划的思想来实现。记忆化搜索可以显著降低算法的时间复杂度，特别是在具有大量重叠子问题的情况下。

❑ **剪枝和削减问题规模**。在分治算法中，可以通过一些判断条件提前终止某些子问题的计算，从而减少不必要的计算量，这种技巧称为剪枝。另外，对于某些问题，可以通过适当的数据结构设计和算法调整，将问题规模缩小，减少计算的复杂度。

❑ **使用动态规划思想**。动态规划是一种将问题划分为子问题并记录子问题的解以避免重复计算的方法。在分治算法中，可以将动态规划的思想与分治策略结合起来，通过合理定义状态和状态转移方程，有效地解决问题。动态规划可以提供更优的时间复杂度，特别是在问题具有重叠子问题和最优子结构的情况下。
- **使用随机化算法**。对于某些问题，使用随机化算法可以提供更好的性能。随机化算法通过引入随机性和概率性的计算过程，降低问题的复杂性。在分治算法中，可以使用随机化算法来优化问题的求解过程，例如，快速排序算法中的随机选择主元。

分治算法在大数据领域有许多应用场景，以下是两个示例。

- **并行计算和分布式系统**。在大规模数据处理和分布式计算中，分治算法被广泛应用于数据分割和任务划分。通过将原始问题划分为多个子问题，并使用分布式计算资源并行处理这些子问题，可以加快计算速度和提高系统的吞吐量。例如，在分布式机器学习中，可以使用分治算法将训练数据划分为多个子集，每个子集由不同的计算节点并行处理，然后将结果进行合并。
- **排序算法中的快速排序**。快速排序是一种基于分治思想的高效排序算法。快速排序通过选择一个基准元素，将待排序数组划分为两个子数组，并分别对子数组进行排序，然后将排序好的子数组合并得到最终的有序序列。快速排序的平均时间复杂度为 $O(n \log n)$，在大数据排序和搜索领域得到了广泛应用。快速排序的分治策略可以将大规模问题分解为较小的子问题，从而提高排序的效率。

2.4 贪心算法

贪心算法（又称贪婪算法）是一种在每一步选择中都采取在当前看来最好的选择，从而希望结果是全局最好选择的算法。贪心算法是一种局部最优化算法。

贪心算法的基本步骤如下。

步骤 1 把求解的问题分成若干个子问题。
步骤 2 采用迭代的方法对每个子问题求解，得到子问题的局部最优解。
步骤 3 把子问题的局部最优解合成，得到原来问题的解。

使用贪心算法要注意局部最优与全局最优的关系，选择当前的局部最优并不一定能推导出问题的全局最优。贪心算法采用自顶向下，以迭代的方法做出相继的贪心选择，每做一次贪心选择，就将所求问题简化为一个规模更小的子问题，通过每一步贪心选择，可得到问题的一个最优解。

2.4.1 分发饼干

题目来源：力扣（LeetCode）

链接：https://leetcode.cn/problems/assign-cookies/

假设你是一位很棒的家长，想要给你的孩子们一些小饼干。但是，每个孩子最多只能给一块饼干。对每个孩子 i，都有一个胃口值 $g[i]$，这是能让孩子们满足胃口的饼干的最小尺寸；并且每块饼干 j，都有一个尺寸 $s[j]$。如果 $s[j] >= g[i]$，则可以将这个饼干 j 分配给孩子 i，这个孩子会得到满足。你的目标是尽可能满足更多数量的孩子，并输出这个最大数值。

示例 1：

输入：g = [1,2,3], s = [1,1]
输出：1

解释：你有 3 个孩子和 2 块小饼干，3 个孩子的胃口值分别是 1, 2, 3。虽然你有两块小饼干，但由于它们的尺寸都是 1，只能让胃口值是 1 的孩子满足，所以应该输出 1。

示例 2：

输入：g = [1,2], s = [1,2,3]
输出：2

解释：你有 2 个孩子和 3 块小饼干，2 个孩子的胃口值分别是 1,2。你拥有的饼干数量和尺寸都足以让所有孩子满足，所以应该输出 2。

提示：

- $1 <= g.length <= 3 \times 10^4$。
- $0 <= s.length <= 3 \times 10^4$。
- $1 <= g[i], s[j] <= 2^{31} - 1$。

本题是一个典型的贪心问题。首先，需要将孩子的胃口和饼干的尺寸按照从小到大的顺序排列；然后，从胃口最小的孩子和尺寸最小的饼干开始匹配。为什么要按照从小到大的顺序排列呢？因为这样可以尽可能地用小的饼干去满足小胃口的孩子，留下的大饼干可以满足大胃口的孩子，从而达到满足更多孩子的目的。

当使用贪心算法解决这个问题时，需要将孩子的胃口数组 g 和饼干的尺寸数组 s 进行排序。通过将数组从小到大排序，可以更方便地使用贪心策略。接下来，初始化两个指针 i 和 j，分别指向 g 和 s 的末尾。然后，从后向前遍历孩子的胃口数组 g，并同时遍历饼干的尺寸数组 s。在遍历过程中，比较当前饼干 $s[j]$ 和当前孩子的胃口 $g[i]$。如果当前饼干能够满足当前孩子的胃口，即 $s[j] >= g[i]$，则将结果数加 1，并将指针 i 和 j 分别左移 1 位，继续向前比较下一个孩子和饼干。如果当前饼干不能满足当前孩子的胃口，即 $s[j] < g[i]$，则

将指针 i 左移 1 位,继续判断下一个孩子的胃口。重复上述步骤,直到任意一个指针移动到数组的起始位置,表示已经遍历完所有的孩子或饼干。最后,返回结果数,即能够满足的孩子数量。

具体实现代码如下。

```java
class Solution {
    public int findContentChildren(int[] g, int[] s) {
        //先给g和s排序,方便使用贪心算法
        Arrays.sort(g);
        Arrays.sort(s);

        //定义饼干s的下标,方便调整
        int index = s.length - 1;

        //结果初始化
        int result = 0;

        //使用贪心算法,最大的饼干应该用于满足它能满足的最大胃口的孩子

        for(int i = g.length - 1; i >= 0;    i--){ // 从后向前循环孩子
            if(index >= 0 && s[index] >= g[i] ){ // 满足孩子胃口的饼干
                result++; // 结果数 +1
                index--; // 饼干下标左移继续比较
            }
        }

        return result;

    }
}
```

分析上述代码的性能。对两个数组进行排序的时间复杂度为 $O(n \log n)$,遍历数组的时间复杂度为 $O(n)$,所以,总的时间复杂度为 $O(n \log n)$。因为快速排序使用的是递归的方式,每次递归的时候需要记录一些信息,所以,需要消耗一些额外的空间。而遍历数组的时候只需要常数个辅助变量,因此空间复杂度为 $O(n \log n)$。

2.4.2 加油站

题目来源:力扣(LeetCode)

链接:https://leetcode.cn/problems/gas-station/

在一条环路上有 n 个加油站,其中第 i 个加油站有汽油 gas[i] 升。你有一辆油箱容量无

限的汽车，从第 i 个加油站开往第 $i+1$ 个加油站需要消耗汽油 cost[i] 升。你从其中的一个加油站出发，开始时油箱为空。给定两个整数数组 gas 和 cost，如果你可以绕环路行驶一周，则返回出发时加油站的编号，否则返回 -1。如果存在解，则保证它是唯一的。

示例 1：

输入：gas = [1,2,3,4,5], cost = [3,4,5,1,2]
输出：3

解释：从 3 号加油站 (索引为 3 处) 出发，可获得 4 升汽油。此时油箱有 0+4=4 升汽油；开往 4 号加油站，此时油箱有 4-1+5=8 升汽油；开往 0 号加油站，此时油箱有 8-2+1=7 升汽油；开往 1 号加油站，此时油箱有 7-3+2=6 升汽油；开往 2 号加油站，此时油箱有 6-4+3=5 升汽油；开往 3 号加油站，需要消耗 5 升汽油，正好足够返回到 3 号加油站。因此，3 可为起始索引。

示例 2：

输入：gas = [2,3,4], cost = [3,4,3]
输出：-1

解释：你不能从 0 号或 1 号加油站出发，因为没有足够的汽油可以让你行驶到下一个加油站。

我们从 2 号加油站出发，可以获得 4 升汽油，此时油箱有 0+4=4 升汽油；开往 0 号加油站，此时油箱有 4-3+2=3 升汽油；开往 1 号加油站，此时油箱有 3-3+3=3 升汽油；你无法返回 2 号加油站，因为返程需要消耗 4 升汽油，但是你的油箱只有 3 升汽油。因此，无论怎样，都不可能绕环路行驶一周。

提示：

- gas.length == n。
- cost.length == n。
- $1 <= n <= 10^5$。
- $0 <= gas[i], cost[i] <= 10^4$。

在本题中，可以给定一个长度为 n 的数组 gas 和 cost，表示第 i 个加油站的油量和到达下一个加油站需要消耗的油量。需要从这些加油站中选择一个出发点，以保证行驶一圈，并返回这个出发点的编号。如果不存在这样的出发点，则返回 -1。

这是一个典型的贪心问题。首先需要明确贪心策略。对于每个加油站 i，sum 表示从加油站 i 出发沿途累计的油量减去消耗的油量，totalSum 表示所有加油站油量之和与所有加油站消耗量之和的差值。如果 sum < 0，则说明以加油站 i 为起点无法行驶一圈；如果遍历完所有加油站后 totalSum < 0，则说明不存在这样的出发点。

接下来考虑具体实现。对于每个加油站 i，将 gas[i] - cost[i] 加入 sum 中，并同时将其加入 totalSum 中。如果在任意时刻 sum < 0，则说明从当前加油站出发不能绕一圈，因此，需要将起点设置为下一个加油站，并将 sum 重置为 0。最后如果 totalSum < 0，说明不存在可行解，返回 -1；否则返回起点。

公式表示如下：

给定：gas=[$gas_1, gas_2, \ldots, gas_n$]，cost=[$cost_1, cost_2, \ldots, cost_n$]。
令 sum=0, totalSum=0
对于 $i=1,2,\ldots,n$，执行以下操作：
- 计算 sum ← sum + gas_i - $cost_i$, totalSum ← totalSum + gas_i - $cost_i$
- 如果 sum < 0，将起点设置为 i+1，并将 sum 重置为 0
- 考虑到下一轮循环时需要判断 i+1 ≤ n 是否成立，我们可以令 $i=(i \mod n)+1$
如果 totalSum < 0，则返回 -1；否则返回起点。

具体实现代码如下。

```java
class Solution {
    public int canCompleteCircuit(int[] gas, int[] cost) {
        int n = gas.length;
        int sum = 0;    // 累计油量减去消耗的油量，如果 sum < 0，则从当前加油站出发无法到达下一个加油站
        int totalSum = 0;   // 加油站油量之和减去加油站消耗量总和，如果 totalSum < 0，则不存在可行解
        int start = 0;  // 起点
        for (int i = 0; i < n; i++) {
            sum += gas[i] - cost[i];
            totalSum += gas[i] - cost[i];
            if (sum < 0) {  // 当前油量不足以到达下一个加油站，需要重新从下一个加油站出发
                start = i + 1;
                sum = 0;    // 重置当前油量
            }
        }
        return totalSum < 0 ? -1 : start;
    }
}
```

上面代码的整体性能还是可以的。因为只需要遍历一遍数组，所以，时间复杂度是 $O(n)$。此外，只使用了有限几个变量，因此，空间复杂度是 $O(1)$，而且其不随输入规模增加而增加。

2.4.3 跳跃游戏

题目来源：力扣（LeetCode）

链接：https://leetcode.cn/problems/jump-game/

给定一个非负整数数组 nums，你最初位于数组的第一个下标。数组中的每个元素代表你在该位置可以跳跃的最大长度。判断你是否能够到达最后一个下标。

示例 1：

输入：nums = [2,3,1,1,4]
输出：true

解释：可以先跳 1 步，从下标 0 到达下标 1，然后从下标 1 跳 3 步并到达最后一个下标。

示例 2：

输入：nums = [3,2,1,0,4]
输出：false

解释：无论怎样，总会到达下标为 3 的位置。但该下标的最大跳跃长度是 0，所以永远不可能到达最后一个下标。

提示：

- $1 <= nums.length <= 3 \times 10^4$。
- $0 <= nums[i] <= 10^5$。

这道题可以使用贪心算法来解决。首先可以从数组的最后一个位置开始，通过贪心策略不断更新当前能够到达的最远位置。对于每个位置 i，判断是否能够从当前位置跳到下一个能够到达的位置，即 i + nums[i] >= maxPosition，其中 maxPosition 表示当前能够到达的最远位置。如果能够跳到下一个位置，则将 maxPosition 更新为当前位置 i，继续向前遍历。如果最后 maxPosition 大于或等于数组的第一个位置，则说明可以从第一个位置跳到最后一个位置，返回 true。

具体的算法思路如下。

步骤 1　初始化 maxPosition 为数组的最后一个位置。
步骤 2　从数组的倒数第二个位置开始向前遍历，记当前位置为 i。
步骤 3　如果 i + nums[i] >= maxPosition，则说明可以从当前位置跳到 maxPosition，将 maxPosition 更新为 i。

步骤 4 判断 maxPosition 是否等于数组的第一个位置，如果是，则返回 true；否则返回 false。

具体实现代码如下。

```
class Solution {
    public boolean canJump(int[] nums) {
        int maxPosition = nums.length - 1; // 当前能够到达的最远位置

        for (int i = nums.length - 1; i >= 0; i--) {
            if (i + nums[i] >= maxPosition) { // 如果可以从当前位置跳到 maxPosition
                maxPosition = i; // 更新 maxPosition 为当前位置
            }
        }

        return maxPosition == 0; // 判断 maxPosition 是否大于或等于数组的第一个位置
    }
}
```

下面分析上述代码的性能。该代码的时间复杂度为 $O(n)$，其中 n 是数组的长度。这是因为只需要遍历一次数组，并且对于每个位置 i，最多只需要更新一次便能够到达的最远位置 maxPosition。因此，总的时间复杂度为线性级别。代码的空间复杂度为 $O(1)$，即常数级别的额外空间。这是因为只需要存储两个变量：maxPosition 和循环变量 i。无论输入数组的规模如何增长，所需的额外空间都保持不变。

2.4.4 思维延展

贪心策略是一种基于贪心选择原则的算法设计思想，每一步都选择当前情况下最优的解，以期望最终达到全局最优解。为了提高贪心算法的效率和性能，可以考虑以下优化策略。

- **贪心选择的原则**。贪心算法的核心在于选择当前情况下的最优解。探讨定义最优解的选择原则，以确保贪心选择的有效性。通常情况下，最优解的选择原则可以基于问题的特性和约束条件确定，如选择具有最小代价、最大收益或最短路径的解。
- **最优子结构和贪心选择性质**。分析问题是否具有最优子结构性质，即问题的最优解是否可以由子问题的最优解组合而成。如果问题具有最优子结构性质，并且贪心选择性质成立，那么通过贪心算法可以保证得到全局最优解。探讨如何识别问题的最优子结构和贪心选择性质，可以确保贪心算法的正确性。
- **贪心算法的启发式规则**。启发式规则是一种基于经验和直觉的策略，用于辅助贪心算法做出选择，常见的启发式规则有贪心选择最大／最小值、贪心选择最长／最短路径等。同时，也可以讨论启发式规则的适用性和局限性，以及如何根据问题的特性设计合适的启发式规则。
- **贪心算法的扩展和变种**。贪心算法可以有多种扩展和变种，以应对不同问题和需求。例如，可以考虑贪心算法与动态规划、回溯算法等其他算法结合，以兼顾贪心选择和获得全局最优解的效果。常见的贪心算法扩展和变种有区间贪心算法、背包问题的贪心算法、最小生成树的贪心算法等。

贪心算法在大数据领域具有广泛的应用场景，以下是两个实际应用示例。

- **任务调度和资源分配**。在分布式系统和并行计算中，任务调度和资源分配是关键问题。贪心算法可以应用于优化任务的分配和资源的利用。通过选择当前最优的任务和资源分配方案，可以最大化提升系统的性能和效率。
- **数据压缩与编码**。在大数据存储和传输中，贪心算法可以用于解决数据压缩和编码问题。例如，哈夫曼编码就是一种基于贪心策略的数据压缩算法，它根据字符出现的频率来构建最优的编码方案，从而实现高效的数据压缩和解压缩。

2.5 回溯算法

回溯算法（Backtracking）又称试探算法，是一种寻找所有可能解并找出最优解的算法。通常而言，回溯算法会在解空间树上搜索，每个节点都代表一种状态。回溯算法基于递归实现，在处理节点状态时，它在保证当前状态符合要求的情况下，尝试每种可能的后续状态，直到找到符合要求的解或者无法继续向下搜索。回溯法常被用于解决组合问题、排列问题、子集问题、棋盘问题等，特别适用于那些可以分解成求子集的问题，因此又被称为"暴力搜索 + 剪枝"（Brute Force + Pruning）。

回溯算法的基本思路如下：对于一个给定的问题，可以先定义一种搜索空间，其中包含所有可能的解决方案。然后，从搜索空间的起点开始搜索，并通过试探的方式，逐步向搜索空间的深处前进。在每个搜索状态下，检查当前状态是否是一个合法解，如果是，就记录这个解，然后继续向深处前进。如果不是，就回溯到上一个状态，并且继续搜索其他可能的解决方案。这个过程会一直持续，直到找到一个最优解或者搜索空间被完全穷举。

回溯算法通常使用递归实现，其实现过程可以分为以下几个步骤。

步骤 1 确定问题的解空间。
步骤 2 确定搜索方式和搜索顺序。
步骤 3 判断是否满足约束条件和边界条件，如果满足，则表示找到了一个解，记录下来（也可能不需要记录），进入下一个状态；否则，撤销上一步操作，回退到上一层再做选择，并且尝试下一个选择。

步骤 4　重复上述过程。

回溯算法适用于那些需要"试错"的情况，如八皇后问题、0/1 背包问题等。通常情况下，回溯算法能够在较短的时间内找到结果，但需要注意剪枝，否则会导致时间复杂度指数级上升，这样就不适合了。

2.5.1　寻找子集

题目来源：力扣（LeetCode）

链接：https://leetcode.cn/problems/subsets/

给你一个整数数组 nums，若数组中的元素互不相同，则返回该数组所有可能的子集（幂集）。解集不能包含重复的子集，可以按任意顺序返回解集。

示例 1：

输入：nums = [1,2,3]
输出：[[],[1],[2],[1,2],[3],[1,3],[2,3],[1,2,3]]

示例 2：

输入：nums = [0]
输出：[[],[0]]

提示：

- 1 <= nums.length <= 10。
- −10 <= nums[i] <= 10。
- nums 中的所有元素互不相同。

在本题中，对于每个数，有放入集合和不放入集合两种选择。可以在搜索过程中按顺序考虑每个数是否应该放入集合中，最终得到所有的子集。这符合回溯算法的思想。

首先，定义一个结果集 res 用于存放所有子集。然后，编写一个回溯函数 backtrack，其参数包括当前已生成的子集 curList、起始位置 startIndex、原始数组 nums。递归过程如下：对于每个元素都有选择和不选择两种可能。选择当前元素，继续递归；不选择当前元素，继续递归。递归完成后，进行回溯操作，撤销当前选择，继续下一轮尝试。由于在每次递归开始时都将当前子集加入结果集，然后递归生成以当前位置为起点的所有子集，所以其终止条件就是遍历完整个数组。

具体实现代码如下。

```
class Solution {
    List<List<Integer>> res = new ArrayList<>(); // 存储结果
    public List<List<Integer>> subsets(int[] nums) {
        backtrack(new ArrayList<>(), 0, nums);
        return res;
    }
    // curList 表示当前已经生成的子集，startIndex 表示从哪个位置开始考虑加入下一个数，nums 表示原始数组
    private void backtrack(List<Integer> curList, int startIndex, int[] nums) {
        res.add(new ArrayList<>(curList)); // 先将当前已有的子集加入 res 结果集中
        for (int i = startIndex; i < nums.length; i++) { // 从 startIndex 开始循环 nums 数组
            curList.add(nums[i]); // 将当前数加入集合
            backtrack(curList, i + 1, nums); // 递归，更新 curList 和 startIndex
            curList.remove(curList.size() - 1); // 撤销选择，即回溯
        }
    }
}
```

因为本题的解答中需要生成所有可能的子集，对于每个元素都有两种选择：选择当前元素或不选择，所以总的组合数为 2^n，其中，n 是数组的长度。对于每种组合，都需要进行一次回溯操作，因此，时间复杂度为 $O(2^n)$。本题中除了存储结果集 res 外，主要的空间消耗来自递归调用过程中维护的子集 curList。由于采用了原地修改的方式，只使用一个子集对象进行递归，而不是为每个递归阶段创建新的子集对象，所以空间复杂度主要受递归调用的最大深度影响。在最坏情况下，递归的深度为 n，即数组的长度，因此空间复杂度为 $O(n)$。

2.5.2　全排列

题目来源：力扣（LeetCode）

链接：https://leetcode.cn/problems/permutations/

给定一个不含重复数字的数组 \text{nums}，返回其所有可能的全排列。可以按任意顺序返回答案。

示例 1：

输入：nums = [1,2,3]
输出：[[1,2,3],[1,3,2],[2,1,3],[2,3,1],[3,1,2],[3,2,1]]

示例 2：

输入：nums = [0,1]

输出：[[0,1],[1,0]]

示例 3：

输入：nums = [1]
输出：[[1]]

提示：

- 1 <= nums.length <= 6。
- −10 <= nums[i] <= 10。
- nums 中的所有整数互不相同。

题目要求给定一个不含重复数字的数组 nums，返回其所有可能的全排列。全排列是一种排列组合的方式，即将数组中的所有元素重新排列，使得每种排列都是唯一的。

为了生成所有可能的全排列，可以使用回溯法。在这个问题中，可以从数组的第一个元素开始，依次尝试将每个未使用过的数字加入当前排列中，然后递归地生成下一个位置的排列，直到排列长度达到数组长度。在回溯过程中，需要使用一个数组 used 来记录哪些数字已经在排列中出现过，避免重复使用。每次尝试一个未使用的数字时，将其标记为已使用，递归生成下一个位置的排列，生成后要撤销选择，即将标记还原，以便尝试其他未使用的数字。

具体实现代码如下。

```java
class Solution {
    List<List<Integer>> res = new ArrayList<>(); // 存储结果

    public List<List<Integer>> permute(int[] nums) {
        boolean[] used = new boolean[nums.length]; // 记录哪些数字已经在排列中出现过
        backtrack(new ArrayList<>(), nums, used);
        return res;
    }

    // curList 表示当前已经生成的排列，nums 表示原始数组，used 表示哪些数字已经在排列中出现过
    private void backtrack(List<Integer> curList, int[] nums, boolean[] used) {
        if (curList.size() == nums.length) { // 排列已经达到 nums 数组的长度
            res.add(new ArrayList<>(curList)); // 将当前排列加入结果集中
            return;
        }
        for (int i = 0; i < nums.length; i++) {
            if (used[i]) { // 如果当前数字已经在排列中出现过，则跳过
                continue;
            }
            curList.add(nums[i]); // 将当前未使用的数字加入排列中
```

```
            used[i] = true; // 标记该数字已经使用
            backtrack(curList, nums, used); // 递归，更新 curList 和 used
            curList.remove(curList.size() - 1); // 撤销选择，即回溯
            used[i] = false; // 标记该数字未使用
        }
    }
}
```

上述代码通过回溯算法生成了给定数组的所有可能排列。在递归过程中，通过维护一个布尔数组 used 来记录数字的使用情况，确保每个数字只被使用一次。具体而言，对于每个位置，循环遍历未使用的数字，递归调用下一层，并在完成后进行回溯操作，撤销选择。整个过程直到排列长度达到数组长度，将当前排列加入结果集。

上述代码中算法的时间复杂度主要取决于递归调用次数和每次递归的操作。递归的总次数是 $n!$，其中 n 是数组的长度。每次递归的操作包括 $O(n)$ 的循环遍历和其他 $O(1)$ 的操作。因此，总的时间复杂度为 $O(n \times n!)$。递归调用的空间主要是排列的长度，最大为 n，这是因为递归的最大深度是 n。其他额外空间包括结果集、当前排列和标记数字使用情况的数组，这部分空间复杂度是 $O(n)$。综上所述，总的空间复杂度为 $O(n^2)$。

2.5.3 岛屿数量

题目来源：力扣（LeetCode）

链接：https://leetcode.cn/problems/number-of-islands/

给定一个由 1（陆地）和 0（水）组成的二维网格，请计算网格中岛屿的数量。岛屿总是被水包围，并且每座岛屿只能由水平方向和 / 或竖直方向上相邻的陆地连接形成。可以假设该网格的 4 条边均被水包围。

示例 1：

```
输入: grid = [
    ["1","1","1","1","0"],
    ["1","1","0","1","0"],
    ["1","1","0","0","0"],
    ["0","0","0","0","0"]
]
输出: 1
```

示例 2：

```
输入: grid = [
    ["1","1","0","0","0"],
```

```
    ["1","1","0","0","0"],
    ["0","0","1","0","0"],
    ["0","0","0","1","1"]
]
输出: 3
```

提示:

- m == grid.length。
- n == grid[i].length。
- 1 <= m, n <= 300。
- grid[i][j] 的值为 0 或 1。

题目要求计算二维网格中岛屿的数量,其中岛屿由 1 表示,且每座岛屿只能由水平和/或竖直方向上相邻的陆地连接形成。为了解决这个问题,可以使用深度优先搜索(DFS)进行遍历,通过标记已访问的陆地来统计岛屿的数量。

首先,初始化一个二维数组 visited,用于记录每个字符是否被访问过。然后,遍历整个二维网格,对于每个未访问过的陆地(1),使用回溯算法 backtrack 遍历整个岛屿,将满足条件的岛屿数量加 1。在回溯函数中,首先判断当前位置是否越界、已访问或为水域(0),如果是,则直接返回 0。接着,标记当前位置已访问,继续递归调用上、下、左、右 4 个方向,深度遍历整个岛屿。递归完成后进行回溯操作,返回 0,实现深度优先搜索。最后,通过遍历整个二维网格来统计岛屿的数量,得到问题的解。

具体实现代码如下。

```java
class Solution {
    public int numIslands(char[][] grid) {
        if (grid == null || grid.length == 0) {
            return 0;
        }
        int m = grid.length;
        int n = grid[0].length;
        boolean[][] visited = new boolean[m][n]; // 记录每个字符是否被访问过
        int count = 0; // 岛屿数量
        for (int i = 0; i < m; i++) {
            for (int j = 0; j < n; j++) {
                if (grid[i][j] == '1' && !visited[i][j]) { // 发现新岛屿
                    count += backtrack(grid, visited, i, j); // 回溯算法遍历岛屿,并
                        标记已访问的陆地
                }
            }
        }
        return count;
```

```
    }
    private void backtrack(char[][] grid, boolean[][] visited, int x, int y) {
        if (x < 0 || x >= grid.length || y < 0 || y >= grid[0].length ||
            visited[x][y] || grid[x][y] == '0') {
            return 0; // 越界、已访问或为 0 的位置无须访问
        }
        visited[x][y] = true; // 标记当前字符已访问
        backtrack(grid, visited, x - 1, y); // 上
        backtrack(grid, visited, x + 1, y); // 下
        backtrack(grid, visited, x, y - 1); // 左
        backtrack(grid, visited, x, y + 1); // 右
        return 1
    }
}
```

本题中使用一个布尔数组 visited 来记录每个字符是否被访问过。每当发现一个新的岛屿，将岛屿数量加 1。整体的时间复杂度取决于网格中的字符数量和岛屿的数量遍历整个网格，需要访问每个字符，因此时间复杂度为 $O(mn)$，其中，m 和 n 分别是网格的行数和列数。标记已访问的字符需要使用 visited 数组，因此空间复杂度为 $O(mn)$。如果修改原始网格数组来标记已访问的格子，则空间复杂度为 $O(1)$。

2.5.4　n 皇后

题目来源：力扣（LeetCode）

链接：https://leetcode.cn/problems/n-queens/

按照国际象棋的规则，皇后可以攻击与之处在同一行或同一列或同一斜线上的棋子。n 皇后问题研究的是如何将 n 个皇后放置在 $n×n$ 的棋盘上，并且使皇后彼此之间不能相互攻击。给你一个整数 n，返回所有不同的 n 皇后问题的解决方案。每种解法包含一个不同的 n 皇后问题的棋子放置方案，在该方案中 Q 和 "." 分别代表了皇后和空位。

示例 1（见图 2-7）：

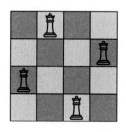 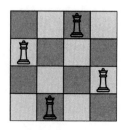

图 2-7　n 皇后示例 1 图示

输入：n = 4
输出：[[".Q..","...Q","Q...","..Q."],["..Q.","Q...","...Q",".Q.."]]

解释：4 皇后问题存在两个不同的解法。

示例 2：

输入：n = 1
输出：[["Q"]]

提示：1 <= n <= 9。

在本题中，可以将棋盘抽象为一个二维数组 board，其中棋盘的每个格子可能有 3 种状态：

❑ 该位置没有放置皇后，用标志字符"."表示。
❑ 判断该位置可以放置皇后，用标志字符 Q 表示。
❑ 该位置不能再放置皇后，用标志字符 X 表示。

对于每列，依次枚举该列中每行的位置，判断当前位置是否可以放置皇后，如果可以，则将该位置标记为 Q，并标记同一行、同一列、同一斜线上的所有位置都不能再放置皇后，然后递归到下一列进行放置。如果下一列无法放置皇后，则需要回溯到上一列，重新选择位置。

具体实现时，需要定义一个 columns 数组，表示每列是否已经放置了皇后，以及两个对角线上的元素是否已经被占据。同时也需要维护一个列表来记录所有符合条件的方案。在递归函数内部，首先需要判断递归边界。当成功地放置了 n 个皇后，即 QueenCount = n 时，当前棋盘中所有的 n 个皇后已经放置完成，将当前棋盘的状态保存到结果 res 中，然后直接退出递归即可。

如果当前 QueenCount < n，即棋盘中皇后数量小于 n，则需要依次枚举当前列中每行的位置。对于每个位置，需要判断该位置是否可以放置皇后，即该位置对应的行、列及两条对角线上是否已经存在皇后。如果当前位置是合法的，则将该位置标记为 Q，并更新对应的 columns 数组，然后递归到下一列进行放置。如果下一列无法放置皇后，则需要回溯到上一列，重新选择位置，同时需要撤销当前位置的标记，从而可以继续使用该位置进行尝试。

具体实现代码如下。

```
class Solution {
    List<List<String>> res = new ArrayList<>(); // 保存结果
    int[] columns; // 存储列是否被占据
    int[] diagonal1; // 存储主对角线是否被占据
```

```java
    int[] diagonal2; // 存储次对角线是否被占据

public List<List<String>> solveNQueens(int n) {
    columns = new int[n];
    diagonal1 = new int[2 * n - 1];
    diagonal2 = new int[2 * n - 1];
    char[][] board = new char[n][n];
    for (char[] row : board) {
        Arrays.fill(row, '.'); // 初始化棋盘
    }
    backtrack(board, 0, n);
    return res;
}

private void backtrack(char[][] board, int col, int n) {
    if (col == n) { // 遍历到第 n 列,说明找到了一组解
        List<String> list = new ArrayList<>();
        for (char[] row : board) {
            list.add(new String(row)); // 将该棋盘添加到结果中
        }
        res.add(list);
        return;
    }
    for (int i = 0; i < n; i++) { // 枚举该列中每行的位置
        if (columns[i] == 0 && diagonal1[col - i + n - 1] == 0 &&
            diagonal2[col + i] == 0) { // 判断是否能够放置皇后
            board[i][col] = 'Q'; // 放置皇后
            columns[i] = 1; // 更新列状态
            diagonal1[col - i + n - 1] = 1; // 更新主对角线状态
            diagonal2[col + i] = 1; // 更新次对角线状态
            backtrack(board, col + 1, n); // 递归到下一列进行放置
            diagonal2[col + i] = 0; // 撤销当前位置的标记,继续使用该位置进行尝试
            diagonal1[col - i + n - 1] = 0;
            columns[i] = 0;
            board[i][col] = '.';
        }
    }
}
```

在放置皇后的过程中,需要判断当前位置是否是合法的,时间复杂度为 $O(1)$,并且对于每列,需要枚举该列中每行的位置并进行尝试,因此,时间复杂度为 $O(n!)$,总时间复杂度为 $O(n!(n+1)/2)$。需要存储每列、每条对角线是否被占据的状态,因此,空间复杂度为 $O(n)$。另外,结果 res 中需要存储所有符合条件的棋盘,因此,空间复杂度至少为 $O(n!)$。

2.5.5 思维延展

回溯算法的优化策略是提高算法的效率和性能，可以采用以下技巧和方法。

- **剪枝技巧**。通过对搜索树进行剪枝，可以减少无效的搜索路径，从而减少计算量。常见的剪枝技巧包括可行性剪枝和最优性剪枝，通过判断当前路径的可行性和最优性来决定是否继续搜索。
- **搜索顺序的优化**。选择合适的搜索顺序，使得可能更早地找到解，从而提前终止搜索。例如，可以根据问题的特性，选择先搜索可能解空间较大的分支，或者按照某种启发式函数进行排序，以提高搜索效率。
- **状态空间的压缩**。对于状态空间较大的问题，可以尝试对状态空间进行压缩，减少搜索的复杂度。例如，可以通过状态的哈希或位运算等方式将状态表示为较小的数据结构，从而节省内存和加速搜索过程。

回溯算法在大数据领域具有广泛的应用，以下是两个相关的实际应用示例。

- **组合优化和排列问题**。在大数据分析中，经常需要对数据进行组合和排列，以寻找最优的组合方案。回溯算法可以用于解决这类问题。例如，在广告推荐系统中，需要从大量的广告选项中选出最佳的广告组合，以提高点击率和转化率。回溯算法可以通过穷举所有可能的广告组合，并根据预定义的指标对其进行评估，找到最优的组合方案。
- **图的遍历和路径搜索问题**。在大数据领域，图结构常用于表示网络拓扑、社交关系或数据关联关系等。回溯算法可以应用于图的遍历和路径搜索问题。例如，在社交网络中，要寻找两个人之间的最短路径或共同联系人，可以使用回溯算法进行深度优先搜索，从一个人出发，逐步探索其关联的人，并记录路径。通过回溯算法的应用，可以快速找到满足条件的路径或者获取完整的遍历结果。

2.6 动态规划

动态规划（Dynamic Programming，DP）是一种算法思想，用于找到多阶段决策问题的最优解。动态规划通过将复杂问题分解为较小、相似且相互依赖的子问题，采用自下而上的方式进行逐步求解，从而得到复杂问题的最优解。

动态规划适用于求解满足以下两个条件的问题：第一，问题可以被分解为多个子问题；第二，这些子问题之间的关系遵循无后效性原则，即每个子问题的解只取决于之前问题的解，与之后的状态无关。

动态规划算法通常包括以下几个步骤。

步骤 1 定义子问题，即将原问题分解为子问题，定义子问题的状态。
步骤 2 定义状态转移方程，即通过子问题之间的递推关系，描述子问题之间的转移关系。
步骤 3 定义边界条件，即确定子问题的边界，即最简单的情况。
步骤 4 计算最终结果，即利用状态转移方程和边界条件，计算出原问题的最优解。

动态规划算法的关键在于状态转移方程的设计。一般来说，状态转移方程的设计需要满足如下两个条件：

- 无后效性：即子问题的解不会受到后续的决策影响。
- 最优子结构：即原问题的最优解包含了子问题的最优解，可以通过子问题的最优解计算出原问题的最优解。

动态规划算法的应用非常广泛，如求解最长公共子序列问题、最大子数组问题、最短路径问题、背包问题等。

2.6.1　爬楼梯

题目来源：力扣（LeetCode）

链接：https://leetcode.cn/problems/climbing-stairs/

假设你正在爬楼梯，需要 n 阶才能到达楼顶。每次可以爬 1 或 2 个台阶。有多少种不同的方法可以爬到楼顶呢？

示例 1：

输入：n = 2
输出：2

解释：有两种方法可以爬到楼顶，即 1 阶 +1 阶或者 2 阶。

示例 2：

输入：n = 3
输出：3

解释：有 3 种方法可以爬到楼顶，即 1 阶 +1 阶 +1 阶、1 阶 +2 阶或者 2 阶 +1 阶。

提示：1 <= n <= 45。

因为该问题具备最优子结构和重叠子问题的特点，所以本题可以使用动态规划来解决。最优子结构表示问题的最优解包含了其子问题的最优解，而在爬楼梯问题中，到达第 i 阶楼梯的方法数取决于到达第 $i-1$ 阶楼梯和第 $i-2$ 阶楼梯的方法数。重叠子问题指的是在问题求解过程中存在大量的重复计算，而在爬楼梯问题中，计算到达第 i 阶楼梯的方法数时，需要用到到达第 $i-1$ 阶和第 $i-2$ 阶楼梯的方法数，这些子问题的解已经在之前的计算中得到了。因此，通过使用动态规划，并存储中间结果，可以避免重复计算，提高效率，有效解决爬楼梯问题。

首先，定义一个状态数组 dp，其中 dp[i] 表示到达第 i 阶楼梯的不同爬楼梯方法总数。

根据题目的边界条件，当 n 小于或等于 1 时，只有一种方法可以到达楼顶，因此，dp[0] = 1、dp[1] = 1。接下来，使用动态规划算法求解 dp 数组。从第二阶楼梯开始，每次爬楼梯可以选择爬 1 个台阶或者 2 个台阶。所以，到达第 i 阶楼梯的方法数可以通过以下两种方式得到。

- 如果选择爬 1 个台阶，则前一步必须在第 $i-1$ 阶楼梯上，所以爬到第 i 阶楼梯的方法数为 dp[$i-1$]。
- 如果选择爬 2 个台阶，则前一步必须在第 $i-2$ 阶楼梯上，所以爬到第 i 阶楼梯的方法数为 dp[$i-2$]。

因此，状态转移方程为 dp[i] = dp[$i-1$] + dp[$i-2$]。最终，当遍历完所有楼梯后，dp[n] 即为到达楼顶的不同方法总数。

具体实现代码如下。

```
class solution{
    public class Solution {
        public int climbStairs(int n) {
            // 当楼梯阶数小于或等于1时，直接返回n，因为n阶楼梯有n种方法（实际上对于n=0和
               n=1都是1种方法）
            if (n <= 1) {
                return n;
            }
            // 初始化dp数组，dp[i] 表示到达第 i 阶楼梯的不同爬楼梯方法总数
            int[] dp = new int[n + 1];

            // 根据题目描述，到达第一阶楼梯有1种方法，到达第二阶楼梯有2种方法
            dp[0] = 1;
            dp[1] = 1;

            // 从第二阶楼梯开始计算到达每阶楼梯的方法数
            for (int i = 2; i <= n; i++) {
                // 状态转移方程：dp[i] = dp[i-1] + dp[i-2]
```

```
            // 即到达第 i 阶楼梯的方法数等于到达第 i-1 阶楼梯的方法数加上到达第 i-2 阶楼梯
               的方法数
            dp[i] = dp[i - 1] + dp[i - 2];
        }

        // 返回到达第 n 阶楼梯的不同方法总数
        return dp[n];
    }
}
```

在状态数组 dp 的计算中，需要循环 n 次，每次循环的时间复杂度为 $O(1)$，因此，总体时间复杂度为 $O(n)$。因为需要使用一个长度为 $n+1$ 的状态数组 dp 来存储到达每阶楼梯的不同方法数，所以，空间复杂度为 $O(n)$。除了状态数组 dp，还需要使用常数个变量进行计算，所以常数空间复杂度为 $O(1)$。因此，总体空间复杂度为 $O(n)$。

2.6.2 不同路径

题目来源：力扣（LeetCode）

链接：https://leetcode.cn/problems/unique-paths/

一个机器人位于一个 $m \times n$ 网格的左上角（起始点在下图中标记为"Start"）。机器人每次只能向下或者向右移动一步。机器人试图达到图 2-8 所示网格的右下角（在图中标记为 Finish）。问：共有多少条不同的路径？

图 2-8　不同路径图示

示例 1：

输入：m = 3, n = 7
输出：28

示例 2：

输入：m = 3, n = 2

输出：3

解释：从左上角开始，共有 3 条路径可以到达右下角。

- 向右 -> 向下 -> 向下
- 向下 -> 向下 -> 向右
- 向下 -> 向右 -> 向下

示例 3：

输入：m = 7, n = 3
输出：28

示例 4：

输入：m = 3, n = 3
输出：6

提示：

- 1 <= m, n <= 100。
- 题目数据保证答案小于等于 2×10^9。

本题符合动态规划的两个特点，因此，可以采用动态规划的方式来解决。在这个问题中，到达某一位置的路径总数，可以根据到达该位置上方和左侧位置的路径总数之和计算得出，说明该问题的最优解可以通过子问题的最优解推导得出。重叠子问题是指在计算过程中会遇到重复计算子问题的情况。例如，到达第 i 行第 j 列位置的路径总数需要用到第 $i-1$ 行第 j 列和第 i 行第 $j-1$ 列位置的路径总数，这两个子问题都需要在计算过程中求解。

在解答过程中，可以定义一个状态数组 dp，其中 dp[i][j] 表示从起始点到达网格中第 i 行第 j 列位置的路径总数。根据题目要求，机器人只能向下或向右移动，因此，到达当前位置的路径总数等于到达上方位置和左侧位置路径总数的和，即 dp[i][j] = dp[$i-1$][j] + dp[i][$j-1$]。接下来，初始化状态数组 dp。由于机器人只能向下或向右移动，所以，在第一行和第一列的位置，到达的路径总数都只有一条，因此，可以将 dp 数组的第一行和第一列全部初始化为 1；然后，使用动态规划算法求解状态数组 dp。从第二行第二列开始，遍历每个位置，根据状态转移方程 dp[i][j] = dp[$i-1$][j] + dp[i][$j-1$]，更新 dp 数组中的值。最后，返回 dp 数组的最后一个元素 dp[$m-1$][$n-1$]，即从起始点到达终点的路径总数。

具体实现代码如下。

```
class Solution {
    public int uniquePaths(int m, int n) {
```

```
// 定义状态数组
int[][] dp = new int[m][n];

// 初始化状态数组
for (int i = 0; i < m; i++) {
    dp[i][0] = 1;
}
for (int j = 0; j < n; j++) {
    dp[0][j] = 1;
}

// 使用动态规划算法求解状态数组
for (int i = 1; i < m; i++) {
    for (int j = 1; j < n; j++) {
        dp[i][j] = dp[i-1][j] + dp[i][j-1];
    }
}

// 返回结果
return dp[m-1][n-1];
    }
}
```

上面代码中需要遍历整个网格，对每个位置都需要进行一次状态转移操作，因此，总共需要进行 $m \times n$ 次状态转移，所以，时间复杂度为 $O(m \times n)$。在空间复杂度方面，使用了一个二维数组 dp 来记录到达每个位置的路径总数。这个数组的大小与网格的大小相同，为 $m \times n$，因此，空间复杂度也为 $O(m \times n)$。

2.6.3 编辑距离

题目来源：力扣（LeetCode）

链接：https://leetcode.cn/problems/edit-distance/

给定两个单词 word1 和 word2，我们要将 word1 转换成 word2。我们可以进行插入、删除或替换任意一个字符，每个操作的代价为 1。求将 word1 转换成 word2 所需的最少操作数。

示例 1：

输入：word1 = "horse", word2 = "ros"
输出：3

解释：

horse -> rorse（将 'h' 替换为 'r'）

rorse -> rose (删除 'r')
rose -> ros (删除 'e')

示例 2：

输入: word1 = "intention", word2 = "execution"
输出: 5

解释：

intention -> inention (删除 't')。
inention -> enention (将 'i' 替换为 'e')。
enention -> exention (将 'n' 替换为 'x')。
exention -> exection (将 'n' 替换为 'c')。
exection -> execution (插入 'u')。

提示：

- 0 <= word1.length, word2.length <= 500。
- word1 和 word2 由小写英文字母组成。

这道题目是经典的字符串编辑距离问题，可以使用动态规划算法来解决。具体而言，可以定义一个状态矩阵 dp，其中 dp[i][j] 表示将 word1 中前 i 个字符转换成 word2 中前 j 个字符所需的最少操作数。在状态转移时，可以考虑当前字符是否相同，如果相同，则不需要进行任何操作，直接继承之前的状态；如果不同，则可以进行替换、插入和删除操作，取三者的最小值，再加 1，更新状态。最后，返回状态矩阵 dp[m][n] 即可得到最终结果，其中，m 和 n 分别是 word1 和 word2 的长度。

具体实现时，需要先对状态矩阵 dp 进行初始化，当 $i=0$ 或 $j=0$ 时，需要进行 i 或 j 次操作，即 dp[i][0]=i、dp[0][j]=j。然后，可以使用两个嵌套的 for 循环遍历所有可能的状态，通过计算 dp[i][j] 的值，不断更新状态矩阵 dp。最终，返回 dp[m][n] 即可得到最少操作数。

具体实现代码如下。

```java
public int minDistance(String word1, String word2) {
    int m = word1.length();
    int n = word2.length();
    // 定义状态矩阵 dp，其中 dp[i][j] 表示将 word1 中前 i 个字符转换成 word2 中前 j 个字符所需的
       最少操作数
    int[][] dp = new int[m+1][n+1];
    // 初始化状态矩阵 dp，当 i=0 或 j=0 时，需要进行 i 或 j 次操作，即 dp[i][0]=i、dp[0][j]=j
    for (int i = 0; i <= m; i++) {
        dp[i][0] = i;
    }
    for (int j = 0; j <= n; j++) {
```

```
            dp[0][j] = j;
        }
        // 使用动态规划算法求解状态矩阵 dp
        for (int i = 1; i <= m; i++) {
            for (int j = 1; j <= n; j++) {
                if (word1.charAt(i-1) == word2.charAt(j-1)) { // 如果 word1 的第 i 个字符
                        和 word2 的第 j 个字符相同,则不需要进行任何操作
                    dp[i][j] = dp[i-1][j-1];
                } else { // 否则,可以进行替换、插入和删除操作,取三者的最小值再加 1,更新 dp[i][j]
                    dp[i][j] = Math.min(Math.min(dp[i-1][j], dp[i][j-1]), dp[i-1][j-
                        1]) + 1;
                }
            }
        }
        return dp[m][n]; // 返回最终结果 dp[m][n]
}
```

在状态矩阵 dp 的计算中,需要嵌套循环 $m \times n$ 次,每次循环的时间复杂度为 $O(1)$,因此,总体时间复杂度为 $O(m \times n)$。因为需要使用一个大小为 $(m+1) \times (n+1)$ 的状态矩阵 dp 来存储将 word1 中前 i 个字符转换成 word2 中前 j 个字符所需的最少操作数,所以,空间复杂度为 $O(m \times n)$。除了状态矩阵 dp,还需要使用常数个变量进行计算,所以常数空间复杂度为 $O(1)$。因此,总体空间复杂度为 $O(m \times n)$。

2.6.4 接雨水

题目来源:力扣(LeetCode)

链接:https://leetcode.cn/problems/trapping-rain-water/

给定 n 个非负整数表示每个宽度为 1 的柱子的高度图,计算按此排列的柱子下雨之后能接多少雨水,如图 2-9 所示。

图 2-9 接雨水图示

示例 1:

输入: height = [0,1,0,2,1,0,1,3,2,1,2,1]

输出：6

解释：上面是由数组 [0, 1, 0, 2, 1, 0, 1, 3, 2, 1, 2, 1] 表示的高度图，在这种情况下，可以接 6 个单位的雨水（浅灰色部分表示雨水）。

示例 2：

输入：height = [4,2,0,3,2,5]
输出：9

提示：

- n == height.length。
- $1 <= n <= 2 \times 10^4$。
- $0 <= height[i] <= 10^5$。

对于这个问题，需要计算每列能接到的雨水量。每列能接到的雨水量取决于该列左侧最高柱子的高度和右侧最高柱子的高度，以及该列自身的高度。因此，可以考虑将问题拆分为多个子问题，即对于每列 i，需要找到它的左侧最高柱子和右侧最高柱子，然后计算该列能接到的雨水量。

具体而言，可以定义一个数组 dp，其中 dp[i] 表示第 i 列能接到的雨水量。对于每列 i，可以通过求解它的左侧最高柱子 leftMax 和右侧最高柱子 rightMax，以及该列自身的高度 height[i] 来计算它能接到的雨水量。然后将计算得到的雨水量累加到 dp[i] 中，即可得到该列能接到的总雨水量。

由于每列能接到的雨水量只取决于该列的左侧最高柱子和右侧最高柱子，因此，可以使用动态规划来避免重复计算。具体实现时，可以先从左往右遍历数组，计算每列的左侧最高柱子的高度，并存储在 dp 数组中。然后从右往左遍历数组，计算每列的右侧最高柱子的高度，并将计算得到的雨水量累加到 dp 数组中。最后遍历一次 dp 数组，累加每列能接到的雨水量，即可得到总的雨水量。

具体实现代码如下。

```
class Solution {
public int trap(int[] height) {
// 数组长度
int n = height.length;
// 定义左侧最高柱子的数组
int[] leftMax = new int[n];
// 定义右侧最高柱子的数组
int[] rightMax = new int[n];
```

```
    // 定义结果变量
    int ans = 0;

        // 计算每列的左侧最高柱子的高度
        leftMax[0] = height[0];
        for (int i = 1; i < n; i++) {
            leftMax[i] = Math.max(leftMax[i-1], height[i]);
        }

        // 计算每列的右侧最高柱子的高度
        rightMax[n-1] = height[n-1];
        for (int i = n - 2; i >= 0; i--) {
            rightMax[i] = Math.max(rightMax[i+1], height[i]);
        }

        // 计算每列能接到的雨水量，并累加到结果变量 ans 中
        for (int i = 0; i < n; i++) {
            ans += Math.min(leftMax[i], rightMax[i]) - height[i];
        }

        // 返回结果变量 ans
        return ans;
    }
}
```

在上述代码中，计算 leftMax、rightMax 数组和每个位置上能接的雨水高度时，需要遍历整个 height 数组一遍，时间复杂度均为 $O(n)$，因此总体时间复杂度为 $O(n)$。因为需要使用两个大小为 n 的辅助数组 leftMaxArr 和 rightMaxArr 分别存储每个位置左侧和右侧的最大值，因此，空间复杂度为 $O(n)$。除了辅助数组，还需要使用常数个变量进行计算，所以常数空间复杂度为 $O(1)$，总体空间复杂度为 $O(n)$。

2.6.5 思维延展

在动态规划算法中，有几种常见的优化策略可以帮助提高算法的效率和性能。

- ❑ 对状态转移方程进行优化。通过对状态转移方程进行简化或优化，可以减少计算量并提高算法的执行速度。这可以通过数学技巧、观察问题特性和找到更优的状态转移方式来实现。优化后的状态转移方程可以减少重复计算和不必要的子问题求解，从而提高算法的效率。
- ❑ 利用子问题的重叠性质进行优化。动态规划算法通常会遇到许多重复的子问题，这些子问题可以被缓存或存储起来，以避免重复计算。这种优化技术被称为记忆化搜索，通过使用缓存来存储已经计算过的子问题的结果，可以大大减少重复计算，提

高算法的效率。记忆化搜索可以结合递归或迭代的方式实现，确保每个子问题只计算一次，并在需要时直接返回结果。
- 空间优化也是动态规划算法的常见优化策略。有时，动态规划算法的状态转移只依赖于前面的几个状态，而不需要存储全部状态的结果。在这种情况下，可以使用滚动数组等技术来减少内存消耗。通过只保留必要的状态信息，可以节省空间并提高算法的执行效率。
- 状态压缩是一种特殊的优化技术，适用于具有大规模状态空间的问题。当状态空间非常庞大时，可以通过压缩状态的表示方式来减少存储和计算的开销。这种技术常见于位运算和状态压缩问题，可以极大地减小状态空间的规模，从而提高算法的执行效率。

动态规划算法在大数据领域有广泛应用。

- **高维数据分析**：大数据往往具有高维特征，典型代表如图像、视频、传感器数据等。动态规划算法可以在高维数据分析中发挥重要作用。例如，在图像处理和计算机视觉中，动态规划算法可以应用于图像配准、目标跟踪和图像分割等任务。通过动态规划，可以在高维数据中寻找最佳的匹配或分割方案，提高图像处理和分析的准确性和效率。
- **时间序列分析与预测**：在大数据分析和预测中，动态规划算法可以用于时间序列分析和预测模型构建。通过动态规划，可以识别时间序列中的趋势、季节性和周期性，预测未来的数值或趋势，并支持决策制定和规划。

Chapter 3 第 3 章

大数据量计算

在大数据量计算中,算法的选择和使用是至关重要的,大数据量的算法主要包括如下 3 种。

- **分布式算法**。由于大数据通常存储在分布式环境中,因此,需要设计和选择适用于分布式计算的算法。分布式算法能够将计算任务划分为多个子任务,并在集群中的多个节点上并行执行,以充分利用计算资源,加速计算过程。例如,MapReduce、Spark 等框架提供了分布式计算模型和相应的算法。
- **数据并行算法**。大数据计算中常使用数据并行算法,将数据集划分为多个分区,并在不同计算节点上并行处理各个分区。数据并行算法通常适用于能够独立处理分区数据的任务,如批处理任务、数据过滤和转换等。这样可以提高计算效率并减少数据传输开销。
- **近似算法**。由于大数据量的计算任务可能非常复杂和耗时,使用传统的精确算法可能不切实际,所以,近似算法被广泛应用于大数据计算中。近似算法通过牺牲一定的精确性来换取计算效率和可伸缩性。例如,Bloom Filter、HyperLogLog、随机采样等算法可以用于大规模数据的去重、基数估计、近似查询等场景。

3.1 Top k 问题

在大数据处理和算法设计领域,Top k 问题是一个经典且实用的问题。Top k 问题指的是在非常庞大的数据集(通常远大于内存大小,即所谓的大数据)中找出具有最大(或最小)值的前 k 个元素。这个问题之所以重要,是因为在很多实际应用中都需要快速有效地从大量数据中提取出最重要或最相关的信息。

3.1.1 前 k 个高频单词

题目来源：力扣（LeetCode）

链接：https://leetcode.cn/problems/top-k-frequent-words/

给定一个单词列表 words 和一个整数 k，返回前 k 个出现次数最多的单词。

返回的答案应该按单词出现频率由高到低排序。如果不同的单词出现频率相同，则按字典顺序排序。

示例 1：

输入：words = ["i", "love", "leetcode", "i", "love", "coding"], k = 2
输出：["i", "love"]

解析："i" 和 "love" 为出现次数最多的单词，均为 2 次。注意，按字母顺序，"i" 在 "love" 之前。

示例 2：

输入：["the", "day", "is", "sunny", "the", "the", "the", "sunny", "is", "is"], k = 4
输出：["the", "is", "sunny", "day"]

解析："the" "is" "sunny" 和 "day" 是出现次数最多的单词，出现次数依次为 4 次、3 次、2 次和 1 次。

提示：

- 1 <= words.length <= 500。
- 1 <= words[i] <= 10。
- words[i] 由小写英文字母组成。
- k 的取值范围是 [1, 不同 words[i] 的数量]。

进阶：尝试以时间复杂度 $O(n \log k)$ 和空间复杂度 $O(n)$ 来解决。

方法 1：哈希表 + 排序

可以预处理出每个单词出现的频率，然后依据每个单词出现的频率按降序排列，最后

返回前 k 个字符串即可。

利用哈希表记录每个字符串出现的频率，然后将哈希表中所有字符串进行排序。排序时，如果两个字符串出现的频率相同，那么让两字符串中字典序靠前的排在前面，否则让出现频率较高的字符串排在前面。最后只需要保留序列中的前 k 个字符串即可。

```java
class Solution {
    public List<String> topKFrequent(String[] words, int k) {
        // 创建一个 HashMap 来统计单词出现的频率
        Map<String, Integer> cnt = new HashMap<String, Integer>();
        for (String word : words) {
            // 如果单词已经存在于 HashMap 中，则将其频率加 1；否则将其频率设置为 1
            cnt.put(word, cnt.getOrDefault(word, 0) + 1);
        }
        // 创建一个 ArrayList 来存储单词
        List<String> rec = new ArrayList<String>();
        for (Map.Entry<String, Integer> entry : cnt.entrySet()) {
            // 将 HashMap 中的单词添加到 ArrayList 中
            rec.add(entry.getKey());
        }
        // 根据单词的频率和字典序对 ArrayList 进行排序
        Collections.sort(rec, new Comparator<String>() {
            public int compare(String word1, String word2) {
                // 如果两个单词的频率相同，则按照字典序进行排序，否则，按照频率降序排序
                return Objects.equals(entry1.getValue(), entry2.getValue()) ?
                    word1.compareTo(word2) : cnt.get(word2) - cnt.get(word1);
            }
        });
        // 返回前 k 个出现频率最高的单词
        return rec.subList(0, k);
    }
}
```

时间复杂度：$O(l \times n + l \times m \log m)$，其中，$n$ 表示给定字符串序列的长度，l 表示字符串的平均长度，m 表示实际字符串种类数。需要 $l \times n$ 的时间将字符串插入哈希表中，以及 $l \times m \log m$ 的时间完成字符串比较（最坏情况下所有字符串出现的频率都相同，需要将它们两两比较）。

空间复杂度：$O(l \times m)$，其中，l 表示字符串的平均长度，m 表示实际字符串种类数。哈希表和生成的排序数组空间占用均为 $O(l \times m)$。

方法 2：优先队列

对于前 k 大或前 k 小这类问题，有一个通用的解法：优先队列。优先队列可以在 $O(\log n)$

的时间内完成插入或删除元素的操作（其中，n 为优先队列的大小），并可以用 $O(1)$ 查询优先队列顶端元素。

在本题中，可以创建一个小根优先队列（顾名思义，就是顶端元素是最小元素的优先队列）。将每个字符串插入优先队列中，如果优先队列的大小超过了 k，那么就将优先队列顶端元素弹出。这样最终优先队列中剩下的 k 个元素就是前 k 个出现次数最多的单词。

```java
class Solution {
    public List<String> topKFrequent(String[] words, int k) {
        // 创建一个HashMap来统计单词出现的频率
        Map<String, Integer> cnt = new HashMap<String, Integer>();
        for (String word : words) {
            // 如果单词已经存在于HashMap中，则将其频率加1；否则将其频率设置为1
            cnt.put(word, cnt.getOrDefault(word, 0) + 1);
        }
        // 创建一个优先队列来存储HashMap中的键值对，按照频率和字典序进行排序
        PriorityQueue<Map.Entry<String, Integer>> pq = new PriorityQueue<Map.
            Entry<String, Integer>>(new Comparator<Map.Entry<String, Integer>>()
            {
                public int compare(Map.Entry<String, Integer> entry1, Map.
                    Entry<String, Integer> entry2) {
                    // 如果两个键值对的频率相同，则按照字典序进行排序，否则，按照频率升序排序
                    return Objects.equals(entry1.getValue(), entry2.getValue()) ?
                        entry2.getKey().compareTo(entry1.getKey()) : entry1.
                            getValue() - entry2.getValue();
                }
        });
        // 将HashMap中的键值对添加到优先队列中
        for (Map.Entry<String, Integer> entry : cnt.entrySet()) {
            pq.offer(entry);
            // 如果优先队列的大小超过了k，则移除频率最小的键值对
            if (pq.size() > k) {
                pq.poll();
            }
        }
        // 创建一个ArrayList来存储最终结果
        List<String> ret = new ArrayList<String>();
        // 将优先队列中的键值对按照频率从大到小的顺序添加到ArrayList中
        while (!pq.isEmpty()) {
            ret.add(pq.poll().getKey());
        }
        // 将ArrayList中的元素顺序反转，使其按照频率从小到大的顺序排列
        Collections.reverse(ret);
        // 返回前k个出现频率最高的单词
        return ret;
    }
}
```

时间复杂度：$O(l \times n + m \log k)$，其中，n 表示给定字符串序列的长度，m 表示实际字符串种类数，l 表示字符串的平均长度。需要 $l \times n$ 的时间将字符串插入哈希表中，每次插入元素到优先队列中都需要 $\log k$ 的时间，共需要插入 m 次。

空间复杂度：$O(l \times (m+k))$，其中，l 表示字符串的平均长度，m 表示实际字符串种类数。哈希表空间占用为 $O(l \times m)$，优先队列空间占用为 $O(l \times k)$。

3.1.2　数组中的第 k 个最大元素

题目来源：力扣（LeetCode）

链接：https://leetcode.cn/problems/kth-largest-element-in-an-array/

给定整数数组 nums 和整数 k，请返回数组中第 k 个最大的元素。注意，需要找的是数组排序后的第 k 个最大的元素，而不是第 k 个不同的元素。

示例 1：

输入：[3,2,1,5,6,4], k = 2
输出：5

示例 2：

输入：[3,2,3,1,2,4,5,5,6], k = 4
输出：4

提示：

- $1 <= k <= $ nums.length $<= 10^5$。
- $-10^4 <= $ nums[i] $<= 10^4$。

可以使用堆排序来解决这个问题——建立一个大根堆，进行 $k-1$ 次删除操作后堆顶元素就是我们要找的答案。在很多语言中，都有优先队列或者堆的容器可以直接使用，但是在面试中，面试官更倾向于让面试者实现一个堆，因此，建议读者掌握大根堆的实现方法。在这道题中尤其要搞懂建堆、调整和删除的过程。

```
class Solution {
    // 找到第 k 大的数
    public int findKthLargest(int[] nums, int k) {
        // 堆的大小为数组的长度
        int heapSize = nums.length;
        // 构建最大堆
        buildMaxHeap(nums, heapSize);
```

```java
        // 从堆顶开始，依次将最大元素放到数组末尾，然后重新调整堆
        for (int i = nums.length - 1; i >= nums.length - k + 1; --i) {
            // 将堆顶元素与当前元素交换
            swap(nums, 0, i);
            // 堆的大小减1
            --heapSize;
            // 调整堆
            maxHeapify(nums, 0, heapSize);
        }
        // 返回堆顶元素，即第k大的数
        return nums[0];
    }

    // 构建最大堆
    public void buildMaxHeap(int[] a, int heapSize) {
        // 从最后一个非叶子节点开始，依次进行最大堆调整
        for (int i = heapSize / 2; i >= 0; --i) {
            maxHeapify(a, i, heapSize);
        }
    }

    // 最大堆调整
    public void maxHeapify(int[] a, int i, int heapSize) {
        // 左子节点和右子节点的索引
        int l = i * 2 + 1, r = i * 2 + 2;
        // 当前节点与左右子节点中的最大值的索引
        int largest = i;
        // 如果左子节点存在且大于当前节点，则更新最大值索引
        if (l < heapSize && a[l] > a[largest]) {
            largest = l;
        }
        // 如果右子节点存在且大于当前节点，则更新最大值索引
        if (r < heapSize && a[r] > a[largest]) {
            largest = r;
        }
        // 如果最大值索引不等于当前节点，则交换两个节点的值，并递归调整交换后的子树
        if (largest != i) {
            swap(a, i, largest);
            maxHeapify(a, largest, heapSize);
        }
    }

    // 交换数组中两个元素的值
    public void swap(int[] a, int i, int j) {
        int temp = a[i];
        a[i] = a[j];
        a[j] = temp;
    }
}
```

时间复杂度：$O(n \log n)$，建堆的时间代价是 $O(n)$，删除的总代价是 $O(k \log n)$，因为 $k < n$，故渐进时间复杂度为 $O(n + k \log n) = O(n \log n)$。

空间复杂度：$O(\log n)$，即递归使用栈空间的空间代价。

3.1.3　思维延展——限制内存 Top N

有一个 1TB 大小的文件，一行一个词，每个词的大小不超过 16B，内存是 256MB，要求返回频数最高的 100 个词（Top100）。

对于给定的情况，由于内存限制为 256MB，无法一次性将整个 1TB 文件加载到内存中进行处理，所以，可以采用分治策略，把一个大文件分解成多个小文件，保证每个文件小于或等于 256MB，进而直接将单个小文件读取到内存中进行处理。

首先，需要将 1TB 文件分割成 n 个小于或等于内存大小的文件，如 n 取 6666。对遍历到的每个词 x，执行 hash(x)%6666，将结果为 i 的词存放到文件 ai 中。遍历结束后，可以得到 6666 个小文件。每个小文件的大小为 158MB 左右。如果有的小文件仍然超过 256MB，则采用同样的方式继续进行分解。

接着，统计每个小文件中出现频数最高的 100 个词。最简单的方式是使用 HashMap 来实现。其中，key 为词，value 为该词出现的频率，具体方法如下：对于遍历到的词 x，如果在 map 中不存在，则执行 map.put(x, 1)；若存在，则执行 map.put(x, map.get(x) + 1)，将该词频数加 1。

上文统计了每个小文件单词出现的频数。接下来，可以通过维护一个小顶堆来找出所有词中出现频数最高的 100 个，具体方法如下：依次遍历每个小文件，构建一个小顶堆，堆大小为 100。如果遍历到的词的出现次数大于堆顶词的出现次数，则用新词替换堆顶的词，然后重新调整为小顶堆，遍历结束后，小顶堆上的词就是出现频数最高的 100 个词。

用分治法进行哈希取余，然后使用 HashMap 统计频数，如果求解最大的 Top N 个，则用小顶堆；如果求解最小的 Top N 个，则用大顶堆。

3.2　中位数

在大数据环境中，计算中位数是一个具有挑战性的问题，因为数据集通常非常庞大，无法一次性全部加载到内存中进行排序。中位数是将一组数值从小到大排列后位于中间位置的数，对于偶数个元素的数据集，则取中间两个数的平均值作为中位数。

处理大数据中的中位数问题时，需要设计出能够在有限内存条件下高效工作的算法。

3.2.1 寻找两个正序数组的中位数

题目来源：力扣（LeetCode）

链接：https://leetcode.cn/problems/median-of-two-sorted-arrays/

给定两个大小分别为 m 和 n 的正序（从小到大）数组 nums1 和 nums2。请找出并返回这两个正序数组的中位数。

算法的时间复杂度应该为 $O(\log(m+n))$。

示例 1：

输入：nums1 = [1,3], nums2 = [2]
输出：2.00000

解释：合并数组 = [1, 2, 3]，中位数为 2。

示例 2：

输入：nums1 = [1,2], nums2 = [3,4]
输出：2.50000

解释：合并数组 = [1, 2, 3, 4]，中位数为 $(2+3)/2 = 2.5$。

提示：

- nums1.length == m。
- nums2.length == n。
- 0 <= m <= 1000。
- 0 <= n <= 1000。
- 1 <= $m + n$ <= 2000。
- -10^6 <= nums1[i], nums2[i] <= 10^6。

假设给定的两个有序数组分别为 nums1 和 nums2，长度分别为 m 和 n。为了找到中位数，需要将两个数组合并成一个有序数组，然后根据数组的长度确定中位数的位置。

步骤 1　需要确定中位数的位置。对于两个数组总长度为 $m+n$ 的情况：

- 如果总长度为奇数，则中位数的位置为 $(m+n)/2+1$。

❑ 如果总长度为偶数，则中位数的位置为 $(m+n)/2$ 和 $(m+n)/2+1$。

步骤 2 需要在两个有序数组中查找第 k 个元素。为了简化问题，可以转换为查找两个有序数组中第 $k/2$ 个元素的问题。

步骤 3 假设 nums1 的长度为 m，nums2 的长度为 n。比较两个数组中的第 $k/2$ 个元素，即 nums1$[k/2-1]$ 和 nums2$[k/2-1]$。其中，$k/2-1$ 表示索引，从 0 开始计数。

步骤 4 如果 nums1$[k/2-1]$ 小于 nums2$[k/2-1]$，则说明 nums1$[0]$ 到 nums1$[k/2-1]$ 的元素都不可能是第 k 个元素。因此，可以将 nums1 中的前 $k/2$ 个元素剔除，继续在剩余部分中查找第 $k-k/2$ 个元素。

步骤 5 如果 nums1$[k/2-1]$ 大于或等于 nums2$[k/2-1]$，则说明 nums2$[0]$ 到 nums2$[k/2-1]$ 的元素都不可能是第 k 个元素。因此，可以将 nums2 中的前 $k/2$ 个元素剔除，继续在剩余部分中查找第 $k-k/2$ 个元素。

步骤 6 通过不断缩小问题规模，可以递归地在两个有序数组的子数组中查找第 k 个元素，直到 k 减小到 1 或其中一个数组为空。在这种情况下，可以直接返回另一个数组中的第 k 个元素。

步骤 7 当 k 减小到 1 时，只需要比较两个数组中的第一个元素，返回较小的那个作为第 k 个元素。

步骤 8 重复执行**步骤 3~7**，直到找到第 k 个元素。

步骤 9 如果要找的是中位数，则根据总长度的奇偶性，分别计算中位数的位置并返回。

具体实现代码如下。

```
class Solution {
    public double findMedianSortedArrays(int[] nums1, int[] nums2) {
        // 获取 nums1 和 nums2 的长度
        int length1 = nums1.length, length2 = nums2.length;
        // 计算总长度
        int totalLength = length1 + length2;
        // 判断总长度的奇偶性
        if (totalLength % 2 == 1) {
            // 奇数长度，直接找到中间的元素
            int midIndex = totalLength / 2;
            // 调用辅助方法获取第 k 个元素（这里是中间元素）
            double median = getKthElement(nums1, nums2, midIndex + 1);
            return median;
        } else {
            // 偶数长度，找到中间的两个元素，然后计算平均值
            int midIndex1 = totalLength / 2 - 1, midIndex2 = totalLength / 2;
            // 调用辅助方法获取第 k 个和第 k+1 个元素，然后计算平均值
            double median = (getKthElement(nums1, nums2, midIndex1 + 1) +
```

```java
                getKthElement(nums1, nums2, midIndex2 + 1)) / 2.0;
            return median;
        }
    }

    public int getKthElement(int[] nums1, int[] nums2, int k) {
        // 获取 nums1 和 nums2 的长度
        int length1 = nums1.length, length2 = nums2.length;
        // 初始化索引和第 k 个元素
        int index1 = 0, index2 = 0;
        int kthElement = 0;

        while (true) {
            // 边界情况：nums1 已经遍历完，返回 nums2 中第 k 个元素
            if (index1 == length1) {
                return nums2[index2 + k - 1];
            }
            // 边界情况：nums2 已经遍历完，返回 nums1 中第 k 个元素
            if (index2 == length2) {
                return nums1[index1 + k - 1];
            }
            // 边界情况：k 为 1，返回 nums1 和 nums2 中起始位置的较小值
            if (k == 1) {
                return Math.min(nums1[index1], nums2[index2]);
            }

            // 正常情况
            // 将 k 分成两半
            int half = k / 2;
            // 计算新的索引位置
            int newIndex1 = Math.min(index1 + half, length1) - 1;
            int newIndex2 = Math.min(index2 + half, length2) - 1;
            // 获取两个数组中的枢纽元素
            int pivot1 = nums1[newIndex1], pivot2 = nums2[newIndex2];
            // 根据枢纽元素的大小，调整索引和 k 的值
            if (pivot1 <= pivot2) {
                k -= (newIndex1 - index1 + 1);
                index1 = newIndex1 + 1;
            } else {
                k -= (newIndex2 - index2 + 1);
                index2 = newIndex2 + 1;
            }
        }
    }
}
```

时间复杂度：$O(\log(m+n))$，其中，m 和 n 分别是数组 nums1 和 nums2 的长度。初始时有 $k=(m+n)/2$ 或 $k=(m+n)/2+1$，每轮循环可以将查找范围减少一半，因此，时间复杂

度是 $O(\log(m+n))$。

空间复杂度：$O(1)$。

3.2.2 数据流的中位数

题目来源：力扣（LeetCode）

链接：https://leetcode.cn/problems/find-median-from-data-stream/

中位数是有序整数列表中的中间值。如果列表的大小是偶数，则没有中间值，中位数是两个中间值的平均值。

例如，arr = [2, 3, 4] 的中位数是 3。

例如，arr = [2, 3] 的中位数是 (2 + 3) / 2 = 2.5。

实现 MedianFinder 类：

- MedianFinder() 初始化 MedianFinder 对象。
- void addNum(int num) 将数据流中的整数 num 添加到数据结构中。
- double findMedian() 返回到目前为止所有元素的中位数。与实际答案相差 10^{-5} 以内的答案将被接受。

示例：

输入：
["MedianFinder", "addNum", "addNum", "findMedian", "addNum", "findMedian"]
[[], [1], [2], [], [3], []]
输出：
[null, null, null, 1.5, null, 2.0]

解释：

```
MedianFinder medianFinder = new MedianFinder();
medianFinder.addNum(1);    // arr = [1]
medianFinder.addNum(2);    // arr = [1, 2]
medianFinder.findMedian(); //返回1.5 ((1 + 2) / 2)
medianFinder.addNum(3);    // arr[1, 2, 3]
medianFinder.findMedian(); // return 2.0
```

提示：

- 5<= num <= 10^5。

- 在调 findMedian 之前，数据结构中至少有一个元素。
- 最多 5×10^4 次调用 addNum 和 findMedian。

用两个优先队列 queMax 和 queMin 分别记录大于中位数的数字和小于等于中位数的数字。当累计添加的数字的数量为奇数时，queMin 中的数字的数量比 queMax 多一个，此时中位数为 queMin 的队头数字。当累计添加的数字的数量为偶数时，两个优先队列中的数字的数量相同，此时中位数为它们的队头数字的平均值。

当尝试添加一个数字 num 到数据结构中，需要分情况讨论。

情况 1 如下：

```
num <= max {queMin}
```

此时 num 小于或等于中位数，需要将该数添加到 queMin 中。新的中位数将小于或等于原来的中位数，因此，可能需要将 queMin 中最大的数移动到 queMax 中。

情况 2 如下：

```
num > max {queMin}
```

此时，num 大于中位数，需要将该数字添加到 queMin 中。新的中位数将大于或等于原来的中位数，因此，可能需要将 queMax 中最小的数字移动到 queMin 中。

特别地，当累计添加的数字的数量为 0 时，将 num 添加到 queMin 中，代码如下。

```java
import java.util.TreeMap;

class MedianFinder {
    // 用于存储数字及其出现次数的有序映射
    TreeMap<Integer, Integer> nums;
    // 数字总数
    int n;
    // 左侧数字和出现次数的数组
    int[] left;
    // 右侧数字和出现次数的数组
    int[] right;

    public MedianFinder() {
        // 初始化有序映射、数字总数和左右数组
        nums = new TreeMap<>();
        n = 0;
        left = new int[2];
        right = new int[2];
    }
```

```java
public void addNum(int num) {
    // 将数字加入有序映射，并更新数字出现次数
    nums.put(num, nums.getOrDefault(num, 0) + 1);

    if (n == 0) {
        // 如果是第一个数字，则将左右数组初始化为当前数字
        left[0] = right[0] = num;
        left[1] = right[1] = 1;
    } else if ((n & 1) != 0) {
        // 如果数字总数为奇数
        if (num < left[0]) {
            // 如果当前数字小于左侧数字的最小值，则将左侧数组减小
            decrease(left);
        } else {
            // 否则，将右侧数组增大
            increase(right);
        }
    } else {
        // 如果数字总数为偶数
        if (num > left[0] && num < right[0]) {
            // 如果当前数字在左侧数字和右侧数字之间
            increase(left);   // 增大左侧数组
            decrease(right);  // 减小右侧数组
        } else if (num >= right[0]) {
            // 如果当前数字大于或等于右侧数字的最大值，则增大左侧数组
            increase(left);
        } else {
            // 否则，减小右侧数组，并将右侧数组的值复制给左侧数组
            decrease(right);
            System.arraycopy(right, 0, left, 0, 2);
        }
    }
    n++; // 数字总数加1
}

public double findMedian() {
    // 返回左侧数字和右侧数字的平均值，作为中位数
    return (left[0] + right[0]) / 2.0;
}

private void increase(int[] iterator) {
    // 将迭代器指向的数字的出现次数增加1
    iterator[1]++;
    if (iterator[1] > nums.get(iterator[0])) {
        // 如果出现次数超过数字在有序映射中的次数，则更新迭代器指向下一个数字
        iterator[0] = nums.ceilingKey(iterator[0] + 1);
```

```
            iterator[1] = 1;
        }
    }

    private void decrease(int[] iterator) {
        // 将迭代器指向的数字的出现次数减少 1
        iterator[1]--;
        if (iterator[1] == 0) {
            // 如果出现次数变为 0，则更新迭代器指向上一个数字
            iterator[0] = nums.floorKey(iterator[0] - 1);
            iterator[1] = nums.get(iterator[0]);
        }
    }
}
```

时间复杂度：

- addNum：$O(\log n)$，其中，n 为累计添加的数字的数量。
- findMedian：$O(1)$。

空间复杂度：$O(n)$，主要为有序集合的开销。

3.2.3　思维延展：如何从 5 亿个数中找出中位数

从 5 亿个数中找出中位数。数据排序后，位置在最中间的数就是中位数。当样本数为奇数时，中位数为第 $(N+1)/2$ 个数；当样本数为偶数时，中位数为第 $N/2$ 个数与第 $1+N/2$ 个数的均值。

如果这道题没有内存大小限制，则可以把所有数字读到内存中排序后找出中位数。但是最好的排序算法的时间复杂度都为 $O(n \log n)$，这里使用其他方法。

方法 1：双堆法

可以使用双堆算法来实现，方法如下：

步骤 1　创建一个大顶堆（Max Heap）和一个小顶堆（Min Heap）。
步骤 2　将第一个数字放入大顶堆。
步骤 3　接下来将每个数字与大顶堆的堆顶元素进行比较。

- 如果该数字小于或等于大顶堆的堆顶元素，则将它放入大顶堆。
- 如果该数字大于大顶堆的堆顶元素，则将它放入小顶堆。

步骤 4　检查两个堆的大小关系。

- 如果两个堆的大小相同，说明数据总数为偶数，中位数为两个堆顶元素的平均值。
- 如果大顶堆的大小比小顶堆大 1，说明数据总数为奇数，中位数为大顶堆的堆顶元素。
- 如果小顶堆的大小比大顶堆大 1，说明数据总数为奇数，中位数为小顶堆的堆顶元素。

步骤 5 如果两个堆的大小差距超过 1，则需要进行平衡操作。

- 如果大顶堆的大小大于小顶堆，则将大顶堆的堆顶元素弹出，并将其放入小顶堆。
- 如果小顶堆的大小大于大顶堆，则将小顶堆的堆顶元素弹出，并将其放入大顶堆。

步骤 6 重复**步骤** 3~5，直到遍历完所有的数字。
步骤 7 最后得到的两个堆就是维护后的数据集中所有的数字。

这种方法的时间复杂度为 $O(n \log n)$，其中，n 是数据集的大小。相较于完全排序，这种方法具有更好的时间复杂度，并且能够在遍历过程中实时维护中位数，适用于大规模数据集的中位数查找。

```java
class Solution {
    // 大顶堆，存储较小的一半数字
    private PriorityQueue<Integer> maxHeap;
    // 小顶堆，存储较大的一半数字
    private PriorityQueue<Integer> minHeap;

    public MedianFinder() {
        // 初始化大顶堆，以降序方式存储元素
        maxHeap = new MyQueue<>(Comparator.reverseOrder());
        // 初始化小顶堆，以升序方式存储元素
        minHeap = new PriorityQueue<>(Integer::compareTo);
    }

    public void addNum(int num) {
        if (maxHeap.isEmpty() || maxHeap.peek() > num) {
            // 将较小的数字加入大顶堆
            maxHeap.offer(num);
        } else {
            // 将较大的数字加入小顶堆
            minHeap.offer(num);
        }

        int size1 = maxHeap.size();
        int size2 = minHeap.size();
        if (size1 - size2 > 1) {
            // 如果大顶堆元素数量多于小顶堆，则将大顶堆的根节点移动到小顶堆中
            minHeap.offer(maxHeap.poll());
```

```java
            } else if (size2 - size1 > 1) {
                // 如果小顶堆元素数量多于大顶堆，则将小顶堆的根节点移动到大顶堆中
                maxHeap.offer(minHeap.poll());
            }
        }

        public double findMedian() {
            int size1 = maxHeap.size();
            int size2 = minHeap.size();
            // 如果大顶堆和小顶堆的元素数量相等，则取两个堆的根节点的平均值作为中位数
            // 如果大顶堆的元素数量多于小顶堆，则取大顶堆的根节点作为中位数
            // 如果小顶堆的元素数量多于大顶堆，则取小顶堆的根节点作为中位数
            return size1 == size2 ? (maxHeap.peek() + minHeap.peek()) * 1.0 / 2 : (size1
                > size2 ? maxHeap.peek() : minHeap.peek());
        }
    }
```

上述方法需要把所有数据都加载到内存中。当数据量很大时，就不能这样做了，因此，这种方法适用于数据量较小的情况。5 亿个数，每个数字占用 8B，总共需要 3.7GB 内存。如果可用内存不足 3.7GB，就不能使用这种方法。下面介绍另一种方法。

方法 2：分治法

在这道题中可以有效应用分治法思想。内存按照大小分块排序后写入临时文件，然后合并临时文件获取有序结果，最终找到中位数的位置。具体步骤如下。

步骤 1 从输入文件中读取数据，并根据内存大小的限制将数据分成多个可以处理的小块。

步骤 2 对每个小块内的数据进行排序，并将排序后的数据写入不同的临时文件中。

步骤 3 使用优先队列（最小堆）技术合并所有的临时文件，确保数据在合并过程中保持有序，并将合并的结果写入一个新的输出文件。

步骤 4 计算输出文件中所有数字的中位数。先统计文件中的总行数，然后根据行数是奇数还是偶数来决定如何找到中位数，并输出结果。

```java
import java.io.*;
import java.util.*;

public class Solution {
    // 假设内存可以放入 1000 万个整型数
    private static final int MAX_MEMORY_SIZE = 10000000;
    private static final String INPUT_FILE = "source.txt";
    private static final String OUTPUT_FILE = "sorted_result.txt";

    // 主方法
```

```java
public static void main(String[] args) throws IOException {
    // 创建 Solution 实例
    Solution mediaFinder = new Solution();
    // 调用 findMedian 方法来计算中位数
    mediaFinder.findMedian();
}

// 找到文件中的中位数
public void findMedian() throws IOException {
    // 第一步：分割数据并排序
    splitAndSort();

    // 第二步：合并排序结果
    mergeSortedFiles();

    // 第三步：查找中位数
    double median = findMedianFromSortedFile();

    // 输出中位数
    System.out.println("中位数是：" + median);
}

//分割数据并排序
private void splitAndSort() throws IOException {
    // 创建临时文件列表
    List<String> tempFiles = new ArrayList<>();
    // 创建 BufferedReader 读取输入文件
    try (BufferedReader reader = new BufferedReader(new FileReader(INPUT_FILE))) {
        String line;
        // 创建一个缓存列表
        List<Integer> chunk = new ArrayList<>(MAX_MEMORY_SIZE);
        // 逐行读取输入文件
        while ((line = reader.readLine()) != null) {
            // 将读取的行转换为整数并添加到缓存列表
            chunk.add(Integer.parseInt(line));
            // 如果缓存列表达到最大内存大小
            if (chunk.size() == MAX_MEMORY_SIZE) {
                // 对缓存列表进行排序
                Collections.sort(chunk);
                // 将排序后的缓存列表写入临时文件
                String tempFile = writeChunkToFile(chunk);
                // 将临时文件名添加到列表
                tempFiles.add(tempFile);
                // 清空缓存列表
                chunk.clear();
            }
        }
        // 处理剩余的数据
        if (!chunk.isEmpty()) {
```

```java
            // 对缓存列表进行排序
            Collections.sort(chunk);
            // 将排序后的缓存列表写入临时文件
            String tempFile = writeChunkToFile(chunk);
            // 将临时文件名添加到列表
            tempFiles.add(tempFile);
        }
    }
}

/**
 * 将排序后的数据块写入临时文件
 *
 * @param chunk 排序后的数据块
 * @return 临时文件名
 * @throws IOException 文件读写异常
 */
private String writeChunkToFile(List<Integer> chunk) throws IOException {
    // 生成临时文件名
    String tempFile = "temp_" + UUID.randomUUID().toString() + ".txt";
    // 创建 BufferedWriter 写入临时文件
    try (BufferedWriter writer = new BufferedWriter(new FileWriter(tempFile))) {
        // 遍历排序后的数据块并写入文件
        for (int num : chunk) {
            writer.write(Integer.toString(num));
            writer.newLine();
        }
    }
    // 返回临时文件名
    return tempFile;
}

// 合并多个已排序的临时文件
private void mergeSortedFiles() throws IOException {
    // 创建 BufferedReader 列表
    List<BufferedReader> readers = new ArrayList<>();
    // 创建 BufferedWriter 写入输出文件
    try (BufferedWriter writer = new BufferedWriter(new FileWriter(OUTPUT_
        FILE))) {
        // 创建优先队列
        PriorityQueue<Integer> minHeap = new PriorityQueue<>();
        // 遍历所有临时文件
        for (String tempFile : new File(".").list((dir, name) -> name.
            startsWith("temp_"))) {
            // 创建 BufferedReader 读取临时文件
            readers.add(new BufferedReader(new FileReader(tempFile)));
        }

        // 从每个 BufferedReader 中读取第一行并加入优先队列
```

```java
            for (BufferedReader reader : readers) {
                String line = reader.readLine();
                if (line != null) {
                    minHeap.add(Integer.parseInt(line));
                }
            }

            // 循环处理优先队列直到其为空
            while (!minHeap.isEmpty()) {
                // 从优先队列中取出最小值并写入输出文件
                writer.write(Integer.toString(minHeap.poll()));
                writer.newLine();
                // 从每个 BufferedReader 中读取下一行并加入优先队列
                for (BufferedReader reader : readers) {
                    String line = reader.readLine();
                    if (line != null) {
                        minHeap.add(Integer.parseInt(line));
                    }
                }
            }
        } finally {
            // 关闭所有 BufferedReader
            for (BufferedReader reader : readers) {
                reader.close();
            }
            // 删除所有临时文件
            for (String tempFile : new File(".").list((dir, name) -> name.
                startsWith("temp_"))) {
                new File(tempFile).delete();
            }
        }
    }

    // 从排序后的文件中找到中位数
    private double findMedianFromSortedFile() throws IOException {
        // 计算总行数
        long totalLines = 0;
        try (BufferedReader reader = new BufferedReader(new FileReader(OUTPUT_
            FILE))) {
            while (reader.readLine() != null) {
                totalLines++;
            }
        }

        // 判断是否为偶数行
        boolean isEven = totalLines % 2 == 0;
        // 计算第一个中位数索引
        long medianIndex1 = totalLines / 2;
```

```java
        // 计算第二个中位数索引
        long medianIndex2 = isEven ? medianIndex1 - 1 : medianIndex1;

        // 再次读取文件以找到中位数
        try (BufferedReader reader = new BufferedReader(new FileReader(OUTPUT_
            FILE))) {
            String line;
            int currentIndex = 0;
            int median1 = 0, median2 = 0;
            while ((line = reader.readLine()) != null) {
                if (currentIndex == medianIndex1) {
                    median1 = Integer.parseInt(line);
                }
                if (currentIndex == medianIndex2) {
                    median2 = Integer.parseInt(line);
                }
                currentIndex++;
            }
            // 计算并返回中位数
            return isEven ? (median1 + median2) / 2.0 : median1;
        }
    }
}
```

通过不断划分和缩小规模，最终让问题可以在内存中处理，然后进行排序和计算中位数。这种分治法的思想可以有效减少排序的数据量，提高算法的效率。

3.3 位图算法

在大数据处理领域，位图算法是一种高效的空间节省型数据结构和算法，尤其适用于解决集合操作、统计分析、查重等问题。位图算法利用一个比特位（bit）来表示数据集中的一个元素是否存在或其某种状态是否成立。因为 1 字节由 8 比特组成，而现代计算机存储以字节为基本单位，所以，位图能够极大地压缩存储空间。

3.3.1 只出现一次的数字

题目来源：力扣（LeetCode）

链接：https://leetcode.cn/problems/single-number/description

给定一个非空整数数组 nums，除了某个元素只出现 1 次，其余每个元素均出现 2 次。找出那个只出现了 1 次的元素。

必须设计并实现线性时间复杂度的算法来解决此问题,且该算法只使用常量额外空间。

示例 1:

输入: nums = [2,2,1]
输出: 1

示例 2:

输入: nums = [4,1,2,1,2]
输出: 4

示例 3:

输入: nums = [1]
输出: 1

提示:

- $1 <= $ nums.length $<= 3 \times 10^4$。
- $-3 \times 10^4 <= $ nums[i] $<= 3 \times 10^4$。
- 除了某个元素只出现 1 次,其余每个元素均出现 2 次。

如果不考虑时间复杂度和空间复杂度的限制,这道题有很多种解法,可能的解法有如下几种。

- 使用集合存储数字。遍历数组中的每个数字,如果集合中没有该数字,则将该数字加入集合。如果集合中已经有该数字,则将该数字从集合中删除,最后剩下的数字就是只出现 1 次的数字。
- 使用哈希表存储每个数字和该数字出现的次数。遍历数组即可得到每个数字出现的次数,并更新哈希表,最后遍历哈希表,得到只出现 1 次的数字。
- 使用集合存储数组中出现的所有数字,并计算数组中的元素之和。由于集合保证元素无重复,所以计算集合中的所有元素之和的 2 倍,即为每个元素出现 2 次的情况下的元素之和。由于数组中只有一个元素出现 1 次,其余元素都出现 2 次,所以用集合中的元素之和的 2 倍减去数组中的元素之和,剩下的数就是数组中只出现 1 次的数字。

上述 3 种解法都需要额外使用 $O(n)$ 的空间,其中,n 是数组长度。如何才能做到线性时间复杂度和常数空间复杂度呢?答案是使用位运算。对于这道题,可使用异或运算。异或运算有以下 3 个性质。

性质 1 任何数和 0 做异或运算,结果仍然是原来的数,即 $a \oplus 0$。

性质 2 任何数和其自身做异或运算，结果是 0，即 $a \oplus a = 0$。

性质 3 异或运算满足交换律和结合律，即 $a \oplus b \oplus a = b \oplus a \oplus a = b \oplus (a \oplus a) = b \oplus 0 = b$。

假设数组中有 $2m+1$ 个数，其中有 m 个数各出现 2 次，一个数出现 1 次。令 a_1、a_2、$\cdots$、a_m 为出现 2 次的 m 个数，a_{m+1} 为出现一次的数。根据性质 3，数组中的全部元素的异或运算结果总是可以写成如下形式：

$(a_1 \oplus a_1) \oplus (a_2 \oplus a_2) \oplus \cdots \oplus (a_m \oplus a_m) \oplus a_{m+1}$

根据性质 2 和性质 1，可得到如下结果：

$0 \oplus 0 \oplus \cdots \oplus 0 \oplus a_{m+1} = a_{m+1}$

因此，数组中的全部元素的异或运算结果即为数组中只出现 1 次的数字。

3.3.2 丢失的数字

题目来源：力扣（LeetCode）

链接：https://leetcode.cn/problems/missing-number/

给定一个包含 $[0, n]$ 中 n 个数的数组 nums，找出 $[0, n]$ 这个范围内没有出现在数组中的那个数。

示例 1：

输入：nums = [3,0,1]
输出：2

解释：$n=3$，因为有 3 个数字，所以，所有的数字都在 $[0, 3]$ 内。2 是丢失的数字，因为它没有出现在 nums 中。

示例 2：

输入：nums = [0,1]
输出：2

解释：$n=2$，因为有 2 个数字，所以，所有的数字都在 $[0, 2]$ 内。2 是丢失的数字，因为它没有出现在 nums 中。

示例 3：

输入：nums = [9,6,4,2,3,5,7,0,1]

输出: 8

解释: $n=9$, 因为有 9 个数字, 所以, 所有的数字都在 [0, 9] 内。8 是丢失的数字, 因为它没有出现在 nums 中。

示例 4:

输入: nums = [0]
输出: 1

解释: $n=1$, 因为有 1 个数字, 所以, 所有的数字都在 [0, 1] 内。1 是丢失的数字, 因为它没有出现在 nums 中。

提示:

- n == nums.length。
- $1 <= n <= 10^4$。
- $0 <= nums[i] <= n$。
- nums 中的所有数字都是独一无二的。

方法 1: 哈希集合

使用哈希集合, 可以将时间复杂度降低到 $O(n)$。首先, 遍历数组 nums, 将数组中的每个元素都加入哈希集合; 然后依次检查从 0 到 n 的每个整数是否在哈希集合中, 不在哈希集合中的数字即为丢失的数字。由于哈希集合每次添加元素和查找元素的时间复杂度都是 $O(1)$, 所以总时间复杂度是 $O(n)$。

```java
class Solution {
    public int missingNumber(int[] nums) {
        // 使用哈希集合来存储已经出现的数字
        Set<Integer> set = new HashSet<Integer>();
        
        // 数组的长度
        int n = nums.length;
        
        // 将数组中的数字添加到哈希集合中
        for (int i = 0; i < n; i++) {
            set.add(nums[i]);
        }
        
        // 初始化一个变量来存储丢失的数字
        int missing = -1;
        
        // 遍历从 0 到 n 的所有数字
```

```
            for (int i = 0; i <= n; i++) {
                // 如果哈希集合中不包含当前数字，则说明当前数字是丢失的数字
                if (!set.contains(i)) {
                    missing = i;
                    break;
                }
            }

            // 返回丢失的数字
            return missing;
        }
    }
```

时间复杂度：$O(n)$，其中，n 是数组 nums 的长度。遍历数组 nums，将元素加入哈希集合的时间复杂度是 $O(n)$，遍历从 0 到 n 的每个整数并判断是否在哈希集合中的时间复杂度也是 $O(n)$。

空间复杂度：$O(n)$，其中，n 是数组 nums 的长度。哈希集合中需要存储 n 个整数。

方法 2：位运算

数组 nums 中有 n 个数，在这 n 个数的后面添加从 0 到 n 的每个整数，则添加了 $n+1$ 个整数，共有 $2n+1$ 个整数。

在 $2n+1$ 个整数中，丢失的数字只在后面 $n+1$ 个整数中出现一次，其余的数字在前面 n 个整数中（即数组中）和后面 $n+1$ 个整数中各出现一次，即其余的数字都出现了两次。

根据出现的次数的奇偶性，可以使用按位异或运算得到丢失的数字。按位异或运算满足交换律和结合律，且对任意整数 x 都满足 $x \oplus x = 0$ 和 $x \oplus 0 = x$。

由于上述 $2n+1$ 个整数中，丢失的数字出现了一次，其余的数字都出现了两次，所以对上述 $2n+1$ 个整数进行按位异或运算，结果即为丢失的数字。

```
    class Solution {
        /**
         * 找出缺失的数字。
         *
         * @param nums 包含 n 个不同数字的数组，其中缺失了一个数字。
         * @return 缺失的数字。
         */
        public int missingNumber(int[] nums) {
            // 使用异或运算找出缺失的数字
            // 异或运算的性质：a ^ a = 0, a ^ 0 = a。
            // 所以，将数组中的所有元素和从 0 到 n 的所有数字进行异或运算，最终结果即为缺失的数字
            int xor = 0;
```

```java
        int n = nums.length;

        // 遍历数组，对所有元素进行异或运算
        for (int i = 0; i < n; i++) {
            xor ^= nums[i];
        }

        // 遍历从 0 到 n 的所有数字，对它们进行异或运算
        for (int i = 0; i <= n; i++) {
            xor ^= i;
        }

        // 返回缺失的数字。
        return xor;
    }
}
```

时间复杂度为 $O(n)$，其中 n 是数组 nums 的长度。需要对 $2n+1$ 个数字计算按位异或的结果。

空间复杂度为 $O(1)$，算法只使用了常数级别的额外空间来存储变量和执行循环等操作。

3.3.3 思维延展：统计不同手机号码的个数

已知某个文件内包含一些国内手机号码，每个号码为 11 位数字，统计不同号码的个数。

这道题的本质是求解数据重复的问题。对于这类问题，一般首先考虑位图算法。对于本题，11 位手机号码（第一位为 1）可以表示的号码个数为 10^{10} 个，即 100 亿个。每个号码用 1bit 来表示，则共需要 10^{10} bit，内存占用约 1200MB（若用十进制表示则为 1250000000B）。

申请一个位图数组，长度为 100 亿，初始化为 0。然后遍历所有电话号码，把号码对应的位图中的位置置为 1。遍历完成后，如果某位为 1，则表示这个电话号码在文件中存在，否则不存在。位值为 1 的数量即为不同电话号码的个数。

```java
import java.io.BufferedReader;
import java.io.FileReader;
import java.io.IOException;

public class PhoneNumberCounter {
    public static void main(String[] args) {
        // 申请一个长度为 100 亿的位图数组，每个位图元素占用 1 bit
```

```java
long[] bitmap = new long[1250000000];

try (BufferedReader reader = new BufferedReader(new FileReader("phone_
    numbers.txt"))) {
    String phoneNumber;
    while ((phoneNumber = reader.readLine()) != null) {
        if (phoneNumber.length() == 11 && phoneNumber.charAt(0) == '1') {
            // 获取号码的后 10 位
            String number = phoneNumber.substring(1);
            // 将号码转换为 long 类型
            long num = Long.parseLong(number);
            // 计算号码在位图数组中的索引和偏移量
            int index = (int) (num / 64);
            int offset = (int) (num % 64);
            // 将对应的位图元素的相应位设置为 1
            bitmap[index] |= (1L << offset);
        }
    }
} catch (IOException e) {
    e.printStackTrace();
}

// 统计位图数组中位为 1 的数量
int count = 0;
for (long element : bitmap) {
    count += Long.bitCount(element);
}

System.out.println("不同号码的个数: " + count);
```

Chapter 4 第 4 章
树与存储结构

在大数据领域,无论是数据的读取、写入还是查询,都离不开存储结构的支持。树形结构和索引是最常见的两种存储结构。本章将深入探讨这两种结构的算法应用。

通过学习本章,你将深入了解各种存储结构和算法,为你的大数据分析工作奠定基础。

4.1 有序哈希字典问题

在面试和编程中会遇到有序哈希字典问题。有序哈希字典是哈希字典的一种特殊形式,不仅可以快速查找键值对应关系,还能保持键值对的顺序性。就像在字典中按照字母顺序查找单词一样,有序哈希字典可以帮助我们高效地对数据进行排序和检索。

解决有序哈希字典问题需要熟练掌握哈希表和有序集合等数据结构,并理解它们的内部实现原理和使用方法。在处理有序哈希字典问题时,需要考虑如何维护键值对的插入顺序,如何实现快速的查找和遍历操作,以及如何平衡时间和空间复杂度。

通过深入了解有序哈希字典的特点和应用场景,可以更好地利用它们优化算法和程序设计。在备战面试时,练习有序哈希字典相关问题,可以帮助我们提升解题能力和面试表现。

4.1.1 排序链表与哈希字典

题目来源:力扣(LeetCode)

链接：https://leetcode.cn/problems/all-oone-data-structure/description/

请设计一个用于存储字符串计数的数据结构，并能够返回计数最小和最大的字符串。

实现 AllOne 类：

- AllOne()：初始化数据结构的对象。
- inc(String key)：字符串 key 的计数增加 1。如果数据结构中尚不存在 key，则插入计数为 1 的 key。
- dec(String key)：字符串 key 的计数减少 1。如果 key 的计数在减少后为 0，则需要将这个 key 从数据结构中删除。测试用例保证在减少计数前，key 存在于数据结构中。
- getMaxKey()：返回任意一个计数最大的字符串。如果没有元素存在，则返回一个空字符串 ""。
- getMinKey()：返回任意一个计数最小的字符串。如果没有元素存在，则返回一个空字符串 ""。

注意：每个函数都应当满足 $O(1)$ 平均时间复杂度。

示例：

输入：

```
["AllOne", "inc", "inc", "getMaxKey", "getMinKey", "inc", "getMaxKey", "getMinKey"]
[[], ["hello"], ["hello"], [], [], ["leet"], [], []]
```

输出：

```
[null, null, null, "hello", "hello", null, "hello", "leet"]
```

解释：

```
AllOne allOne = new AllOne();
allOne.inc("hello");
allOne.inc("hello");
allOne.getMaxKey(); // 返回 "hello"
allOne.getMinKey(); // 返回 "hello"
allOne.inc("leet");
allOne.getMaxKey(); // 返回 "hello"
```

提示：

- 1 <= key.length <= 10。

- key 由小写英文字母组成。
- 测试用例保证：在每次调用 dec 时，数据结构中总存在 key。
- 最多调用 inc、dec、getMaxKey 和 getMinKey 方法 5×10^4 次。

使用下面两种办法求解。

1. 排序链表

这道题是一个实现 AllOne 数据结构的问题。AllOne 数据结构维护了一组键值对，每个键都关联一个整数值。

为了解决这个问题，可以使用哈希表和双向链表来实现。哈希表用于存储每个键和对应的节点，双向链表用于根据键的值进行排序。

在这个实现中，使用一个特殊的头节点和尾节点来表示最小值和最大值。头节点的值为 Integer.MIN_VALUE，尾节点的值为 Integer.MAX_VALUE。每个节点都有一个值和一个存储键的集合。

当插入一个新键时，检查头节点的下一个节点的值是否为 1。如果不为 1，则创建一个新的节点，并将其插入链表中。如果为 1，则将新键添加到头节点的下一个节点的键集合中。无论哪种情况，都将新键添加到哈希表中以进行快速查找。

当键的值增加时，将其从原有节点（假设为 node）的键集合中移除，并检查 node 的下一个节点的值是否等于原有值加 1。如果不是，则创建一个新的节点，并将其插入链表中。如果是，则将键添加到 node 的下一个节点的键集合中，然后，将键在哈希表中的映射更新为 node 的下一个节点。

当键的值减少时，将其从原有节点的键集合中移除，并检查 node 的前一个节点的值是否等于原有值减 1。如果不是，则创建一个新的节点，并将其插入链表中。如果是，则将键添加到 node 的前一个节点的键集合中，然后，将键在哈希表中的映射更新为 node 的前一个节点。

当键的值减少到 1 并且没有其他键与之关联时，将该键从哈希表中删除，并从节点中移除。

除了基本的增加、减少和删除操作，还可以通过头节点和尾节点快速获取最小值和最大值对应的键。

总的来说，这个算法的时间复杂度为 $O(1)$，这是因为所有操作都是在常数时间内完成的。空间复杂度为 $O(n)$，其中 n 是键的数量，因为需要存储全部键和节点，算法如下。

```java
class ListNode {
    int val;
    Set<String> keys;
    ListNode prev;
    ListNode next;
    public ListNode(int val) {
        this.val = val;
        keys = new HashSet<>();
    }
}
class AllOne {
    private Map<String, ListNode> map;
    private ListNode head;
    private ListNode tail;
    public AllOne() {
        map = new HashMap<>();
        head = new ListNode(Integer.MIN_VALUE);
        tail = new ListNode(Integer.MAX_VALUE);
        head.next = tail;
        tail.prev = head;
    }
    public void inc(String key) {
        if (map.containsKey(key)) {
            increaseKey(key);
        } else {
            insertNewKey(key);
        }
    }
    public void dec(String key) {
        if (map.containsKey(key)) {
            decreaseKey(key);
        }
    }
    public String getMaxKey() {
        if (head.next == tail) {
            return "";
        }
        return tail.prev.keys.iterator().next();
    }
    public String getMinKey() {
        if (head.next == tail) {
            return "";
        }
        return head.next.keys.iterator().next();
    }
    private void increaseKey(String key) {
        ListNode node = map.get(key);
        node.keys.remove(key);
```

```
            int val = node.val + 1;
            if (node.next.val != val) {
                ListNode newNode = new ListNode(val);
                newNode.keys.add(key);
                newNode.prev = node;
                newNode.next = node.next;
                node.next.prev = newNode;
                node.next = newNode;
            } else {
                node.next.keys.add(key);
            }
            map.put(key, node.next);
            if (node.keys.isEmpty()) {
                removeNode(node);
            }
        }
        private void decreaseKey(String key) {
            ListNode node = map.get(key);
            node.keys.remove(key);
            if (node.val == 1) {
                map.remove(key);
                if (node.keys.isEmpty()) {
                    removeNode(node);
                }
                return;
            }
            int val = node.val - 1;
            if (node.prev.val != val) {
                ListNode newNode = new ListNode(val);
                newNode.keys.add(key);
                newNode.prev = node.prev;
                newNode.next = node;
                node.prev.next = newNode;
                node.prev = newNode;
            } else {
                node.prev.keys.add(key);
            }
            map.put(key, node.prev);
            if (node.keys.isEmpty()) {
                removeNode(node);
            }
        }
        private void insertNewKey(String key) {
            if (head.next.val != 1) {
                ListNode newNode = new ListNode(1);
                newNode.keys.add(key);
                newNode.prev = head;
                newNode.next = head.next;
                head.next.prev = newNode;
```

```
            head.next = newNode;
        } else {
            head.next.keys.add(key);
        }
        map.put(key, head.next);
    }
    private void removeNode(ListNode node) {
        node.prev.next = node.next;
        node.next.prev = node.prev;
    }
}
```

这个 AllOne 的数据结构支持以下操作。

- inc(String key)：将键值对插入数据结构中，如果键已经存在，则将其对应的值增加 1；如果键不存在，则添加新的键值对。
- dec(String key)：如果键存在于数据结构中，则将其对应的值减少 1；如果键的值为 0，则从数据结构中删除该键。
- getMaxKey()：返回数据结构中值最大的键；如果数据结构为空，则返回空字符串。
- getMinKey()：返回数据结构中值最小的键；如果数据结构为空，则返回空字符串。

下面进行时间复杂度和空间复杂度分析。

- inc(String key)：这个操作的时间复杂度是 $O(n)$，因为在最坏情况下，可能需要遍历整个链表来找到正确的位置，插入新的节点。空间复杂度是 $O(1)$，因为只使用了常数个额外的变量。
- dec(String key)：这个操作的时间复杂度也是 $O(n)$，因为在最坏情况下，可能需要遍历整个链表来找到正确的位置，减少节点的值。空间复杂度是 $O(1)$，因为只使用了常数个额外的变量。
- getMaxKey() 和 getMinKey()：这两个操作的时间复杂度都是 $O(1)$，因为只需要访问链表的头部和尾部节点，就可以得到结果。空间复杂度是 $O(1)$，因为只使用了常数个额外的变量。
- insertNewKey(String key) 和 removeNode(ListNode node)：这两个操作的时间复杂度都是 $O(1)$，因为只需要修改一些指针的指向，就可以完成操作。空间复杂度是 $O(1)$，因为只使用了常数个额外的变量。

2. 哈希字典

使用哈希字典实现 All one 数据结构的基本思路如下。

- 使用两个哈希字典，一个用于维护每个 key 对应的值，另一个用于维护每个值对应的 key 集合。
- 哈希字典 1 的键是输入的 key，值是对应的频次计数。
- 哈希字典 2 的键是频次计数，值是具有该频次的所有 key 的集合。

具体实现步骤如下。

步骤 1　初始化两个空的哈希字典和两个特殊的频次计数节点（最小值节点和最大值节点）。

步骤 2　插入新 key 时，如果该 key 已存在，则更新哈希字典 1 中对应的频次计数，同时更新哈希字典 2 中对应的 key 集合。

步骤 3　插入新 key 时，如果该 key 不存在，则将其插入哈希字典 1 中，并将频次计数初始化为 1。同时，在哈希字典 2 中创建频次计数为 1 的 key 集合，并将该 key 插入集合中。

步骤 4　删除 key 时，如果该 key 存在，则根据哈希字典 1 中对应的频次计数，更新哈希字典 1 和哈希字典 2 中的数据结构。如果频次计数变为 0，需要从哈希字典 2 中移除对应的 key。

步骤 5　获取最大值 key 时，从哈希字典 2 中的最大频次计数节点开始，往前查找，直到找到一个非空的 key 集合，并返回该集合中的任意一个 key。

步骤 6　获取最小值 key 时，从哈希字典 2 中的最小频次计数节点开始，往后查找，直到找到一个非空的 key 集合，并返回该集合中的任意一个 key，按如下形式展开。

```
哈希字典
    |
    |---- 哈希表
    |       |
    |       |---- 位置 1
    |       |       |
    |       |       |---- n1
    |       |       |
    |       |       |---- n2
    |       |       |
    |       |       |---- n...
    |       |
    |       |---- 位置 2
    |       |       |
    |       |       |---- n3
    |       |       |
    |       |       |---- n4
    |       |       |
    |       |       |---- n...
    |       |
```

```
            |---- 位置 3
                  |
                  |---- n5
                  |
                  |---- n6
                  |
                  |---- n...
```

综上所述，使用哈希算法实现，代码如下。

```java
import java.util.HashMap;
import java.util.HashSet;
import java.util.Map;
import java.util.Set;
class AllOne {
    private Node head;
    private Node tail;
    private Map<String, Node> keyToNode;
    private class Node {
        int value;
        Set<String> keys;
        Node prev;
        Node next;
        Node(int value) {
            this.value = value;
            this.keys = new HashSet<>();
        }
    }
/** 初始化数据结构 */
    public AllOne() {
        head = new Node(Integer.MIN_VALUE);
        tail = new Node(Integer.MAX_VALUE);
        head.next = tail;
        tail.prev = head;
        keyToNode = new HashMap<>();
    }

/** 插入一个值为 1 的新键 < key > 或将现有键加 1 */
    public void inc(String key) {
        Node node = keyToNode.get(key);
        if (node != null) {
            node.keys.remove(key);
            Node nextNode = node.next;
            if (nextNode.value != node.value + 1) {
                nextNode = new Node(node.value + 1);
                addNodeAfter(nextNode, node);
            }
            nextNode.keys.add(key);
```

```java
            keyToNode.put(key, nextNode);
            if (node.keys.isEmpty()) {
                removeNode(node);
            }
        } else {
            Node nextNode = head.next;
            if (nextNode.value != 1) {
                nextNode = new Node(1);
                addNodeAfter(nextNode, head);
            }
            nextNode.keys.add(key);
            keyToNode.put(key, nextNode);
        }
    }
    /** 当前 key 值递减 1。如果 Key 的值为 1，则将其从数据结构中删除 */
    public void dec(String key) {
        Node node = keyToNode.get(key);
        if (node != null) {
            node.keys.remove(key);
            if (node.value > 1) {
                Node prevNode = node.prev;
                if (prevNode.value != node.value - 1) {
                    prevNode = new Node(node.value - 1);
                    addNodeBefore(prevNode, node);
                }
                prevNode.keys.add(key);
                keyToNode.put(key, prevNode);
            } else {
                keyToNode.remove(key);
            }
            if (node.keys.isEmpty()) {
                removeNode(node);
            }
        }
    }
    /** 返回一个值最大的 key */
    public String getMaxKey() {
        if (tail.prev == head) {
            return "";
        }
        return tail.prev.keys.iterator().next();
    }
    /** 返回一个具有最小值的 key */
    public String getMinKey() {
        if (head.next == tail) {
            return "";
        }
```

```
            return head.next.keys.iterator().next();
        }
        private void addNodeAfter(Node newNode, Node prevNode) {
            newNode.prev = prevNode;
            newNode.next = prevNode.next;
            prevNode.next.prev = newNode;
            prevNode.next = newNode;
        }
        private void addNodeBefore(Node newNode, Node nextNode) {
            newNode.next = nextNode;
            newNode.prev = nextNode.prev;
            nextNode.prev.next = newNode;
            nextNode.prev = newNode;
        }
        private void removeNode(Node node) {
            node.prev.next = node.next;
            node.next.prev = node.prev;
        }
    }
```

时间复杂度分析如下。

- 插入新 key 的平均时间复杂度为 $O(1)$，因为哈希字典的插入操作的平均时间复杂度为 $O(1)$。
- 删除 key 的平均时间复杂度为 $O(1)$，因为哈希字典的删除操作的平均时间复杂度为 $O(1)$。
- 获取最大值和最小值 key 的平均时间复杂度为 $O(1)$，因为哈希字典 2 中的节点数量不会超过输入 key 的数量。

空间复杂度分析如下。

- 哈希字典 1 的空间复杂度为 $O(n)$，其中，n 为插入的 key 的数量。
- 哈希字典 2 的空间复杂度为 $O(m)$，其中，m 为不同频次计数的数量，$m \leq n$。
- 总的空间复杂度为 $O(n+m)$。

3. 思维延展

一个经典的例子是实现电话号码的查找功能。假设有一个庞大的电话号码数据库，其中包含成千上万个电话号码和对应的联系人信息。现在想要根据电话号码快速找到对应的联系人。

可以使用排序链表和哈希字典来实现此功能。

- 使用排序链表对电话号码进行排序。链表的每个节点包含一个电话号码和对应的联系人信息,可以使用哈希字典快速查找和更新电话号码和联系人的映射关系。哈希字典的键是电话号码,值是对应的节点在链表中的指针,当需要查找某个电话号码对应的联系人时,可以通过哈希字典快速找到对应的节点。
- 当需要更新电话号码和联系人的映射关系时,如果电话号码已经存在于数据库中,则可以通过哈希字典找到对应的节点,在链表中更新联系人信息;如果电话号码是新添加的,则需要创建一个新的节点,并在哈希字典中存储对应的键值对。

这种实现方式的优势如下。

- 可以快速查找和更新电话号码及其与联系人的映射关系。哈希字典的查找和更新操作的时间复杂度均为 $O(1)$。
- 链表保证了电话号码的有序性,可以方便按照电话号码进行排序操作。使用链表和哈希字典的空间复杂度较低,仅与电话号码数量相关。

实现思路如下:创建一个电话号码节点类,包含两个属性——phoneNumber(电话号码)和 contact(联系人信息)。创建一个电话号码数据库类,其中包含一个排序链表和一个哈希字典。

添加电话号码和联系人的方法如下:先判断电话号码是否已经存在于哈希字典中,如果已经存在,则更新对应节点的联系人信息;如果不存在,则创建一个新的电话号码节点,并将其添加到排序链表和哈希字典中。在添加过程中,根据电话号码对排序链表进行排序,并更新哈希字典。

根据电话号码查找联系人的方法如下:直接在哈希字典中查找对应的节点,如果存在,则返回联系人信息;如果不存在,则返回提示信息。

在主函数中创建一个电话号码数据库对象,通过添加电话号码和联系人的方法添加数据,并通过查找电话号码对应的联系人的方法对数据进行查询。

这个实现思路利用了排序链表和哈希字典的特性,通过排序链表保持电话号码的有序性,方便按照电话号码进行排序操作。同时,通过哈希字典的键值对存储电话号码和节点的映射关系,实现了快速查找和更新,实现代码如下:

```java
import java.util.*;
// 定义电话号码节点
class PhoneNumberNode {
    String phoneNumber;
    String contact;
    public PhoneNumberNode(String phoneNumber, String contact) {
```

```java
            this.phoneNumber = phoneNumber;
            this.contact = contact;
        }
}
// 实现电话号码数据库类
class PhoneNumberDatabase {
    LinkedList<PhoneNumberNode> sortedList; // 排序链表
    HashMap<String, PhoneNumberNode> hashMap; // 哈希字典
    public PhoneNumberDatabase() {
        sortedList = new LinkedList<>();
        hashMap = new HashMap<>();
    }
    // 添加电话号码和联系人
    public void addPhoneNumber(String phoneNumber, String contact) {
        if (hashMap.containsKey(phoneNumber)) {
            // 电话号码已存在,更新联系人信息
            PhoneNumberNode node = hashMap.get(phoneNumber);
            node.contact = contact;
        } else {
            // 创建新的电话号码节点并添加到排序链表和哈希字典中
            PhoneNumberNode newNode = new PhoneNumberNode(phoneNumber, contact);
            sortedList.add(newNode);
            // 根据电话号码进行排序
            Collections.sort(sortedList, Comparator.comparing(node -> node.
                phoneNumber));
            // 更新哈希字典
            hashMap.put(phoneNumber, newNode);
        }
    }
    // 根据电话号码查找联系人
    public String findContactByPhoneNumber(String phoneNumber) {
        if (hashMap.containsKey(phoneNumber)) {
            PhoneNumberNode node = hashMap.get(phoneNumber);
            return node.contact;
        } else {
            return " 联系人不存在 ";
        }
    }
}
public class Main {
    public static void main(String[] args) {
        // 创建电话号码数据库对象
        PhoneNumberDatabase database = new PhoneNumberDatabase();
        // 添加电话号码和联系人
        database.addPhoneNumber("1234567890", " 张三 ");
        database.addPhoneNumber("0987654321", " 李四 ");
        database.addPhoneNumber("9876543210", " 王五 ");
        // 查找联系人
```

```
        String contact1 = database.findContactByPhoneNumber("1234567890");
        System.out.println("联系人:" + contact1);        // 输出:联系人:张三
        String contact2 = database.findContactByPhoneNumber("0987654321");
        System.out.println("联系人:" + contact2);        // 输出:联系人:李四
        String contact3 = database.findContactByPhoneNumber("1111111111");
        System.out.println("联系人:" + contact3);        // 输出:联系人不存在
    }
}
```

下面对使用排序链表和哈希字典实现电话号码查找功能的代码进行分析。

对于时间复杂度:

- 添加电话号码和联系人操作,涉及排序链表和哈希字典的更新。将一个新的电话号码添加到链表中需要的时间复杂度为 $O(n)$,其中 n 是已存在的电话号码数量。哈希字典的插入操作和查找操作的时间复杂度都是 $O(1)$。
- 根据电话号码查找联系人的操作,只需要在哈希字典中进行常数时间的查找操作,因此,时间复杂度是 $O(1)$。

对于空间复杂度:排序链表和哈希字典的空间复杂度都与电话号码数量相关。在最坏情况下,如果有 N 个电话号码,那么排序链表的空间复杂度是 $O(N)$,哈希字典的空间复杂度也是 $O(N)$。因此,总的空间复杂度为 $O(N)$。

4.1.2 树形结构与哈希字典

题目来源:力扣(LeetCode)

链接:https://leetcode.cn/problems/two-sum-iv-input-is-a-bst/description/

给定一个二叉搜索树 root 和一个目标结果 k,如果二叉搜索树中存在两个元素且它们的和等于给定的目标结果,则返回 true。

示例 1:

输入: root = [5,3,6,2,4,null,7], k = 9
输出: true

树形结构与哈希字典 1 示意如图 4-1 所示。

示例 2:

输入: root = [5,3,6,2,4,null,7], k = 28
输出: false

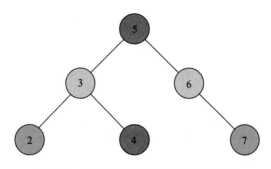

图 4-1　树形结构与哈希字典 1 示意图

树形结构与哈希字典 2 示意如图 4-2 所示。

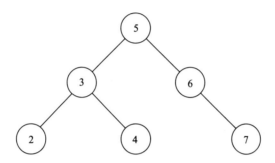

图 4-2　树形结构与哈希字典 2 示意图

提示：

❑ 二叉树的节点个数的范围是 $[1, 10^4]$。

❑ -10^4 <= Node.val <= 10^4。

❑ 题目数据保证，输入的 root 是一棵有效的二叉搜索树。

❑ -10^5 <= k <= 10^5。

以下是两种不同的解法实现。

1. 树形结构

本题要求判断是否存在两个节点的值之和等于目标值。由于给定的是二叉搜索树，所以，可以利用其特性来进行求解。

首先，对于搜索树，可以通过中序遍历得到一个有序的节点值序列。

然后，使用双指针法，一个指针指向序列的起始位置，另一个指针指向序列的末尾位置。根据当前两个指针指向的节点值之和与目标值的比较情况，进行相应的移动。

如果两个指针指向的节点值之和等于目标值，那么就找到了满足条件的节点，返回 true。

如果两个指针指向的节点值之和小于目标值，则将起始指针向后移动 1 位，并继续判断。

如果两个指针指向的节点值之和大于目标值，则将末尾指针向前移动 1 位，并继续判断。

当起始指针和末尾指针相遇时，说明遍历完成，仍未找到满足条件的节点，返回 false。

算法实现如下。

```java
import java.util.HashSet;
import java.util.Set;
class Solution {
    public boolean findTarget(TreeNode root, int k) {
        Set<Integer> set = new HashSet<>(); // 用于存储已遍历过的节点值
        return findTargetHelper(root, k, set);
    }
    private boolean findTargetHelper(TreeNode node, int k, Set<Integer> set) {
        if (node == null) {
            return false;
        }
        if (set.contains(k - node.val)) {
            return true;
        }
        set.add(node.val);
        return findTargetHelper(node.left, k, set) || findTargetHelper(node.right, k, set);
    }
}
```

首先，搜索树进行中序遍历的时间复杂度是 $O(n)$，其中，n 是搜索树的节点数。在中序遍历的过程中，使用双指针法进行判断，移动指针的时间复杂度是 $O(n)$。

综上，算法的总体时间复杂度是 $O(n+n)=O(n)$，其中，n 是搜索树的节点数。

使用一个 HashSet 来存储已遍历过的节点值，最坏情况下需要存储所有的节点值，因此，空间复杂度是 $O(n)$，其中，n 是搜索树的节点数。

除此之外，算法并没有使用其他额外的数据结构，因此，空间复杂度是 $O(n)$。

本题通过使用二叉搜索树的特性及中序遍历的方式进行求解，时间复杂度是 $O(n)$，空间复杂度也是 $O(n)$，其中，n 是搜索树的节点数。

2. 树与哈希

在这个版本的代码中，使用了哈希集合来存储已经遍历过的节点值。在遍历每个节点时，计算目标值与当前节点值的差值（即目标值的补数），然后判断哈希集合中是否存在这个差值。如果存在，则说明找到了满足条件的节点，返回 true。如果不存在，则将当前节点的值加入哈希集合中，并继续递归遍历左右子树。

这种解法的时间复杂度仍然是 $O(n)$，其中，n 是二叉搜索树的节点数。空间复杂度也是 $O(n)$，因为在最坏情况下，哈希集合中需要存储所有的节点值。

实现代码如下。

```java
import java.util.HashSet;
import java.util.Set;
class Solution {
    public boolean findTarget(TreeNode root, int k) {
        Set<Integer> set = new HashSet<>(); // 用于存储已遍历过的节点值
        return findTargetHelper(root, k, set);
    }
    private boolean findTargetHelper(TreeNode node, int k, Set<Integer> set) {
        if (node == null) {
            return false;
        }
        int complement = k - node.val;

        if (set.contains(complement)) { // 如果哈希集合中存在目标值的补数，则说明找到满足
            条件的节点，返回 true
            return true;
        }
        set.add(node.val); // 将当前节点的值加入哈希集合中
        // 递归遍历左右子树
        return findTargetHelper(node.left, k, set) || findTargetHelper(node.
            right, k, set);
    }
}
```

4.1.3 自平衡的树形结构 AVL 树

AVL 树是由两位苏联计算机科学家 Adelson-Velsky 和 Landis 于 1962 年发明的，"AVL"名称来自这两位发明者的姓氏的首字母。AVL 树之所以称为"自平衡树"，是因为它能够在每次插入或删除节点时自动调整树的结构，以保持树的平衡。这种自动平衡的能力是通过旋转操作来实现的。AVL 树的每个节点都有一个平衡因子，平衡因子是左子树高度减去右子树高度的值，具体如下。

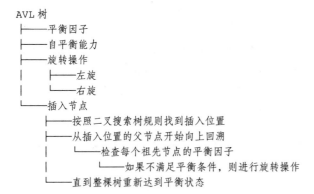

在 AVL 树中，每个节点都有一个平衡因子，用来表示左子树高度减去右子树高度的值。当插入或删除节点后，如果某个节点的平衡因子不满足平衡条件（-1、0 或 1），就需要进行旋转操作来调整树的结构，以保持平衡。

旋转操作包括左旋和右旋两种。左旋是将一个节点的右子树旋转到它的左子树上，右旋是将一个节点的左子树旋转到它的右子树上。通过旋转操作可以调整树的结构，使得树重新达到平衡状态。

当插入节点时，需要按照二叉搜索树的规则找到插入位置。然后，从插入位置的父节点开始向上回溯，检查每个祖先节点的平衡因子，看是否满足平衡条件。如果不满足，就进行旋转操作，直到整棵树重新达到平衡状态。

通过自平衡的能力，AVL 树能够保持平衡状态，从而保证了查找、插入和删除操作的时间复杂度都是 $O(\log n)$。这使得 AVL 树成为一种高效的数据结构，适用于需要高效搜索和插入操作的场景。

下面通过简单的思维示例来演示。

```
AVL 树调整思维流程
1. 插入节点
   - 按照二叉搜索树规则找到插入位置
   - 从插入位置的父节点开始向上回溯
2. 回溯过程
   - 检查每个祖先节点的平衡因子，看是否满足平衡条件
   - 如果平衡因子为 -1、0 或 1，节点平衡，无须调整
   - 如果平衡因子为 -2 或 2，节点失去平衡，需要进行旋转操作
3. 旋转操作
   - 失去平衡的节点的平衡因子为 2
     - 如果左子节点的平衡因子为 1，进行右旋操作
     - 如果左子节点的平衡因子为 -1，先左旋左子节点，再右旋失衡节点
   - 失去平衡的节点的平衡因子为 -2
```

- 如果右子节点的平衡因子为 -1，进行左旋操作
- 如果右子节点的平衡因子为 1，先右旋右子节点，再左旋失衡节点

4. 继续回溯
- 检查调整后的祖先节点的平衡因子是否满足平衡条件
- 如果仍不满足平衡条件，继续进行旋转操作

5. 直到整棵树重新达到平衡状态

算法复杂度分析思维如下。

插入节点：
- 时间复杂度：$O(\log n)$，其中 n 是树中节点的数量
- 空间复杂度：$O(\log n)$，因为需要递归调用插入操作，所以，递归调用的栈空间复杂度为 $O(\log n)$

删除节点：
- 时间复杂度：$O(\log n)$，其中 n 是树中节点的数量
- 空间复杂度：$O(\log n)$，因为需要递归调用删除操作，所以，递归调用的栈空间复杂度为 $O(\log n)$

旋转操作：
- 时间复杂度：$O(1)$
- 空间复杂度：$O(1)$

查找节点：
- 时间复杂度：$O(\log n)$，其中 n 是树中节点的数量
- 空间复杂度：$O(1)$

遍历树：
- 时间复杂度：$O(n)$，其中 n 是树中节点的数量
- 空间复杂度：$O(\log n)$，因为需要递归调用遍历操作，所以，递归调用的栈空间复杂度为 $O(\log n)$

题目来源：力扣（LeetCode）

链接：https://leetcode.cn/problems/search-in-rotated-sorted-array-ii/description/

已知存在一个按非降序排列的整数数组 nums，数组中的值不必互不相同，在传递给函数之前，nums 在预先未知的某个下标 k（$0 <= k <$ nums.length）上进行了旋转，使数组变为 [nums[k], nums[$k+1$], ···, nums[$n-1$], nums[0], nums[1], ···, nums[$k-1$]]（下标从 0 开始计数）。例如，[0, 1, 2, 4, 4, 4, 5, 6, 6, 7] 在下标 5 处经旋转后可能变为 [4, 5, 6, 6, 7, 0, 1, 2, 4, 4]。

给你旋转后的数组 nums 和一个整数 target，请编写一个函数来判断给定的目标值是否存在于数组中。如果 nums 中存在这个目标值 target，则返回 true，否则返回 false。

必须尽可能减少整个操作步骤。

示例 1：

```
输入: nums = [2,5,6,0,0,1,2], target = 0
输出: true
```

示例 2：

输入：nums = [2,5,6,0,0,1,2], target = 3
输出：false

提示：

- 1 <= nums.length <= 5000。
- -10^4 <= nums[i] <= 10^4。
- 题目数据保证 nums 在预先未知的某个下标上进行了旋转。
- -10^4 <= target <= 10^4。

进阶：这是搜索旋转排序数组的延伸题目，本题中的 nums 可能包含重复元素。这会影响程序的时间复杂度吗？会有怎样的影响？为什么？

以下是使用 Java 实现 AVL 树来解决 LeetCode 上"搜索旋转排序数组 II"问题的代码。其中，AVL 树的实现包括节点类 AVLNode 和 AVL 树类 AVLTree，主函数 searchInRotatedSortedArray 中将输入数组插入 AVL 树中，并在树中进行搜索。

```java
class Solution {
    class AVLNode {
        in tval;
        AVLNode left, right;
        int height;

        public AVLNode(int val) {
            this.val = val;
            this.left = null;
            this.right = null;
            this.height = 1;
        }
    }

    AVLNode root;

    private int getHeight(AVLNode node) {
        if (node == null) {
            return 0;
        }
        return node.height;
    }

    private AVLNode createNode(int val) {
        return new AVLNode(val);
    }
```

```java
private AVLNode rightRotate(AVLNode y) {
    AVLNode x = y.left;
    AVLNode T2 = x.right;

    x.right = y;
    y.left = T2;

    y.height = Math.max(getHeight(y.left), getHeight(y.right)) + 1;
    x.height = Math.max(getHeight(x.left), getHeight(x.right)) + 1;

    return x;
}

private AVLNode leftRotate(AVLNode x) {
    AVLNode y = x.right;
    AVLNode T2 = y.left;

    y.left = x;
    x.right = T2;

    x.height = Math.max(getHeight(x.left), getHeight(x.right)) + 1;
    y.height = Math.max(getHeight(y.left), getHeight(y.right)) + 1;

    return y;
}

private int getBalance(AVLNode node) {
    if (node == null) {
        return 0;
    }
    return getHeight(node.left) - getHeight(node.right);
}

public AVLNode insert(AVLNode node, int val) {
    if (node == null) {
        return createNode(val);
    }

    if (val <node.val) {
        node.left = insert(node.left, val);
    } else if (val >node.val) {
        node.right = insert(node.right, val);
    } // 允许重复值，不插入

    node.height = 1 + Math.max(getHeight(node.left), getHeight(node.right));
    int balance = getBalance(node);

    if (balance >1&& val <node.left.val) {
```

```java
            return rightRotate(node);
        }

        if (balance < -1 && val > node.right.val) {
            return leftRotate(node);
        }

        if (balance > 1 && val > node.left.val) {
            node.left = leftRotate(node.left);
            return rightRotate(node);
        }

        if (balance < -1 && val < node.right.val) {
            node.right = rightRotate(node.right);
            return leftRotate(node);
        }

        return node;
    }

    public boolean search(int[] nums, int target) {
        root = null;
        for (int num: nums) {
            root = insert(root, num);
        }
        return search(root, target);
    }

    public boolean search(AVLNode node, int val) {
        if (node == null) {
            return false;
        }

        if (val < node.val) {
            return search(node.left, val);
        } else if (val > node.val) {
            return search(node.right, val);
        } else {
            return true;
        }
    }

    public static void main(String[] args) {
        Solution solution = new Solution();
        int[] nums = {2, 5, 6, 0, 0, 1, 2};
        int target = 0;
```

```
            boolean ret = solution.search(nums, target);
            System.out.println(ret);
    }
}
```

上述方法的时间和空间复杂度主要取决于 AVL 树的插入和搜索操作。

插入操作的时间复杂度为 $O(\log n)$，其中，n 为树的节点数。因为 AVL 树是自平衡二叉搜索树，所以，插入操作会保证树的高度不超过 $\log n$，空间复杂度为 $O(n)$，因为存储了所有的节点。

搜索操作的时间复杂度也为 $O(\log n)$，因为在 AVL 树中搜索一个节点的时间受树高影响，而树高最多为它的时间复杂度。空间复杂度为 $O(n)$，因为搜索操作并没有使用额外的空间。

因此，该代码的时间复杂度为 $O(\log n)$，空间复杂度为 $O(n)$，AVL 树的自平衡能力使得它在插入、删除和查找元素时都能够保持较好的性能，平均时间复杂度为 $O(\log n)$。

4.1.4 红黑树

红黑树（Red-Black Tree）是一种自平衡的二叉搜索树。红黑树在每个节点上添加了额外的颜色信息，用来确保树在插入和删除操作后能够保持相对平衡，从而保持较低的查找、插入和删除时间复杂度。这种数据结构最初是由 Rudolf Bayer 于 1972 年提出，并由 Leonidas J. Guibas 和 Robert Sedgewick 进行修改和完善的。

红黑树具有以下特性：

- 每个节点要么是红色，要么是黑色。
- 根节点是黑色的。
- 每个叶子节点（NIL 节点，空节点）是黑色的。
- 如果一个节点是红色的，则它的子节点必须是黑色的（反之不一定成立）。

对于每个节点，从该节点到其所有后代叶子节点的简单路径上，均含有相同数目的黑色节点，这个数目称为黑色高度。

由于具有以上特性，红黑树保证了任何从根到叶子的路径的最大长度不会超过最短路径长度的 2 倍，这样就保证了红黑树的整体高度较低，使得查找、插入和删除的时间复杂度能够保持在 $O(\log n)$。

题目来源：力扣（LeetCode）

链接：https://leetcode.cn/problems/find-n-unique-integers-sum-up-to-zero/description/

给你一个整数 n，请返回任意一个由 n 个各不相同的整数组成的数组，并且这 n 个数的和为 0。

示例 1：

输入：n = 5
输出：[-7,-1,1,3,4]

解释：[-5, -1, 1, 2, 3] 和 [-3, -1, 2, -2, 4] 数组也是正确的。

示例 2：

输入：n = 3
输出：[-1,0,1]

示例 3：

输入：n = 1
输出：[0]

提示：1 <= n <= 1000。

解题思路：使用回溯法遍历所有可能的子集，然后判断子集中的元素之和是否为 0。为了去重，可以使用 TreeSet 存储已经遍历过的子集，因为 TreeSet 底层是基于红黑树实现的，所以，插入和查找的时间复杂度都是 $O(\log n)$。

```
import java.util.ArrayList;
import java.util.List;
import java.util.TreeSet;
class Solution {
    public int[] sumZero(int n) {
        TreeSet<List<Integer>>set = new TreeSet<>(new ListComparator());
        backtrack(set, new ArrayList<>(), n, 0);
        return convertToArray(set);
    }
    private void backtrack(TreeSet<List<Integer>>set, List<Integer>subset, int n,
        int sum) {
        if (subset.size() == n) {
            if (sum == 0) {
                set.add(new ArrayList<>(subset));
            }
            return;
        }
```

```java
        // 遍历可能的值，避免重复
        for (int i = -n; i <= n; i++) {
            // 确保数字唯一
            if (!subset.contains(i)) {
                subset.add(i);
                backtrack(set, subset, n, sum + i);
                subset.remove(subset.size() - 1);
            }
        }
    }
    private int[] convertToArray(TreeSet<List<Integer>>set) {
        return set.first().stream().mapToInt(Integer::intValue).toArray();
    }

    private class ListComparator implements java.util.Comparator<List<Integer>> {
        public int compare(List<Integer>list1, List<Integer>list2) {
            int n = list1.size();
            int m = list2.size();
            int i = 0;
            while (i < n && i < m) {
                int comp = Integer.compare(list1.get(i), list2.get(i));
                if (comp != 0) {
                    return comp;
                }
                i++;
            }
            return Integer.compare(n, m);
        }
    }
}
```

上述代码使用 TreeSet 存储所有和为 0 的子集，并进行了去重操作。然后，将 TreeSet 中第一个子集转换为整数数组作为返回结果。

4.2 树的存储问题

在面试中，树的存储问题也是一个常见的考点。不过，与哈希字典不同，树的存储问题涉及如何有效地表示和组织树形结构的数据。想象一棵树，它有根、节点和分支，我们需要找到一种合适的方式来存储这些信息，以便对树进行操作和处理。

解决树的存储问题需要掌握树的遍历方法和不同的存储结构。例如，可以使用数组、链表或者其他数据结构来表示一棵树。在处理树的问题时，理解递归（函数自己调用自己）和迭代（通过循环实现重复过程）的概念是非常重要的。

与哈希字典问题不同，解决树的存储问题通常需要更深入的数据结构知识和编程技巧。这可能涉及如何在内存中表示树、如何遍历树及如何搜索特定节点等。为了准备面试，我们需要有针对性地练习，以提高解题能力和应对面试的信心。

4.2.1 二叉树的序列化问题

二叉树序列化的本质是将一个二叉树结构转换为线性结构，以便进行存储和传输。在计算机科学中，二叉树是一种非常重要的数据结构，它可以用于表示各种复杂的数据关系。然而，二叉树是一种非线性结构，直接存储和传输会比较困难。因此，需要将其转换为线性结构，即进行序列化。二叉树序列化通常有两种方式：前序遍历序列化和层序遍历序列化。前序遍历序列化是指先序列化根节点，然后递归序列化左子树和右子树。层序遍历序列化是指按照树的层次从上到下、从左到右依次序列化每个节点。

题目来源：力扣（LeetCode）

链接：https://leetcode.cn/problems/serialize-and-deserialize-binary-tree/description/

序列化是将一个数据结构或者对象转换为连续的比特位的操作，进而可以将转换后的数据存储在一个文件或者内存中，同时也可以通过网络传输到另一个计算机环境，采取相反方式重构得到原数据。

请设计一个算法来实现二叉树的序列化与反序列化。这里不限定序列与反序列化算法执行逻辑，只需要保证一个二叉树可以被序列化为一个字符串，并且将这个字符串反序列化为原始的树结构。

示例 1：

输入: root = [1,2,3,null,null,4,5]
输出: [1,2,3,null,null,4,5]

二叉树的序列化问题示例 1 示意如图 4-3 所示。

示例 2：

输入: root = []
输出: []

示例 3：

输入: root = [1]
输出: [1]

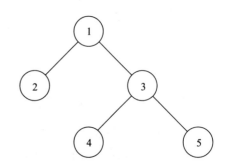

图 4-3　二叉树的序列化问题示例 1 示意图

示例 4：

输入：root = [1,2]
输出：[1,2]

提示：

- 树中节点数的范围为 $[0, 10^4]$。
- -1000 <= Node.val <= 1000。

解题思路如下。

- **序列化**：对于序列化来说，可以使用先序遍历的方式递归地将二叉树节点的值转换为字符串，并使用逗号进行连接。如果节点为空，可以将其表示为 "null" 字符串。
- **反序列化**：对于反序列化来说，可以将输入的字符串根据逗号进行拆分，并使用队列来存储拆分后的字符串数组。然后，可以使用递归的方式先取出队列头部的元素，如果为 "null"，表示该节点为空，直接返回 null。否则，将该元素转换为整数，并创建一个对应值的节点。最后，递归地构建该节点的左子树和右子树，设置为当前节点的左孩子和右孩子。

通过上述思路，可以解决给定的问题。注意，在序列化和反序列化过程中，都需要使用递归来处理二叉树的节点。最终，序列化的结果字符串可以作为输入传递给反序列化函数，以恢复原始的二叉树结构。

算法实现如下。

```java
import java.util.Arrays;
import java.util.LinkedList;
import java.util.Queue;
class TreeNode {
    int val;
    TreeNode left;
    TreeNode right;
    TreeNode(int val) {
        this.val = val;
    }
}
public class Codec {
    // 将二叉树序列化为字符串
    public String serialize(TreeNode root) {
        StringBuilder sb = new StringBuilder();
        serializeHelper(root, sb);
        return sb.toString();
    }
```

```java
    private void serializeHelper(TreeNode root, StringBuilder sb) {
        if (root == null) {
            sb.append("null").append(",");
        } else {
            sb.append(root.val).append(",");
            serializeHelper(root.left, sb);
            serializeHelper(root.right, sb);
        }
    }
    // 将字符串反序列化为二叉树
    public TreeNode deserialize(String data) {
        Queue<String> queue = new LinkedList<>(Arrays.asList(data.split(",")));
        return deserializeHelper(queue);
    }
    private TreeNode deserializeHelper(Queue<String> queue) {
        String val = queue.poll();
        if (val.equals("null")) {
            return null;
        } else {
            TreeNode root = new TreeNode(Integer.parseInt(val));
            root.left = deserializeHelper(queue);
            root.right = deserializeHelper(queue);
            return root;
        }
    }
}
```

对序列化的分析如下：

- 时间复杂度：$O(n)$，其中，n是二叉树中的节点数。序列化过程需要递归遍历所有的节点，并将其值添加到字符串中。
- 空间复杂度：$O(n)$，需要使用StringBuilder来构建序列化字符串，占用的空间和二叉树中的节点数呈线性关系。

对反序列化的分析如下：

- 时间复杂度：$O(n)$，其中，n是二叉树中的节点数。反序列化过程中，需要将拆分的字符串数组放入队列中，并递归构建二叉树的每个节点。
- 空间复杂度：$O(n)$，除了存储拆分后的字符串数组外，递归过程中也会创建二叉树的节点。在最坏情况下，当二叉树是一条链表时，递归调用栈的深度为n，导致空间复杂度为$O(n)$。

综上所述，上述代码的时间复杂度为$O(n)$，空间复杂度为$O(n)$，其中，n是二叉树中的节点数。

4.2.2 快速查找树的父节点

二叉树可以通过不同的遍历方式进行遍历,包括前序遍历、中序遍历和后序遍历。

题目来源:力扣(LeetCode)

链接:https://leetcode.cn/problems/lowest-common-ancestor-of-a-binary-search-tree/description/

给定一个二叉搜索树,找到该树中两个指定节点的最近公共祖先。

公共祖先的定义如下:对于有根树 T 的两个节点 p、q,最近公共祖先表示为一个节点 x,满足 x 是 p、q 的祖先且 x 的深度尽可能大(一个节点也可以是它自己的祖先)。

例如,给定图 4-4 所示的二叉搜索树,root = [6, 2, 8, 0, 4, 7, 9, null, null, 3, 5]。

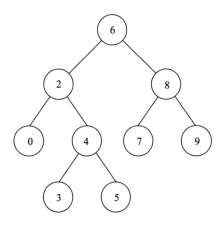

图 4-4 快速查找树的父节点示例示意图

示例 1:

输入: root = [6,2,8,0,4,7,9,null,null,3,5], p = 2, q = 8
输出: 6

解释:节点 2 和节点 8 的最近公共祖先是节点 6。

示例 2:

输入: root = [6,2,8,0,4,7,9,null,null,3,5], p = 2, q = 4
输出: 2

解释:节点 2 和节点 4 的最近公共祖先是节点 2,因为根据定义,最近公共祖先节点可以为节点本身。

提示：

- 所有节点的值都是唯一的。
- p、q 为不同节点且均存在于给定的二叉搜索树中。

这个问题可采用递归的方法解决，利用二叉搜索树的性质查找最低公共祖先。具体解题思路如下。

步骤 1 对于当前节点 root，比较它的值和两个目标节点 p 和 q 的值。

步骤 2 如果 root 的值大于 p 和 q 的值，说明 p 和 q 都在 root 的左子树中，因此，递归地去 root 的左子树中寻找。

步骤 3 如果 root 的值小于 p 和 q 的值，说明 p 和 q 都在 root 的右子树中，因此，递归地去 root 的右子树中寻找。

步骤 4 如果以上两种情况都不满足，即当前节点的值介于 p 和 q 的值之间或者其中之一就是当前节点，则当前节点就是 p 和 q 的最低公共祖先，返回该节点。

这个思路的核心是利用二叉搜索树的有序性质进行判断和分支，递归地向左或向右子树搜索，直到找到最低公共祖先。

算法实现如下。

```java
// 定义一个树节点类
class TreeNode {
    int val; // 节点值
    TreeNode left; // 左子节点
    TreeNode right; // 右子节点

    // 构造函数，初始化节点值
    TreeNode(int val) {
        this.val = val;
    }
}
// 定义一个解决方案类
public class Solution {
    // 寻找二叉搜索树中两个节点的最近公共祖先
    public TreeNode lowestCommonAncestor(TreeNode root, TreeNode p, TreeNode q) {
        // 如果根节点为空或者等于p或q，返回根节点
        if(root == null || root == p || root == q) {
            return root;
        }
        // 如果根节点的值大于p和q的值，说明公共祖先在左子树
        if(root.val > p.val && root.val > q.val) {
            return lowestCommonAncestor(root.left, p, q);
        }
```

```
        // 如果根节点的值小于p和q的值，说明公共祖先在右子树
        else if(root.val < p.val && root.val < q.val) {
            return lowestCommonAncestor(root.right, p, q);
        }
        // 否则，根节点就是最近公共祖先
        else {
            return root;
        }
    }
}
```

时间复杂度分析：在最坏情况下，即二叉搜索树退化成一个链表的情况下，时间复杂度为 $O(n)$，其中，n 是树中节点的个数。在平衡的情况下，时间复杂度为 $O(\log n)$。

空间复杂度分析：递归方法的空间复杂度取决于递归调用的深度，即树的高度。在最坏情况下，即二叉搜索树退化为链表时，空间复杂度为 $O(n)$。在平衡的情况下，空间复杂度为 $O(\log n)$。

4.2.3 持久化的快速查找树

题目来源：力扣（LeetCode）

链接：https://leetcode.cn/problems/validate-binary-search-tree/description/

给定一个二叉树的根节点 root，判断其是否是一个有效的二叉搜索树。有效二叉搜索树定义如下：

- 节点的左子树只包含小于当前节点的数。
- 节点的右子树只包含大于当前节点的数。
- 所有左子树和右子树自身必须也是二叉搜索树。

示例 1：

输入：root = [2,1,3]
输出：true

持久化的快速查找树示例 1 示意如图 4-5 所示。

示例 2：

输入：root = [5,1,4,null,null,3,6]
输出：false
解释：根节点的值是 5，但是右子节点的值是 4

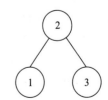

图 4-5 持久化的快速查找树示例 1 示意图

持久化的快速查找树示例 2 示意如图 4-6 所示。

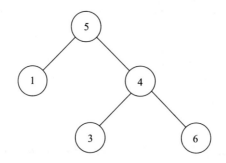

图 4-6　持久化的快速查找树示例 2 示意图

提示：

❏ 树中节点数目范围为 [1, 10^4]。
❏ -2^{31} <= Node.val <= $2^{31} - 1$。

题解思路：给定一个二叉树，判断它是否是一个有效的二叉搜索树。为了判断一棵树是否为二叉搜索树，需要关注以下两点。

❏ 对于树中的每个节点，左子树上的所有节点的值都小于该节点的值。
❏ 对于树中的每个节点，右子树上的所有节点的值都大于该节点的值。

基于以上思路，可以通过递归地检查每个节点及其左右子树来判断是否满足二叉搜索树的条件。

具体解题思路如下。

步骤 1　定义一个辅助函数 isValidBST，接收 3 个参数：当前节点 node、当前节点的允许取值范围的下限 lower、当前节点的允许取值范围的上限 upper。

步骤 2　如果当前节点 node 为空，则返回 true，因为空树满足二叉搜索树的条件。

步骤 3　获取当前节点的值 val。

步骤 4　如果下限 lower 不为空且当前节点的值 val 小于或等于下限 lower，则返回 false，因为节点的值必须大于下限才能满足二叉搜索树的条件。

步骤 5　如果上限 upper 不为空且当前节点的值 val 大于或等于上限 upper，则返回 false，因为节点的值必须小于上限才能满足二叉搜索树的条件。

步骤 6　递归调用 isValidBST 函数来判断当前节点的左子树和右子树是否满足二叉搜索树的条件。

步骤 7　对于左子树，设置上限为当前节点的值 val，递归调用 isValidBST(node.left, lower, val)。

步骤 8 对于右子树,设置下限为当前节点的值 val,递归调用 isValidBST(node.right, val, upper)。

算法实现如下。

```java
// 定义一个树节点类
class TreeNode {
    int val; // 节点值
    TreeNode left; // 左子节点
    TreeNode right; // 右子节点
    // 构造函数,初始化节点值
    TreeNode(int val) {
        this.val = val;
    }
}
public class Solution {
    // 判断给定的二叉树是否为有效的二叉搜索树
    public boolean isValidBST(TreeNode root) {
        return isValidBST(root, null, null);
    }
    // 递归判断二叉树是否为有效的二叉搜索树
    private boolean isValidBST(TreeNode node, Integer lower, Integer upper) {
        // 如果节点为空,则返回 true
        if (node == null) {
            return true;
        }
        int val = node.val;
        // 如果节点值小于或等于下界或大于或等于上界,则返回 false
        if (lower != null && val <= lower) {
            return false;
        }
        if (upper != null && val >= upper) {
            return false;
        }
        // 递归判断左子树和右子树是否为有效的二叉搜索树
        if (!isValidBST(node.left, lower, val)) {
            return false;
        }
        if (!isValidBST(node.right, val, upper)) {
            return false;
        }
        // 如果以上条件都满足,则返回 true
        return true;
    }
}
```

该解法利用了二叉搜索树的性质,即对于每个节点,其左子树上的所有节点的值都小于该节点的值，其右子树上的所有节点的值都大于该节点的值。具体思路如下。

步骤 1 递归地检查每个节点，并传递一个下限和上限，分别表示该节点值的可取范围。

步骤 2 对于每个节点，检查其值是否在可取范围内，如果不在，则返回 false，判断不是有效的二叉搜索树。

步骤 3 递归地检查其左子树和右子树，并将当前节点的值作为下限或上限传递。

这样就可以判断给定的二叉树是否是有效的二叉搜索树。

时间复杂度分析：在最坏情况下，需要遍历二叉树的所有节点，因此，时间复杂度为 $O(n)$，其中，n 是二叉树中节点的个数。

空间复杂度分析：递归方法的空间复杂度取决于递归调用的深度，即树的高度。在最坏情况下，即二叉树退化成一个链表时，空间复杂度为 $O(n)$。在平衡的情况下，空间复杂度为 $O(\log n)$。

如果左子树和右子树都满足二叉搜索树的条件，则返回 true；否则返回 false。最终，调用 isValidBST(root, null, null) 来判断给定的二叉树是否是有效的二叉搜索树。

4.2.4 线段树

线段树是一种用于解决区间查询问题的数据结构，主要用于处理一维区间的问题，如求解区间的最大值、最小值、和等操作。

线段树的基本思想是将一个区间划分成多个子区间，并为每个子区间构建一个节点。每个节点存储了对应区间的信息，如最大值、最小值、和等。通过将问题不断划分成子问题，并将子问题的解合并起来，最终得到整个区间的解。

线段树的构建过程是一个递归的过程。首先，从根节点开始，将整个区间划分成两部分，分别对应左子节点和右子节点。然后，递归地为每个子节点构建线段树，直到只剩下一个元素，即叶子节点，叶子节点存储了对应区间的信息。最后，通过将子节点的信息合并起来，逐层向上构建线段树，直到根节点。

题目来源：力扣（LeetCode）

链接：https://leetcode.cn/problems/range-sum-query-mutable/description/

给你一个数组 nums，请完成两类查询。其中一类查询要求更新数组 nums 下标对应的值；另一类查询要求返回数组 nums 中索引 left 和索引 right 之间（包含）的 nums 元素的和，其中 left <= right。

实现 NumArray 类:

- NumArray(int[] nums):用整数数组 nums 初始化对象。
- void update(int index, int val):将 nums[index] 的值更新为 val。
- int sumRange(int left, int right):返回数组 nums 中索引 left 和索引 right 之间(包含)的 nums 元素的和(即 nums[left] + nums[left + 1], …, nums[right])。

示例:

输入:
["NumArray", "sumRange", "update", "sumRange"]
[[[1, 3, 5]], [0, 2], [1, 2], [0, 2]]
输出:
[null, 9, null, 8]

解释:

```
NumArray numArray = new NumArray([1, 3, 5]);
numArray.sumRange(0, 2); //返回1 + 3 + 5 = 9
numArray.update(1, 2);    // nums = [1,2,5]
numArray.sumRange(0, 2); //返回1 + 2 + 5 = 8
```

提示:

- $1 <=$ nums.length $<= 3 \times 10^4$。
- $-100 <=$ nums[i] $<= 100$。
- $0 <=$ index $<$ nums.length。
- $-100 <=$ val $<= 100$。
- $0 <=$ left $<=$ right $<$ nums.length。
- 调用 update 和 sumRange 方法次数不大于 3×10^4。

解题思路:在 NumArray 的构造函数中初始化 nums 数组和 tree 数组。nums 数组保存初始的元素值,tree 数组用于表示线段树的结构。在构造函数中,遍历 nums 数组,并调用 update 方法进行初始的线段树构建。update 方法用于更新 nums 数组中的值及相应的线段树节点。

首先,将给定的 index 转换为对应的叶节点在线段树中的位置。然后,更新叶节点的值。接着,通过向上更新的方式更新线段树的父节点的值。最后,sumRange 方法用于查询指定区间内元素的和。

将给定的区间左右下标转换为对应的叶节点在线段树中的位置，使用 while 循环逐层向上计算区间和。如果左节点是奇数，则将其对应的值加到结果和中，并将左节点的位置向右移动一位。如果右节点是偶数，则将其对应的值加到结果和中，并将右节点的位置向左移动一位。同时，将左节点和右节点分别移动到其父节点的位置。重复上述过程，直到左节点超过右节点。

最终，调用 NumArray 对象的构造函数构建线段树，并使用 sumRange 和 update 方法进行查询和更新操作。

该解法的时间复杂度为 $O(\log n)$。构建线段树和进行查询操作的时间复杂度都是对数级别的。

算法实现如下。

```
class NumArray {
    int[] nums; // 原始数组
    int[] tree; // 线段树数组
    int n; // 原始数组的长度

    // 构造函数，初始化原始数组和线段树数组
    public NumArray(int[] nums) {
        this.n = nums.length;
        this.nums = new int[n];
        this.tree = new int[2 * n];

        // 构建初始的线段树
        for (int i = 0; i < n; i++) {
            update(i, nums[i]);
        }
    }

    // 更新线段树中某个位置的值
    public void update(int index, int val) {
        index += n;
        tree[index] = val;

        while (index > 0) {
            int left = index;
            int right = index;

            if (index % 2 == 0) {
                right = index + 1;
            } else {
                left = index - 1;
            }

            // 更新父节点的值
```

```
            tree[index / 2] = tree[left] + tree[right];

            // 移动到父节点
            index /= 2;
        }
    }

    // 查询区间[left, right]内nums元素的和
    public int sumRange(int left, int right) {
        // 将区间下标转换为叶节点在树中的位置
        left += n;
        right += n;
        int sum = 0;
        while (left <= right) {
            if (left % 2 == 1) {
                sum += tree[left];
                left++;
            }
            if (right % 2 == 0) {
                sum += tree[right];
                right--;
            }
            // 移动到父节点
            left /= 2;
            right /= 2;
        }
        return sum;
    }
}
```

该解法使用了线段树（Segment Tree）来实现区域和的查询和元素更新操作。线段树是一种用于解决区间查询问题的数据结构，可以在 $O(\log n)$ 的时间内完成区间和的计算和元素的更新。

4.3 索引设计

在海量数据中快速查询某个特定的信息，就像在书中查找某个关键词一样，索引就是帮助我们快速定位信息的工具。

当面对索引设计问题时，需要考虑如何选择合适的字段作为索引、如何优化索引、如何提高查询效率、如何避免索引失效等问题。索引的设计需要结合具体的业务场景和查询需求，综合考虑存储空间和查询性能等因素。

在处理索引设计问题时，需要深入理解数据库索引的原理和常见类型，如 B 树、哈希

索引等，以及它们之间的优缺点。通过掌握索引设计的相关知识和技巧，能够更好地优化数据库查询性能，提升系统的响应速度和稳定性。在备战面试时，多练习索引设计问题，可以更好地理解和应用这一重要概念。

4.3.1 B 树

B 树是一种常用的索引设计方法，它是一种自平衡的多路搜索树。B 树的设计目标是在磁盘等外存储设备上高效地存储和访问大量数据。相比二叉搜索树，B 树具有更高的平衡度和更少的层级，能够减少磁盘 I/O 操作次数，提高数据的访问效率。

题目来源：力扣（LeetCode）

链接：https://leetcode.cn/problems/implement-trie-prefix-tree/description/?utm_source=LCUS&utm_medium=ip_redirect&utm_campaign=transfer2china

Trie（发音类似于 try）或者说"前缀树"，是一种树形数据结构，用于高效地存储和检索字符串数据集中的键。这一数据结构有相当多的应用情景，如自动补完、检查拼写。

请实现 Trie 类，具体如下。

- Trie()：初始化前缀树对象。
- void insert(String word)：向前缀树中插入字符串 word。
- boolean search(String word)：如果字符串 word 在前缀树中，则返回 true（即在检索之前已经插入）；否则，返回 false。
- boolean startsWith(String prefix)：如果之前已经插入的字符串 word 的前缀之一为 prefix，则返回 true；否则，返回 false。

示例：

输入：
["Trie", "insert", "search", "search", "startsWith", "insert", "search"]
[[], ["apple"], ["apple"], ["app"], ["app"], ["app"], ["app"]]

输出：
[null, null, true, false, true, null, true]

解释：

```
Trie trie = new Trie();
trie.insert("apple");
trie.search("apple");   // 返回 True
trie.search("app");     // 返回 False
```

```
trie.startsWith("app");   // 返回 True
trie.insert("app");
trie.search("app");       // 返回 True
```

提示:

- 1 <= word.length, prefix.length <= 2000。
- word 和 prefix 仅由小写英文字母组成。
- insert、search 和 startsWith 调用次数总计不超过 3×10^4 次。

解题思路:这道题目是实现字典树(Trie)数据结构。字典树是一种特殊的树形数据结构,用于高效地存储和搜索字符串集合。题目要求实现 Trie 类,包含以下 3 个方法:

- insert(String word):将字符串 word 插入字典树中。
- search(String word):判断字符串 word 是否在字典树中存在。
- startsWith(String prefix):判断是否有以 prefix 作为前缀的字符串存在于字典树中。

下面是每个方法的解题思路。

- insert(String word):从根节点开始遍历字符串 word 的每个字符。如果当前字符不存在于当前节点的子节点中,则创建一个新的子节点。然后,将当前节点更新为子节点,并继续遍历下一个字符。遍历结束后,将当前节点标记为一个单词的结束节点(即设置 isWord 为 true)。
- search(String word):从根节点开始,遍历字符串 word 的每个字符。如果当前字符不存在于当前节点的子节点中,则表示字典树中不存在该字符串,返回 false。如果遍历完所有字符后,当前节点的 isWord 为 true,表示字典树中存在该字符串,返回 true。
- startsWith(String prefix):从根节点开始,遍历字符串 prefix 的每个字符。如果当前字符不存在于当前节点的子节点中,则表示不存在以 prefix 作为前缀的字符串,返回 false。如果遍历完所有字符,表示存在以 prefix 作为前缀的字符串,返回 true。

通过使用字典树数据结构,可以高效地插入、搜索和前缀搜索字符串。字典树的时间复杂度为 $O(L)$,其中 L 为字符串的长度。在插入和搜索操作中,需要遍历字符串的每个字符,因此,时间复杂度与字符串的长度成正比。

算法实现如下。

```
// TrieNode 类,表示字典树的节点
class TrieNode {
    // 子节点数组,用于存储 26 个字母的子节点
    private TrieNode[] children;
```

```java
    // 标记该节点是否为一个单词的结尾
    private boolean isWord;

    // 构造函数,初始化子节点数组和 isWord 标志
    public TrieNode() {
        children = new TrieNode[26];
        isWord = false;
    }
    // 插入一个单词到字典树中
    public void insert(String word) {
        TrieNode node = this;
        for (char c : word.toCharArray()) {
            int index = c - 'a';
            if (node.children[index] == null) {
                node.children[index] = new TrieNode();
            }
            node = node.children[index];
        }
        node.isWord = true;
    }
    // 搜索字典树中是否存在一个单词
    public boolean search(String word) {
        TrieNode node = this;
        for (char c : word.toCharArray()) {
            int index = c - 'a';
            if (node.children[index] == null) {
                return false;
            }
            node = node.children[index];
        }
        return node.isWord;
    }
    // 判断字典树中是否有以给定前缀开头的单词
    public boolean startsWith(String prefix) {
        TrieNode node = this;
        for (char c : prefix.toCharArray()) {
            int index = c - 'a';
            if (node.children[index] == null) {
                return false;
            }
            node = node.children[index];
        }
        return true;
    }
}
// Trie 类,表示字典树
class Trie {
    // 根节点
```

```java
    private TrieNode root;
    // 构造函数，初始化根节点
    public Trie() {
        root = new TrieNode();
    }
    // 向字典树中插入一个单词
    public void insert(String word) {
        root.insert(word);
    }
    // 在字典树中搜索是否存在一个单词
    public boolean search(String word) {
        return root.search(word);
    }
    // 判断字典树中是否有给定前缀开头的单词
    public boolean startsWith(String prefix) {
        return root.startsWith(prefix);
    }
}
```

对插入操作分析如下。

- **时间复杂度**：插入一个单词需要遍历单词的每个字符，并在每个字符对应的子节点数组中进行查找和创建节点的操作。假设单词的长度为 N，那么插入操作的时间复杂度为 $O(N)$。
- **空间复杂度**：每个节点都需要一个子节点数组来存储 26 个字母的子节点，因此，节点的空间复杂度为 $O(26)$。假设字典树中插入的单词数量为 M，那么空间复杂度为 $O(26M)$。

对搜索操作分析如下。

- **时间复杂度**：搜索一个单词需要遍历单词的每个字符，并在每个字符对应的子节点数组中进行查找操作。假设单词的长度为 N，那么搜索操作的时间复杂度为 $O(N)$。
- **空间复杂度**：搜索操作不占用额外空间，因此，空间复杂度为 $O(1)$。

对判断前缀是否存在操作分析如下。

- **时间复杂度**：判断一个前缀是否存在，需要遍历前缀的每个字符，并在每个字符对应的子节点数组中进行查找操作。假设前缀的长度为 N，那么操作的时间复杂度为 $O(N)$。
- **空间复杂度**：判断前缀是否存在操作不占用额外空间，因此，空间复杂度为 $O(1)$。

综上所述，插入、搜索和判断前缀存在操作的时间复杂度均为 $O(N)$，其中，N 为单词或前缀的长度。空间复杂度取决于字典树中插入的单词数量，为 $O(26M)$，其中，M 为插入的单词数量。

4.3.2 更快排序的树——B+ 树

与 B 树相比，B+ 树有如下不同。

- **内部节点和叶子节点**：在 B 树中，每个节点既可以是内部节点，也可以是叶子节点。但是在 B+ 树中，只有叶子节点存储实际的键值对数据，而内部节点仅用于索引。这意味着 B+ 树的叶子节点比 B 树更大，可以存储更多的键值对，有助于提高磁盘访问效率。
- **数据项的存储**：在 B 树中，每个节点存储的是一个键值对（Key-Value），键用于索引，值用于存储实际的数据。在 B+ 树中，仅在叶子节点存储键值对，内部节点仅存储键。这样可大大增加每个节点可以存储的键的数量，从而减少树的高度，提高检索效率。
- **数据访问路径**：在 B+ 树中，由于内部节点仅存储键，而数据仅存储在叶子节点中，因此，可以通过从根节点到叶子节点的路径来访问全部数据，这种特性使得范围查询等操作更高效。

题目来源：力扣（LeetCode）

链接：https://leetcode.cn/problems/search-in-a-binary-search-tree/

给定二叉搜索树（BST）的根节点 root 和一个整数值 val。

请在 BST 中找到节点值等于 val 的节点。返回以该节点为根的子树。如果节点不存在，则返回 null。

示例 1：

输入：root = [4,2,7,1,3], val = 2
输出：[2,1,3]

更快排序的树——B+ 树示例 1 示意如图 4-7 所示。

示例 2：

输入：root = [4,2,7,1,3], val = 5
输出：[]

更快排序的树——B+ 树示例 2 示意如图 4-8 所示。

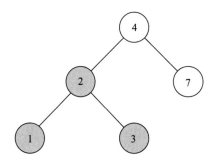 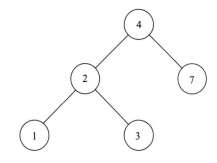

图 4-7　更快排序的树——B+ 树示例 1 示意图　　图 4-8　更快排序的树——B+ 树示例 2 示意图

提示：

- 树中节点数在 [1, 5000] 范围内。
- $1 <= Node.val <= 10^7$。
- root 是二叉搜索树。
- $1 <= val <= 10^7$。

解题思路如下。

步骤 1　定义一个名为 searchBST 的方法，它接收一个二叉搜索树的根节点 root 和一个整数 val 作为参数。

步骤 2　在方法内部，首先检查根节点是否为空或者根节点的值是否等于 val。如果是，则直接返回根节点。

步骤 3　如果根节点不为空且根节点的值不等于 val，需要根据根节点的值与 val 的大小关系来决定在左子树还是右子树中进行搜索。

步骤 4　如果根节点的值大于 val，说明 val 应该在左子树中，因此，递归地调用 searchBST 方法，传入左子节点和 val 作为参数。

步骤 5　如果根节点的值小于 val，说明 val 应该在右子树中，因此，递归地调用 searchBST 方法，传入右子节点和 val 作为参数。

步骤 6　重复步骤 4 和步骤 5，直到找到值为 val 的节点或者遍历完整棵树仍未找到该节点。

算法实现如下：

```java
public class Solution {
    // 定义一个方法用于在 BST（二叉搜索树）中搜索指定值的节点
    public TreeNode searchBST(TreeNode root, int val) {
        // 若根节点为空或根节点的值等于目标值，则返回根节点
        if (root == null || root.val == val) {
            return root;
```

```
        }
        // 若目标值小于当前节点的值，则在左子树中继续搜索
        if (root.val > val) {
            return searchBST(root.left, val);
        } else { // 否则，在右子树中继续搜索
            return searchBST(root.right, val);
        }
    }
}
```

对上述过程分析如下。

- **时间复杂度**：这段代码中的 searchBST 方法是一个递归实现的二叉搜索树查找算法，下面详细分析其时间复杂度和空间复杂度
- **时间复杂度**：最坏情况下，如果二叉搜索树是不平衡的（类似于链表结构），即每次都只能访问一条路径上的节点，则共需要访问所有 N 个节点才能找到目标值。在这种最坏情况下，时间复杂度为 $O(N)$，其中，N 为树中的节点数。

在平均情况下，对于一个平衡的二叉搜索树，每次递归搜索会将搜索范围缩小一半，因此，时间复杂度为 $O(\log N)$，其中 N 为树中的节点数。具体分析如下：递归调用会使用栈空间，递归深度正比于二叉搜索树的高度，因此，在最坏情况下，也就是当二叉搜索树为单链表结构时，递归深度将达到 N，空间复杂度为 $O(N)$。在平衡的二叉搜索树中，递归深度为树的高度，即 $\log N$，因此，空间复杂度为 $O(\log N)$。

综上所述，该算法的时间复杂度最坏情况为 $O(N)$，平均情况为 $O(\log N)$，空间复杂度最坏情况为 $O(N)$，平均情况为 $O(\log N)$。在平衡的二叉搜索树中，搜索效率较高，而在不平衡情况下，搜索效率较低。

4.3.3 空间索引问题

空间索引是指在处理空间数据（如地理数据、几何数据等）时，通过构建数据结构来提高查询和检索的效率。空间索引常用于地理信息系统（GIS）、位置服务、空间数据库等领域。

空间索引的目标是将空间数据组织成一种高效的数据结构，以便快速完成与空间相关的查询，如范围查询、近邻查询、交叉查询等。空间索引的设计和实现涉及平衡索引结构的构建、对插入和删除操作的维护、查询优化等方面。此外，还需要考虑并发访问、持久化存储、空间开销等问题，以提高性能和效率。

题目来源：力扣（LeetCode）

链接：https://leetcode.cn/problems/wiggle-sort-ii/description/

给定一个整数数组 nums，将它重新排列成 nums[0] < nums[1] > nums[2] < nums[3]... 的顺序。

可以假设所有输入数组都可以得到满足题目要求的结果。

示例 1：

输入：nums = [1,5,1,1,6,4]
输出：[1,6,1,5,1,4]

解释：[1, 4, 1, 5, 1, 6] 同样是符合题目要求的结果，可以被判题程序接受。

示例 2：

输入：nums = [1,3,2,2,3,1]
输出：[2,3,1,3,1,2]

提示：

- $1 <=$ nums.length $<= 5 \times 10^4$。
- $0 <=$ nums[i] $<= 5000$。
- 题目数据保证，对于给定的输入 nums，总能产生满足题目要求的结果。

进阶：能用 $O(n)$ 时间复杂度和（或）原地 $O(1)$ 额外空间来实现吗？

解题思路如下。

步骤 1 对原始数组 nums 进行排序，得到一个有序数组 sorted。
步骤 2 将 sorted 数组分为两段，分别是前半部分和后半部分。如果数组长度是奇数，则前半部分的长度为 $(n+1)/2$，后半部分的长度为 $n/2$。如果数组长度是偶数，则前半部分和后半部分的长度都是 $n/2$。
步骤 3 创建一个新数组 result，用于存储重新排列后的 nums 数组。
步骤 4 遍历 result 数组的每个位置，根据位置的奇偶性从 sorted 数组的前半部分和后半部分中取出一个元素，依次填充到 result 数组中。
步骤 5 将 result 数组复制到原始数组 nums 中。

这样就能得到符合题目要求的 wiggle sort 排列。

因为涉及对 nums 数组的排序操作，所以该解法的时间复杂度是 $O(n \log n)$。因为使用了一个额外的 result 数组来存储重新排列后的元素，所以空间复杂度是 $O(n)$。

算法实现如下。

```java
class Solution {
    public void wiggleSort(int[] nums) {
        // 创建一个与原数组相同的新数组，用于排序
        int[] sorted = Arrays.copyOf(nums, nums.length);
        // 对新数组进行排序
        Arrays.sort(sorted);
        // 获取原数组的长度
        int n = nums.length;
        // 计算中间位置
        int mid = (n + 1) / 2;
        // 初始化结束位置
        int end = n;
        // 创建结果数组
        int[] result = new int[n];
        // 遍历原数组
        for (int i = 0; i < n; i++) {
            // 如果当前索引是偶数，则从排序后的数组中取中间位置的值
            if (i % 2 == 0) {
                result[i] = sorted[--mid];
            } else { // 如果当前索引是奇数，则从排序后的数组中取结束位置的值
                result[i] = sorted[--end];
            }
        }
        // 将结果数组复制到原数组中
        System.arraycopy(result, 0, nums, 0, n);
    }
}
```

进阶要求用 $O(n)$ 时间复杂度和（或）原地 $O(1)$ 额外空间来实现。解题思路如下。

步骤 1 找到数组的中位数作为 pivot，可以使用快速选择算法找到中位数，具体实现在 findMedian 方法中。

步骤 2 使用荷兰国旗问题的思路，将数组分为 3 个区域：小于 pivot 的区域、等于 pivot 的区域和大于 pivot 的区域。

步骤 3 使用 newIndex 方法来映射索引，可以使得大于 pivot 的元素位于奇数索引位置，小于 pivot 的元素位于偶数索引位置。

步骤 4 使用双指针 left 和 right 来维护当前处理的范围，逐个根据元素与 pivot 的大小关系进行交换。

步骤 5 得到的数组满足要求的 wiggle sort 排列。

该解法的时间复杂度是 $O(n)$，空间复杂度是 $O(1)$，符合题目的进阶要求。

进阶算法实现如下。

```java
class Solution {
    // 对数组进行摆动排序
    public void wiggleSort(int[] nums) {
        // 找到中位数
        int median = findMedian(nums);
        int n = nums.length;
        int left = 0;
        int right = n - 1;
        int i = 0;

        // 将大于中位数的元素放在左边，将小于中位数的元素放在右边
        while (i <= right) {
            if (nums[newIndex(i, n)] > median) {
                swap(nums, newIndex(left++, n), newIndex(i++, n));
            } else if (nums[newIndex(i, n)] < median) {
                swap(nums, newIndex(right--, n), newIndex(i, n));
            } else {
                i++;
            }
        }
    }

    // 根据索引计算新索引
    private int newIndex(int index, int n) {
        return (1 + 2 * index) % (n | 1);
    }

    // 找到数组的中位数
    private int findMedian(int[] nums) {
        int left = 0;
        int right = nums.length - 1;
        int k = (nums.length + 1) / 2;
        while (true) {
            int pivotIndex = partition(nums, left, right);
            if (pivotIndex == k - 1) {
                return nums[pivotIndex];
            } else if (pivotIndex < k - 1) {
                left = pivotIndex + 1;
            } else {
                right = pivotIndex - 1;
            }
        }
    }

    // 快速选择算法，返回第 k 小的元素的索引
    private int partition(int[] nums, int left, int right) {
```

```
        int pivot = nums[left];
        int i = left + 1;
        int j = right;

        while (i <= j) {
            if (nums[i] < pivot && nums[j] > pivot) {
                swap(nums, i++, j--);
            }
            if (nums[i] >= pivot) {
                i++;
            }
            if (nums[j] <= pivot) {
                j--;
            }
        }

        swap(nums, left, j);
        return j;
    }

    // 交换数组中的两个元素
    private void swap(int[] nums, int i, int j) {
        int temp = nums[i];
        nums[i] = nums[j];
        nums[j] = temp;
    }
}
```

最初的解法的时间复杂度为 $O(n \log n)$，空间复杂度为 $O(n)$。进阶解法的时间复杂度为 $O(n)$，空间复杂度为 $O(1)$。

进阶前的解法使用了排序算法，通常情况下排序算法的时间复杂度是 $O(n \log n)$，其中，n 是数组的长度。空间复杂度取决于排序算法的实现，通常为 $O(n)$，因为需要创建一个新的有序数组。

进阶后的解法利用了荷兰国旗问题的思路和快速选择算法来找到中位数。这使得时间复杂度降低到 $O(n)$。在处理数组时，只使用了固定数量的额外变量和指针，而没有使用额外的数组或数据结构，因此，空间复杂度是 $O(1)$。

总结起来，进阶后的解法在时间和空间复杂度方面都优于进阶前的解法。它的时间复杂度是线性的，只需要一次线性扫描和常数次的交换操作即可完成排序。空间复杂度是常数级别的，没有额外使用数组或数据结构来存储中间结果，因此，进阶后的解法在效率上更优秀。

4.3.4　R 树

R 树的设计目标是将空间数据组织成一种高效的数据结构，以便快速完成与空间相关的查询。R 树的基本思想是将空间数据划分成多个矩形区域，并将这些区域逐层组织成树形结构。每个节点表示一个矩形区域，内部节点保存了其子节点所表示的区域的最小包围矩形（MBR），叶子节点保存了实际的空间数据。

R 树有如下几个特点。

- **多叉树结构**：R 树的每个节点可以有多个子节点，这样可以更好地适应不同大小和形状的矩形区域。
- **平衡性**：R 树尽量保持树的平衡，即每个节点的子节点数量相对均衡，从而提高查询效率。
- **包围矩形（MBR）**：每个节点都有一个最小包围矩形，用于表示其子节点所表示的区域。这样可以通过比较矩形的相交关系来快速排除不符合查询条件的节点。
- **距离优先选择**：在进行查询时，R 树会优先选择与查询条件最接近的节点进行搜索，从而减少搜索路径长度，提高查询效率。

R 树适用于处理大量的空间数据，并且能够高效地支持范围查询、近邻查询、交叉查询等常见的空间查询操作。通过合理选择 R 树的参数和优化查询算法，可以进一步提升查询效率和性能。

R 树是一种用于高效处理空间数据的空间索引方法，通过构建多叉树结构、使用最小包围矩形和距离优先选择等技术，可以快速回答与空间相关的查询，提高空间数据的管理和检索效率。

R 树的特点和原则如下。

- **多级索引结构**：R 树是一种多级索引结构，由根节点、内部节点和叶子节点组成。根节点存储整个数据集的范围，内部节点存储分割的 MBR，叶子节点存储实际的数据项。
- **节点分割策略**：R 树使用一种贪心的策略来选择最佳的分割方式。它根据一些启发式规则，如最小面积增量、最小重叠或最大间隔，选择将数据项划分到哪个子节点。
- **自动调整和重叠**：R 树支持节点的自动调整和重叠。当插入或删除数据项时，R 树会根据需要调整各级节点的 MBR，以保持树的平衡和性能。
- **范围查询和近邻查询**：R 树的结构使得范围查询和近邻查询非常高效。通过递归地遍历 R 树的节点，并仅检查与查询范围或目标点相交的 MBR，可以快速定位到感兴趣的数据项。

思维理解如下。

```
R 树
│
├──多级索引结构
│    │
│    ├──根节点存储整个数据集的范围
│    │
│    ├──内部节点存储分割的 MBR
│    │
│    └──叶子节点存储实际的数据项
│
├──节点分割策略
│    │
│    └──使用贪心策略选择最佳的分割方式
│         │
│         ├──最小面积增量
│         │
│         ├──最小重叠
│         │
│         └──最大间隔
│
├──自动调整和重叠
│    │
│    └──插入或删除数据项时自动调整节点的 MBR
│
└──查询效率
     │
     ├──范围查询
     │    │
     │    └──递归遍历 R 树节点，仅检查与查询范围相交的 MBR
     │
     └──近邻查询
          │
          └──递归遍历 R 树节点，仅检查与目标点相交的 MBR
```

R 树的初始时间复杂度为 $O(\log n)$，其中，n 是数据项的数量。这是因为 R 树采用了多级索引结构，通过递归遍历树的节点可以快速定位到感兴趣的叶子节点或者范围内的节点，从而减少了搜索的时间复杂度。

R 树的初始空间复杂度取决于数据项的数量和维度。假设数据项的数量为 n，维度为 d，R 树的空间复杂度为 $O(n)$。这是因为 R 树需要存储每个数据项的 MBR 及节点的索引结构，因此，空间复杂度与数据项的数量成正比例关系。在初始状态下，R 树的结构如下。

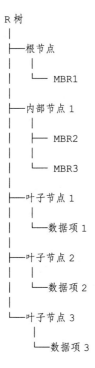

R 树包含一个根节点,根节点保存整个数据集的范围。根节点的子节点可以是内部节点或叶子节点。内部节点存储分割后的 MBR,叶子节点存储实际的数据项。每个叶子节点都包含一个或多个数据项。通过这种结构,R 树可以高效地索引和查询空间数据,下面介绍 R 树进行空间数据索引和查询。

```
// 在 Main 类中创建了一个 RTree 对象,并进行了点的插入和查询操作的演示
public class Main {
    // Point 类表示一个二维点
    static class Point {
        double x;
        double y;
        public Point(double x, double y) {
            this.x = x;
            this.y = y;
        }
    }
    // Rectangle 类表示一个矩形区域
    static class Rectangle {
        double minX;
        double minY;
        double maxX;
        double maxY;
        public Rectangle(double minX, double minY, double maxX, double maxY) {
            this.minX = minX;
            this.minY = minY;
```

```java
            this.maxX = maxX;
            this.maxY = maxY;
        }
        // 判断两个矩形是否相交
        public boolean intersects(Rectangle other) {
            return !(other.minX > maxX || other.maxX < minX || other.minY > maxY
                    || other.maxY < minY);
        }
    }
    // Node 类表示 R 树中的节点
    static class Node {
        Rectangle mbr; // 存储节点的最小外包矩形(Minimum Bounding Rectangle, MBR)
        List<Node> children; // 存储子节点
        public Node(Rectangle mbr) {
            this.mbr = mbr;
            this.children = new ArrayList<>();
        }
        // 判断节点是否是叶子节点
        public boolean isLeaf() {
            return children.isEmpty();
        }
        // 判断节点是否已满
        public boolean isFull() {
            return children.size() >= 4;
        }
        // 分裂节点
        public void split() {
            double maxDeltaX = 0;
            double maxDeltaY = 0;
            int index1 = -1;
            int index2 = -1;
            for (int i = 0; i < children.size() - 1; i++) {
                for (int j = i + 1; j < children.size(); j++) {
                    double deltaX = children.get(i).mbr.maxX - children.get(j).
                        mbr.minX;
                    double deltaY = children.get(i).mbr.maxY - children.get(j).
                        mbr.minY;
                    if (Math.abs(deltaX) > maxDeltaX) {
                        maxDeltaX = Math.abs(deltaX);
                        index1 = i;
                        index2 = j;
                    }
                    if (Math.abs(deltaY) > maxDeltaY) {
                        maxDeltaY = Math.abs(deltaY);
                        index1 = i;
                        index2 = j;
                    }
                }
```

```java
            }
            Node child1 = children.remove(index2);
            Node child2 = children.remove(index1);
            Rectangle mbr1 = child1.mbr;
            Rectangle mbr2 = child2.mbr;
            double minX = Math.min(mbr1.minX, mbr2.minX);
            double minY = Math.min(mbr1.minY, mbr2.minY);
            double maxX = Math.max(mbr1.maxX, mbr2.maxX);
            double maxY = Math.max(mbr1.maxY, mbr2.maxY);
            Rectangle mbrUnion = new Rectangle(minX, minY, maxX, maxY);
            Node parent = new Node(mbrUnion);
            parent.children.add(child1);
            parent.children.add(child2);
            children.add(parent);
        }
    }
    // RTree 类表示 R 树的实现
    static class RTree {
        private Node root; // 根节点
        public RTree() {
            this.root = null;
        }
        // insert 方法实现了点的插入操作
        public void insert(Point point) {
            if (root == null) {
                root = new Node(new Rectangle(point.x, point.y, point.x, point.y));
            } else {
                Node node = chooseLeaf(root, point);
                node.children.add(new Node(new Rectangle(point.x, point.y, point.
                    x, point.y)));
                if (node.isFull()) {
                    node.split();
                }
            }
        }
        // search 方法实现了根据矩形区域进行查询操作
        public List<Point> search(Rectangle query) {
            List<Point> result = new ArrayList<>();
            if (root != null) {
                searchRecursive(root, query, result);
            }
            return result;
        }
        // searchRecursive 方法是递归进行查询的辅助方法
        private void searchRecursive(Node node, Rectangle query, List<Point>
            result) {
            if (node.isLeaf()) {
                for (Node child : node.children) {
```

```java
                    if (query.intersects(child.mbr)) {
                        result.add(new Point(child.mbr.minX, child.mbr.minY));
                    }
                }
            } else {
                for (Node child : node.children) {
                    if (query.intersects(child.mbr)) {
                        searchRecursive(child, query, result);
                    }
                }
            }
        }
        // chooseLeaf 方法选择插入点的叶子节点
        private Node chooseLeaf(Node node, Point point) {
            if (node.isLeaf()) {
                return node;
            } else {
                int index = 0;
                double minEnlargement = Double.POSITIVE_INFINITY;
                for (int i = 0; i < node.children.size(); i++) {
                    Node child = node.children.get(i);
                    double enlargement = calculateEnlargement(child.mbr, point);
                    if (enlargement < minEnlargement) {
                        minEnlargement = enlargement;
                        index = i;
                    }
                }
                return chooseLeaf(node.children.get(index), point);
            }
        }
        // calculateEnlargement 方法计算插入点后矩形区域的扩展量
        private double calculateEnlargement(Rectangle mbr, Point point) {
            double minX = Math.min(mbr.minX, point.x);
            double minY = Math.min(mbr.minY, point.y);
            double maxX = Math.max(mbr.maxX, point.x);
            double maxY = Math.max(mbr.maxY, point.y);
            double originalArea = (mbr.maxX - mbr.minX) * (mbr.maxY - mbr.minY);
            double newArea = (maxX - minX) * (maxY - minY);
            return newArea - originalArea;
        }
    }
    public static void main(String[] args) {
        // 创建一个 RTree 对象
        RTree rtree = new RTree();
        // 插入点到树中
        rtree.insert(new Point(1.5, 2.5));
        rtree.insert(new Point(2.0, 3.0));
        rtree.insert(new Point(3.7, 4.2));
        rtree.insert(new Point(4.5, 1.8));
```

```
        // 定义一个查询矩形
        Rectangle queryRectangle = new Rectangle(2.0, 2.0, 4.0, 4.0);
        // 在查询矩形中搜索点
        List<Point> searchResult = rtree.search(queryRectangle);
        // 打印搜索结果
        System.out.println(" 查询矩形中的点: ");
        for (Point point : searchResult) {
            System.out.println("x: " + point.x + ", y: " + point.y);
        }
    }
}
```

Main 类是程序的入口点，演示了如何使用 RTree 类进行点的插入和查询操作。在 main 方法中首先创建了一个 RTree 对象 rtree，然后插入了一些点，接着定义了一个查询矩形 queryRectangle，并使用 rtree 进行查询操作。

因为只是将点添加到 R 树的节点中，所以，插入点操作的时间复杂度为 $O(1)$。查询操作的时间复杂度取决于树的高度和查询矩形的大小。在最坏情况下，查询操作的时间复杂度为 $O(n)$，其中，n 是树中的节点数。这是因为在最坏情况下，查询矩形可能与所有节点相交，需要遍历所有节点。在 searchRecursive 方法中，遍历节点的时间复杂度为 $O(m)$，其中，m 是节点的子节点数。在最坏情况下，节点的子节点数可能等于树中的节点数 n，因此，searchRecursive 的时间复杂度为 $O(n)$。

插入点的操作不会占用额外的空间，只是将点添加到节点中。查询操作的空间复杂度主要取决于查询结果的大小。在最坏情况下，查询结果可能包含所有的点，此时空间复杂度为 $O(n)$。

在 searchRecursive 方法中，递归调用会占用一定的栈空间，其空间复杂度取决于树的高度。在最坏情况下，树的高度可能等于节点数 n，因此，searchRecursive 的空间复杂度为 $O(n)$。

思维流程如下。

时间复杂度：
  插入点操作：$O(1)$
  查询操作：$O(n)$
  searchRecursive 方法：$O(n)$
空间复杂度：
  插入点操作：$O(1)$
  查询操作：$O(n)$
  searchRecursive 方法：$O(n)$

更多的运用场景如下。

- **空间数据索引**：R 树被广泛用于空间数据索引，如地理信息系统（GIS）、地理空间数据库等。R 树可以高效地存储和检索空间对象，如点、线、面等。
- **空间数据查询**：R 树能够有效支持空间数据的范围查询、最近邻查询、k 邻近查询等操作。R 树可以快速找到与给定查询矩形或点相关的空间对象。
- **数据库优化**：R 树可以作为数据库系统中的索引结构，用于加速空间数据的查询操作。例如，在关系型数据库中，可以使用 R 树索引来加速空间数据的查询。
- **图像处理**：R 树可以用于图像处理中的物体检测、图像搜索和图像聚类等任务。R 树可以高效地处理具有空间关系的图像数据。
- **路径规划**：R 树可以在路径规划算法中作为空间索引结构，加速路网数据的查询操作。R 树可以高效地找到与给定起点和终点相关的路径。

R 树可以快速存储和检索空间对象，提高查询效率。

4.4 海量写入的存储设计

海量存储设计是指在处理大量数据的场景下，如何有效地存储、管理和检索数据。海量存储设计需要考虑存储系统的可扩展性、高性能和高效率等因素。在这样的场景下，LSM 树和 Bloom Filter 是两个常用的技术，用于解决海量存储设计中的问题。

LSM 树（Log-Structured Merge Tree）是一种针对写入密集型工作负载设计的树状数据结构。它将写入操作追加到一个被称为写入日志（Write-Ahead Log）的顺序结构中，然后将数据按照键的顺序存储在多个有序的数据结构中。这样设计的好处是写入操作更高效，因为它们首先被追加到内存中的数据结构，而不是直接写入磁盘。此外，LSM 树还可以采用批量合并和压缩操作，以提高查询性能。通过合并和压缩数据结构，可以减少查询时需要访问的数据量，从而提高查询的效率。

Bloom Filter 是一种概率型数据结构，用于快速判断一个元素是否存在于一个集合中。Bloom Filter 使用多个哈希函数将元素映射到一组位数组中，通过检查位数组中的位是否被置位来判断元素是否存在。Bloom Filter 对内存要求较低，存储空间占用也相对较小，但可能会存在一定的误判率。在海量存储设计中，Bloom Filter 可以用来优化查询操作，将部分不必要的磁盘访问排除在外，提高查询效率。在查询之前使用 Bloom Filter 进行过滤，可以快速判断数据是否存在于存储中，从而避免不必要的磁盘 I/O 操作。

4.4.1 LSM 树

在大数据场景中，LSM 树的主要作用如下。

- **高吞吐量的写入性能**：在大数据场景中，经常需要处理大量的写入操作，包括数据采集、日志记录、实时计算等。LSM 树通过将写入操作追加到内存表中，避免了频繁的磁盘写入操作，从而实现了高吞吐量的写入性能，能够处理大规模数据的写入请求。
- **良好的查询性能**：尽管 LSM 树可能涉及较多的磁盘读取，但由于数据在磁盘层是有序的，所以可以使用二分查找等高效算法进行查询操作。在大数据场景中，通常需要快速进行查询和分析大量数据。LSM 树能够提供比传统 B 树结构更好的查询性能，快速响应查询请求，高效处理数据。
- **内存友好的设计**：LSM 树将数据分为内存表和磁盘层，利用内存表快速追加写入操作并释放内存空间。这种设计可以最大限度利用有限的内存资源，适合处理大量数据的场景。在大数据场景中，数据规模通常非常庞大，因此，必须考虑内存的有效利用，以及高效的数据写入和查询操作。
- **分层存储结构**：LSM 树由多个层级的存储结构组成，包括内存表和磁盘层。数据先被追加到内存表中，然后根据大小或者时间等策略被合并到磁盘层。这种分层结构有效地处理了大量的写入操作，并优化了数据的存储和查询效率。
- **合并和压缩操作**：为了控制磁盘空间的使用和提高查询性能，LSM 树会进行合并和压缩操作。当内存表中的数据达到一定大小时，会被合并到磁盘层的文件中。此外，LSM 树还会对磁盘层的数据进行压缩，减少存储空间的占用。相较于传统的 B 树结构，在 LSM 树中进行查询操作可能涉及更多的磁盘读取操作。因为数据在磁盘层是有序存储的，所以查询时可能需要多次访问不同的文件进行查找，这可能增加一些磁盘 I/O 开销。
- **高吞吐量的写入性能**：由于 LSM 树将写入操作追加到内存表中，避免了频繁的磁盘写入操作，所以具有高吞吐量的写入性能，适合处理大规模数据的写入需求。
- **适合海量数据处理和存储**：LSM 树的设计使得其适合处理海量数据。通过合并和压缩操作可以优化存储空间，同时通过分层存储结构和写入优化，可以高效地处理和存储大量的数据。

展开理解如下。

```
分层存储结构
   |
   | -- 内存表
   |
   | -- 磁盘层（多个层级）
   |
合并和压缩操作
   |
   | -- 数据合并：将内存表中的数据合并到磁盘层
```

```
    |
    | -- 数据压缩：对磁盘层的数据进行压缩
    |
更多磁盘读取（相较于 B 树）
    |
    | -- 数据在磁盘层有序存储，查询时可能需要多次磁盘访问
    |
    | -- 增加了一些磁盘 I/O 开销
高吞吐量的写入性能
    |
    | -- 写入操作追加到内存表中，避免频繁的磁盘写入
适合海量数据处理和存储
    |
    | -- 通过合并和压缩操作，优化存储空间
    |
    | -- 分层存储结构和写入，优化处理大量数据
```

1. 基础例题

题目来源：力扣（LeetCode）

链接：https://leetcode.cn/problems/design-twitter/description/

设计一个简化版的推特（Twitter），可以让用户实现发送推文、关注/取消关注其他用户、能够看见关注人（包括自己）的最近 10 条推文。

实现 Twitter 类，具体如下。

- Twitter()：初始化简易版推特对象。
- void postTweet(int userId, int tweetId)：根据给定的 tweetId 和 userId 创建一条新推文。每次调用此函数都会使用一个不同的 tweetId。
- List<Integer> getNewsFeed(int userId)：检索当前用户新闻推送中最近 10 条推文的 ID。新闻推送中的每项都必须是由用户关注的人或者是用户自己发布的推文。推文必须按照时间顺序由最近到最远排序。
- void follow(int followerId, int followeeId)：ID 为 followerId 的用户开始关注 ID 为 followeeId 的用户。
- void unfollow(int followerId, int followeeId)：ID 为 followerId 的用户不再关注 ID 为 followeeId 的用户。

示例：

输入：
["Twitter", "postTweet", "getNewsFeed", "follow", "postTweet", "getNewsFeed", "unfollow", "getNewsFeed"]

```
[[], [1, 5], [1], [1, 2], [2, 6], [1], [1, 2], [1]]
```

输出：
```
[null, null, [5], null, null, [6, 5], null, [5]]
```

解释：

```
Twitter twitter = new Twitter();
twitter.postTweet(1, 5); // 用户 1 发送了一条新推文 ( 用户 id = 1, 推文 id = 5)
twitter.getNewsFeed(1);  // 用户 1 获取的推文应当返回一个列表，其中包含一个 id 为 5 的推文
twitter.follow(1, 2);    // 用户 1 关注了用户 2
twitter.postTweet(2, 6); // 用户 2 发送了一条新推文 ( 推文 id = 6)
twitter.getNewsFeed(1);  // 用户 1 获取的推文，应当返回一个列表，其中包含两条推文，id 分别为
    -> [6, 5]。推文 id 6 应当在推文 id 5 之前，因为它是在 5 之后发送的
twitter.unfollow(1, 2);  // 用户 1 取消关注了用户 2
twitter.getNewsFeed(1);  // 用户 1 获取推文应当返回一个列表，其中包含一个 id 为 5 的推文，因
    为用户 1 已经不再关注用户 2
```

提示：

❏ 1 <= userId, followerId, followeeId <= 500。
❏ 0 <= tweetId <= 10^4。
❏ 所有推特的 ID 都互不相同。
❏ postTweet、getNewsFeed、follow 和 unfollow 方法最多调用 3×10^4 次。

解题思路如下。

步骤 1 定义 Tweet 类，表示一条推文，包含两个属性：tweetId（推文的唯一标识）和 timestamp（推文的时间戳）。

步骤 2 定义 User 类，表示用户。每个用户有一个 userId，以及两个集合：tweets（保存用户发布的推文）和 followedUsers（保存用户关注的其他用户）。

User 类中包含以下方法。

❏ postTweet(int tweetId, int timestamp)：用户发布一条新的推文，将其添加到 tweets 集合中。
❏ getNewsFeed()：获取用户的新闻动态，其中包括用户自己发布的推文和其关注的其他用户发布的推文。使用最大堆（PriorityQueue）来管理推文，按照时间戳进行排序，提取前 10 条推文作为新闻动态。
❏ follow(int userId)：关注另一个用户，将其添加到 followedUsers 集合中。
❏ unfollow(int userId)：取消关注另一个用户，将其从 followedUsers 集合中移除。

定义 Twitter 类，包含以下全局变量和方法。

- timestamp：记录推文的时间戳，每次发布新推文时自增。
- allUsers：保存所有用户的信息，键为用户的 userId，值为对应的 User 对象。
- postTweet(int userId, int tweetId)：用户 userId 发布一条 tweetId 的推文。如果 userId 不存在，则自动创建一个新的 User 对象。
- getNewsFeed(int userId)：获取用户 userId 的新闻动态，内部调用对应 User 对象的 getNewsFeed 方法。
- follow(int followerId, int followeeId)：用户 followerId 关注用户 followeeId，如果两个用户不存在，会自动创建新的 User 对象。
- unfollow(int followerId, int followeeId)：用户 followerId 取消关注用户 followeeId，如果两个用户不存在，则不执行操作。

算法实现如下。

```java
import java.util.*;

// 定义 Tweet 类，包含 tweetId 和 timestamp 属性
class Tweet {
    int tweetId;
    int timestamp;

    public Tweet(int tweetId, int timestamp) {
        this.tweetId = tweetId;
        this.timestamp = timestamp;
    }
}

// 定义 User 类，包含 userId、tweets 和 followedUsers 属性
class User {
    int userId;
    List<Tweet> tweets;
    Set<Integer> followedUsers;

    public User(int userId) {
        this.userId = userId;
        this.tweets = new ArrayList<>();
        this.followedUsers = new HashSet<>();
    }

    // 发布一条推文
    public void postTweet(int tweetId, int timestamp) {
        Tweet tweet = new Tweet(tweetId, timestamp);
        tweets.add(tweet);
    }

    // 获取新闻动态
```

```java
    public List<Tweet> getNewsFeed() {
        List<Tweet> newsFeed = new ArrayList<>();

        // 使用优先队列存储推文,按照时间戳降序排列
        PriorityQueue<Tweet> maxHeap = new PriorityQueue<>((a, b) -> b.timestamp
            - a.timestamp);
        maxHeap.addAll(tweets);

        // 遍历关注的用户,将他们的推文加入优先队列
        for (Integer followedUser : followedUsers) {
            User user = Twitter.allUsers.get(followedUser);
            if (user != null) {
                maxHeap.addAll(user.tweets);
            }
        }

        // 从优先队列中取出前10条推文,添加到newsFeed列表中
        while (!maxHeap.isEmpty() && newsFeed.size() < 10) {
            newsFeed.add(maxHeap.poll());
        }

        return newsFeed;
    }

    // 关注其他用户
    public void follow(int userId) {
        followedUsers.add(userId);
    }

    // 取消关注其他用户
    public void unfollow(int userId) {
        followedUsers.remove(userId);
    }
}

// 定义Twitter类,包含timestamp和allUsers属性
public class Twitter {
    static int timestamp = 0;
    static Map<Integer, User> allUsers;

    public Twitter() {
        allUsers = new HashMap<>();
    }

    // 发布一条推文
    public void postTweet(int userId, int tweetId) {
        if (!allUsers.containsKey(userId)) {
            allUsers.put(userId, new User(userId));
```

```java
        }
        
        User user = allUsers.get(userId);
        user.postTweet(tweetId, timestamp++);
    }
    
    // 获取新闻动态
    public List<Integer> getNewsFeed(int userId) {
        if (!allUsers.containsKey(userId)) {
            return new ArrayList<>();
        }
        
        User user = allUsers.get(userId);
        List<Tweet> newsFeed = user.getNewsFeed();
        
        List<Integer> feed = new ArrayList<>();
        for (Tweet tweet : newsFeed) {
            feed.add(tweet.tweetId);
        }
        
        return feed;
    }
    
    // 关注其他用户
    public void follow(int followerId, int followeeId) {
        if (!allUsers.containsKey(followerId)) {
            allUsers.put(followerId, new User(followerId));
        }
        
        if (!allUsers.containsKey(followeeId)) {
            allUsers.put(followeeId, new User(followeeId));
        }
        
        User follower = allUsers.get(followerId);
        follower.follow(followeeId);
    }
    
    // 取消关注其他用户
    public void unfollow(int followerId, int followeeId) {
        if (!allUsers.containsKey(followerId) || !allUsers.containsKey(followeeId)) {
            return;
        }
        
        User follower = allUsers.get(followerId);
        follower.unfollow(followeeId);
    }
}
```

时间复杂度分析如下。

- postTweet 方法的时间复杂度为 $O(1)$，因为这个方法只在用户自己的 tweets 集合中添加一条推文。
- getNewsFeed 方法的时间复杂度近似为 $O(n \log k)$，其中，n 是用户关注的所有用户的推文总数，k 是返回的新闻动态的数量。遍历用户关注的每个用户，将其推文加入最大堆，堆的大小最多为 n，因此，插入和删除操作的时间复杂度为 $O(\log n)$。最后，提取前 10 条推文需要执行 k 次弹出操作，时间复杂度为 $O(k \log n)$，因此，总体时间复杂度为 $O(n \log n + k \log n)$，近似为 $O(n \log k)$。
- follow 和 unfollow 方法的时间复杂度为 $O(1)$，只是在集合中添加或删除一个元素。

空间复杂度分析：空间复杂度主要取决于存储用户信息的数据结构，即 allUsers 哈希表。其中，用户的数量为 m，每个用户的推文平均数量为 t，因此，空间复杂度为 $O(m+n)$。其中，m 为用户数量，n 为推文的数量。每个用户的 tweets 集合和 followedUsers 集合的空间复杂度为 $O(t)$ 和 $O(f)$，其中，t 为推文的数量，f 为关注的用户数量。

2. 思维拓展

假设需要实现如下日志分析系统。

- 存储大量的日志数据，并能够快速检索和分析特定时间范围内的日志数据。
- 查询速度要快，能够快速响应用户的查询请求。
- 需要消除重复的日志数据，减少存储空间的占用。

解题思路如下：使用 LSM 树进行海量存储。将日志数据按照时间顺序分批写入 LSM 树的多层级存储结构中。LSM 树的特点是写入快速，适用于高写入负载的场景。通过数据的分层存储和合并策略，可以提高查询响应速度和存储效率。

算法实现如下。

```java
class LSMTree {
    private TreeMap<Long, String> logs;
    private List<Map<Long, String>> levels;
    private int maxLevelSize;
    public LSMTree(int maxLevelSize) {
        this.logs = new TreeMap<>();
        this.levels = new ArrayList<>();
        this.maxLevelSize = maxLevelSize;
    }
    public void appendLog(long timestamp, String log) {
        logs.put(timestamp, log);
        if (logs.size() >= maxLevelSize) {
            levels.add(new TreeMap<>(logs));
```

```java
            logs.clear();
        }
    }
    public List<String> queryLogsInRange(long startTime, long endTime) {
        List<String> result = new ArrayList<>();
        for (Map<Long, String> level : levels) {
            for (Map.Entry<Long, String> entry : level.entrySet()) {
                long timestamp = entry.getKey();
                String log = entry.getValue();
                if (timestamp >= startTime && timestamp <= endTime) {
                    result.add(log);
                } else if (timestamp > endTime) {
                    break; // 停止遍历当前level,进入下一个level
                }
            }
        }
        // 查询剩余的未被合并的logs
        for (Map.Entry<Long, String> entry : logs.entrySet()) {
            long timestamp = entry.getKey();
            String log = entry.getValue();
            if (timestamp >= startTime && timestamp <= endTime) {
                result.add(log);
            } else if (timestamp > endTime) {
                break; // 停止遍历logs
            }
        }
        return result;
    }
}
public class LSMTreeExample {
    public static void main(String[] args) {
        LSMTree tree = new LSMTree(10000); // 设定每个level存储的最大日志数量
        // 示例:添加日志
        tree.appendLog(1626825600000L, "Log 1");
        tree.appendLog(1626825660000L, "Log 2");
        tree.appendLog(1626825720000L, "Log 3");
        // ...
        // 示例:查询指定时间范围内的日志
        List<String> result = tree.queryLogsInRange(1626825600000L,
            1626825720000L);
        System.out.println(result);
    }
}
```

以上代码为一个简单的LSM树实现,用于存储和查询大量日志数据。LSM树的多层级存储结构通过分批写入和合并策略提高了写入速度和查询效率。通过appendLog方法,可以将日志依据时间顺序添加到LSM树中,并根据设定的最大level大小进行分层存储。

queryLogsInRange 方法可以根据指定的时间范围，查询满足条件的日志数据。

时间复杂度分析如下。

- **添加日志时间复杂度**：每次调用 appendLog 方法时，将日志添加到 logs 中，时间复杂度为 $O(1)$。当 logs 中的日志数量达到 maxLevelSize 时，需要将 logs 中的日志合并到 levels 中，合并操作的时间复杂度为 $O(\log n)$，其中 n 为 logs 中的日志数量。当插入的日志数量较大时，需要执行多次的合并操作，每次合并的时间复杂度为 $O(\log n)$。因此，随着日志数量的增加，插入操作的时间复杂度会增加。时间复杂度为 $O(m \log n)$，其中，m 为插入的日志数量，n 为日志总数。
- **查询日志时间复杂度**：通过遍历 levels 和 logs 来查找满足条件的日志，时间复杂度取决于日志的数量和树的层数。假设 levels 中的每个 level 都有 m 个日志，logs 中有 n 个日志，则查询时间复杂度为 $O(m + n)$。查询匹配的日志数量为 m，遍历日志总数 n，所以时间复杂度为 $O(m + n)$。不论日志数量如何，查询操作的时间复杂度都是线性的。

空间复杂度分析如下：

- **存储日志空间复杂度**：日志数据存储在 logs 和 levels 中，logs 的空间复杂度为 $O(\text{maxLevelSize})$，levels 的空间复杂度为 $O(k\,\text{maxLevelSize})$，其中 k 为插入日志次数除以 maxLevelSize 向上取整。因此，存储日志的空间复杂度为 $O(k \times \text{maxLevelSize})$。存储日志的空间复杂度为 $O(k \times \text{maxLevelSize})$，其中 k 为插入日志次数除以 maxLevelSize 向上取整。由于每次合并操作都会生成新的 level，且合并操作的触发条件是 logs 中存储的日志数量达到 maxLevelSize，这会导致存储空间的浪费。当插入日志次数较多时，存储空间的占用也会相应增加。
- **辅助数据结构空间复杂度**：除了日志数据外，LSM 树还需要额外的辅助数据结构来支持日志的索引和合并操作。在代码中，使用了 TreeMap 来存储日志数据和 levels 中的 level，因此，辅助数据结构的空间复杂度为 $O(k \times \text{maxLevelSize})$。

LSM 树在插入日志操作上具有较高的时间复杂度，尤其是在日志数量较大时。同时，由于合并操作和辅助数据结构的占用，存储空间的占用也会随着插入日志次数的增加而增加。在实际应用中，需要根据具体情况权衡时间和空间的需求，选择合适的数据结构和调整参数来平衡性能和资源消耗。

4.4.2　Bloom Filter

Bloom Filter（布隆过滤器）是一种基于哈希函数的数据结构，用于快速判断某个元素是否在集合中。Bloom Filter 的特点是高效、占用空间少，但是有一定的误判率。Bloom Filter 的主要应用场景是在海量数据集中进行快速查找和过滤操作，如数据库查询等场景。

Bloom Filter 的实现依赖于多个哈希函数，通过对待判断元素进行多次哈希操作，将其映射到不同的位上。在判断某个元素是否在集合中时，可以对该元素进行多次哈希操作，得到对应的位号，然后查看这些位是否都被置为 1。如果有任何一位为 0，则可以确定该元素不在集合中；如果所有位都是 1，则该元素可能在集合中，但并不确定。

Bloom Filter 的误判率取决于哈希函数的数量和位数组的大小。为了降低误判率，可以增加哈希函数的数量和位数组的大小，但这会增加 Bloom Filter 的空间占用和计算复杂度。

Bloom Filter 还有一些变种，其中，Counting Bloom Filter（计数布隆过滤器）和 Scalable Bloom Filter（可扩展布隆过滤器）是两种经典的布隆过滤器变种，用于解决数据处理和查询的效率问题。

1. 基础例题

题目来源：（LeeCode）

链接：https://leetcode.cn/problems/word-search-ii/description/

给定一个 $m \times n$ 二维字符网格 board 和一个单词（字符串）列表 words，返回所有二维网格上的单词。

单词必须按照字母顺序，由"相邻的单元格"内的字母构成，其中"相邻单元格"是那些水平相邻或垂直相邻的单元格。同一个单元格内的字母在一个单词中不允许被重复使用。

示例 1：

输入：board = [["o","a","a","n"],["e","t","a","e"],["i","h","k","r"],["i","f","l","v"]], words = ["oath","pea","eat","rain"]
输出：["eat","oath"]

Bloom Filter 基础题示例 1 示意如图 4-9 所示。

示例 2：

输入：board = [["a","b"],["c","d"]], words = ["abcb"]
输出：[]

Bloom Filter 基础题示例 2 示意如图 4-10 所示。

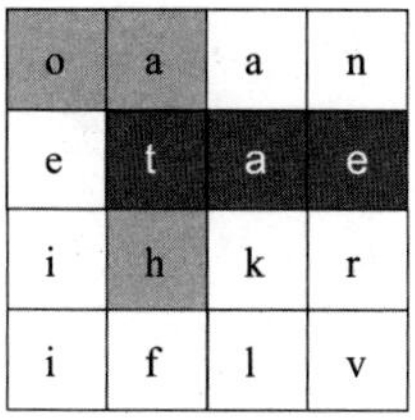

图 4-9 Bloom Filter 基础题示例 1 示意图 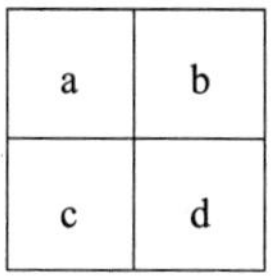 图 4-10 Bloom Filter 基础题示例 2 示意图

提示：

- m == board.length。
- n == board[i].length。
- $1 <= m, n <= 12$。
- board[i][j] 是一个小写英文字母。
- $1 <=$ words.length $<= 3 \times 10^4$。
- $1 <=$ words[i].length $<= 10$。
- words[i] 由小写英文字母组成。
- words 中的所有字符串互不相同。

解题思路如下。

步骤 1 定义字典树的节点结构 TrieNode，包含一个字符数组 children 和一个存储单词的字符串 word。

步骤 2 构建字典树 Trie，将给定的单词数组 words 插入字典树中。遍历每个单词，从根节点开始，逐个字符插入对应的子节点上，如果子节点不存在，则创建新节点，最后将单词本身存储在叶子节点的 word 字段上。

步骤 3 定义最终结果的集合 result，初始化为空集。

步骤 4 遍历二维字符数组 board，对于每个字符：

- 调用深度优先搜索函数 dfs，传入当前字符的索引 (i, j)、字典树根节点 root 和结果集 result。
- 在深度优先搜索函数中，首先判断当前字符与字典树对应位置的子节点是否存在，若不存在，则返回；若存在，则将当前节点指向对应的子节点，并判断该子节点是否代表一个已存在的单词。如果是，则将该单词添加到结果集 result 中，并将当前节点的 word 字段置为空，避免重复添加单词。
- 标记当前字符为已访问，避免在搜索过程中重复使用同一个字符。
- 使用深度优先搜索在当前字符的上、下、左、右 4 个方向进行递归搜索。
- 恢复当前字符为未访问状态，以便在搜索其他路径时可以再次使用。

步骤 5 返回结果集 result。

算法实现如下。

```java
class Solution {
    // 定义字典树的节点
    class TrieNode {
        TrieNode[] children;
        String word;
        public TrieNode() {
            children = new TrieNode[26];
            word = null;
        }
    }
    // 构建字典树
    private TrieNode buildTrie(String[] words) {
        TrieNode root = new TrieNode();
        for (String word : words) {
            TrieNode node = root;
            for (char ch : word.toCharArray()) {
                int index = ch - 'a';
                if (node.children[index] == null) {
                    node.children[index] = new TrieNode();
                }
                node = node.children[index];
            }
            node.word = word;
        }
        return root;
    }
    public List<String> findWords(char[][] board, String[] words) {
        List<String> result = new ArrayList<>();
        TrieNode root = buildTrie(words);
        int m = board.length;
        int n = board[0].length;
        for (int i = 0; i < m; i++) {
            for (int j = 0; j < n; j++) {
                dfs(board, i, j, root, result);
            }
        }
        return result;
    }
    private void dfs(char[][] board, int i, int j, TrieNode node, List<String> result) {
        char ch = board[i][j];
        if (ch == '#' || node.children[ch - 'a'] == null) {
            return;
        }
```

```
        node = node.children[ch - 'a'];
        if (node.word != null) {
            result.add(node.word);
            node.word = null; // 避免重复添加
        }
        board[i][j] = '#'; // 标记当前字符已访问
        int[][] directions = {{-1, 0}, {1, 0}, {0, -1}, {0, 1}};
        for (int[] dir : directions) {
            int ni = i + dir[0];
            int nj = j + dir[1];
            if (ni >= 0 && ni < board.length && nj >= 0 && nj < board[0].length) {
                dfs(board, ni, nj, node, result);
            }
        }
        board[i][j] = ch; // 恢复当前字符
    }
}
```

假设字典树的节点数量为 N，输入单词的平均长度为 L，二维字符矩阵的大小为 $M \times N$。构建字典树的时间复杂度为 $O(N \times L)$，需要遍历所有输入单词的字符。在深度优先搜索中，每个字符最多会被访问一次，因此，总的时间复杂度为 $O(M \times N \times 4^L)$，其中 4 表示上、下、左、右 4 个方向的选择。综合起来，总的时间复杂度为 $O(N \times L + M \times N \times 4^L)$。

字典树的空间复杂度为 $O(N \times L)$，需要存储每个字符的节点。深度先搜索的递归栈空间的最大深度为单词的平均长度 L，因此，空间复杂度为 $O(L)$。不考虑输入和输出占用的空间，则总的空间复杂度为 $O(N \times L + L)$，即 $O(N \times L)$。

2. 回到 LSM 日志分析系统

通过上述实现的 LSM 树来解决 Bloom Filter 消除重复数据的问题：由于日志数据可能存在重复的情况，所以使用 Bloom Filter 可以快速判断一个日志数据是否已经存在。将日志数据的唯一标识（如某个字段的哈希值）存储在 Bloom Filter 中，查询和写入新数据时，先通过 Bloom Filter 判断是否存在，从而避免重复存储。

```
class BloomFilter<T> {
    private final int size;
    private final int hashFunctions;
    private BitSet bitSet;
    public BloomFilter(int size, int hashFunctions) {
        this.size = size;
        this.hashFunctions = hashFunctions;
        this.bitSet = new BitSet(size);
    }
    public void add(T element) {
```

```java
            for (int i = 0; i < hashFunctions; i++) {
                int hash = element.hashCode() * i;
                int index = Math.abs(hash % size);
                bitSet.set(index);
            }
        }
        public boolean contains(T element) {
            for (int i = 0; i < hashFunctions; i++) {
                int hash = element.hashCode() * i;
                int index = Math.abs(hash % size);
                if (!bitSet.get(index)) {
                    return false;
                }
            }
            return true;
        }
    }
    class LSMTree {
        private TreeMap<Long, String> logs;
        private List<Map<Long, String>> levels;
        private int maxLevelSize;
        private BloomFilter<Long> bloomFilter;
        public LSMTree(int maxLevelSize, int bloomFilterSize, int
            bloomFilterHashFunctions) {
            this.logs = new TreeMap<>();
            this.levels = new ArrayList<>();
            this.maxLevelSize = maxLevelSize;
            this.bloomFilter = new BloomFilter<>(bloomFilterSize,
                bloomFilterHashFunctions);
        }
        public void appendLog(long timestamp, String log) {
            if (bloomFilter.contains(timestamp)) {
                return; // 如果Bloom Filter判断元素已存在，则忽略该日志
            }
            logs.put(timestamp, log);
            bloomFilter.add(timestamp);
            if (logs.size() >= maxLevelSize) {
                levels.add(new TreeMap<>(logs));
                logs.clear();
            }
        }
        public List<String> queryLogsInRange(long startTime, long endTime) {
            List<String> result = new ArrayList<>();
            for (Map<Long, String> level : levels) {
                for (Map.Entry<Long, String> entry : level.entrySet()) {
                    long timestamp = entry.getKey();
                    String log = entry.getValue();
                    if (timestamp >= startTime && timestamp <= endTime) {
```

```
                result.add(log);
            } else if (timestamp > endTime) {
                break; // 停止遍历当前level，进入下一个level
            }
        }
    }
    // 查询剩余的未被合并的logs
    for (Map.Entry<Long, String> entry : logs.entrySet()) {
        long timestamp = entry.getKey();
        String log = entry.getValue();
        if (timestamp >= startTime && timestamp <= endTime) {
            result.add(log);
        } else if (timestamp > endTime) {
            break; // 停止遍历logs
        }
    }
    return result;
  }
}
public class LSMTreeExample {
    public static void main(String[] args) {
        LSMTree tree = new LSMTree(10000, 1000000, 3); // 设定每个level存储的最大日
            志数量，并设置Bloom Filter的大小和哈希函数个数
        // 示例：添加日志
        tree.appendLog(1626825600000L, "Log 1");
        tree.appendLog(1626825660000L, "Log 2");
        tree.appendLog(1626825720000L, "Log 3");
        List<String> result = tree.queryLogsInRange(1626825600000L,
            1626825720000L);
        System.out.println(result);
    }
}
```

在原有的LSMTree类中增加了BloomFilter类来实现去重功能。在每次追加日志时，会先使用Bloom Filter判断该日志是否已存在于树中，如果已存在，则忽略该日志。Bloom Filter使用了布隆过滤器的原理，可以快速判断元素是否可能存在于集合中，以减少实际的查找次数。

在LSMTree的构造函数中新增了两个参数——bloomFilterSize和bloomFilterHashFunctions，分别表示Bloom Filter的大小和哈希函数的个数，可以根据实际情况进行调整。

时间复杂度和空间复杂度的展开如下。

时间复杂度
|
├──查询：O(h log N)

```
|           └── h:树的高度
|                └── N:日志总数
|
├── 插入: O(log N)
|           └── N:日志总数
|
└── Bloom Filter 的 add 和 contains 方法: O(k)
            └── k:哈希函数的个数
空间复杂度
|
├── LSM 树的空间复杂度: O(N + levelSize)
|           └── N:日志总数
|                └── levelSize:每个 level 的最大日志数量
|
└── Bloom Filter 的空间复杂度: O(filterSize)
            └── filterSize: Bloom Filter 的大小
```

在 LSMTree 的 appendLog 方法中,在追加日志前先调用 bloomFilter.contains 方法判断该日志是否已存在,如果存在,则直接返回,不进行后续操作。如果不存在,则将日志添加到 logs 和 bloomFilter 中,这样通过使用 Bloom Filter 来消除重复数据,可以有效减少查询操作时的遍历次数,提高查询性能。

时间复杂度相关介绍如下。

- **查询**:查询操作的时间复杂度为 $O(h \log N)$,其中,h 为树的高度,N 为日志总数。树的高度决定了查询的时间复杂度,而树的高度受日志总数的影响。
- **插入**:插入操作的时间复杂度为 $O(\log N)$,因为插入操作的时间复杂度受树的高度限制,所以树的高度与日志总数有关。
- **Bloom Filter 的 add 和 contains 方法**:Bloom Filter 的 add 和 contains 方法的时间复杂度为 $O(k)$,其中,k 是哈希函数的个数。Bloom Filter 的性能与哈希函数的个数有关。

空间复杂度相关介绍如下。

- **LSM 树的空间复杂度**:LSM 树的空间复杂度主要取决于每个 level 的大小和日志的总数。每个 level 的大小为 levelSize,日志的总数为 N,因此,LSM 树的空间复杂度为 $O(N+\text{levelSize})$。
- **Bloom Filter 的空间复杂度**:Bloom Filter 的空间复杂度主要取决于 Bloom Filter 的大小,即 filterSize,因此,Bloom Filter 的空间复杂度为 $O(\text{filterSize})$。

添加 BloomFilter 的优点如下。

- **去重功能**:通过 Bloom Filter 在添加日志前判断日志是否已存在,避免了重复存储相同的日志，减少了存储空间的占用。
- **查询性能优化**：Bloom Filter 能够在常数时间内判断一个元素是否可能存在于集合中，可以快速过滤掉一部分不可能存在的日志，减少了实际查询的次数和时间复杂度。
- **空间优化**：Bloom Filter 只需要占用相对较小的额外空间来存储布隆过滤器的位集，相比在 LSM 树中存储所有日志，能够节省很多空间。
- **降低磁盘写入频率**：LSM 树在达到一定的日志数量时会进行合并操作，将较低 level 的数据合并到更高 level 中，最终写入磁盘。Bloom Filter 的引入可以避免重复写入相同的日志，减少了合并操作的次数，降低了磁盘写入的频率，提高了性能。

3. 常见的问题

（1）LSM 树如何加速特定时间范围内的日志数据检索？

LSM 树通过将日志按时间顺序分层存储，可以加速特定时间范围内的日志数据检索。在 LSM 树的每个 level 中，存储的日志是按照时间戳有序排列的，因此，当需要检索特定时间范围内的日志时，可以借助 LSM 树的层级结构和时间戳的有序性进行优化。

先通过比较每个 level 的最小和最大时间戳，可以确定哪些 level 可能存在感兴趣的日志数据。例如，给定一个时间范围 $[A, B]$，如果某个 level 的最小时间戳大于 B 或者最大时间戳小于 A，那么该 level 中的日志数据肯定不在范围内，因此，可以排除这些 level，减少需要扫描的日志数量。

接下来，在确定了可能存在日志数据的 level 后，只需要在这些 level 中检索出时间范围内的具体日志。由于每个 level 内的日志是有序的，所以，可以使用二分查找等高效的方法快速定位到时间范围内的起始位置，并从该位置开始进行检索。

通过运用这种基于 LSM 树的时间顺序有序存储和层级结构的特点，可以减少需要扫描的日志数量，从而加快特定时间范围内日志数据的检索速度。这种方式在时间范围较大且分布较为均匀的情况下效果更为明显，因为可以更快地定位到感兴趣的 level 和具体的日志数据。

（2）Bloom Filter 如何快速判断日志数据是否已存在？

Bloom Filter 是一种用于快速判断元素是否属于一个集合的数据结构。在 LSM 树中，可以使用 Bloom Filter 过滤掉一部分不存在的日志数据。Bloom Filter 对每个日志的关键信息进行哈希计算，并将结果映射到一个位数组中。当判断一个日志是否已存在时，对该日志进行哈希计算并检查对应的位数组中的位是否都为 1，如果有任何一个位为 0，则认为该日志不存在；如果都为 1，则可能存在。由于 Bloom Filter 存在一定的误判率，所以，在判断日志是否存在时，需要进一步进行实际的查询操作确认。

（3）LSM 树和 Bloom Filter 如何协同工作，提高日志数据的查询性能和存储效率？

LSM 树通常将 Bloom Filter 作为一种辅助数据结构，用于减少对磁盘的查询操作，从而提高查询性能。在查询日志时，可以首先通过 Bloom Filter 过滤掉一些肯定不存在的日志数据，然后进行实际的查询操作，从而避免了对磁盘的不必要访问。通过合理调整 Bloom Filter 的参数，可以在减少磁盘访问的同时，尽量避免误判。

（4）如何处理 LSM 树的合并操作，以减少存储空间的占用和提高查询性能？

合并操作是 LSM 树中的一个重要机制，用于定期将较小的 level 的数据合并到较大的 level，以减少存储空间的占用。合并操作需要读取、合并和写入大量的数据，因此，会对查询性能产生一定的影响。为了减少对查询性能的影响，LSM 树通常会采用一些优化措施，如后台异步合并、分批合并等，以尽量减少合并操作对查询的阻塞。同时，也可以通过对合并策略的优化和对参数的调整，来平衡合并操作频率和查询性能要求之间的关系，以达到存储空间节约和查询性能提升的平衡点。

第 5 章 面试真题

前几章介绍了大数据算法涉及的几个重要方面,掌握了上述内容,相信大家完全可以应对各种大数据相关的面试算法题了。为了巩固大家所学内容,本章将通过来自多家企业的面试真题(部分真题来自力扣,部分来自各家互联大厂的分享),来帮大家找到应对大数据算法面试题的感觉。

5.1 关键的位运算

我们常说计算机是由 0 和 1 组成的世界,因为在计算机中,所有的数据都是以 0 和 1 的形式表示的。位运算是计算机中的一组操作,它们直接操作存储在计算机中的二进制数字的位,因此,位运算是处理这些二进制数据的重要工具。有几种常见的位运算操作,具体如下。

- 按位与(AND):当对应位置的两个二进制位都为 1 时,结果为 1;否则为 0。
- 按位或(OR):对应位置的两个二进制位只要有一个为 1,结果就为 1。
- 按位异或(XOR):当对应位置的两个二进制位不相同时,结果为 1;相同时为 0。
- 按位取反(NOT):将每个二进制位取反,即 0 变为 1,1 变为 0。
- 左移(<<)和右移(>>):将二进制数向左或向右移动指定的位数,相当于乘以或除以 2 的幂。

这些操作在计算机编程中广泛应用,用于优化性能、掩码操作、权限管理等方面。通过位运算,程序员可以更有效地操作和处理二进制数据。

5.1.1 颠倒二进制位

题目来源：力扣（LeetCode）

链接：https://leetcode.cn/problems/reverse-bits

颠倒给定的 32 位无符号整数的二进制位。

示例 1：

输入：n = 00000010100101000001111010011100
输出：964176192 (00111001011110000010100101000000)

解释：输入的二进制串 00000010100101000001111010011100 表示无符号整数 43261596，因此，返回 964176192，其二进制表示形式为 00111001011110000010100101000000。

示例 2：

输入：n = 11111111111111111111111111111101
输出：3221225471 (10111111111111111111111111111111)

解释：输入的二进制串 11111111111111111111111111111101 表示无符号整数 4294967293，因此，返回 3221225471，其二进制表示形式为 10111111111111111111111111111111。

提示：输入是一个长度为 32 的二进制字符串。

若要翻转一个二进制串，可以将其均分成左右两部分，对每部分递归执行翻转操作，然后将左半部分拼在右半部分的后面，即完成了翻转。由于左右两部分的计算方式是相似的，所以，利用位掩码和位移运算，可以自底向上完成这一分治流程。

对于递归的最底层，需要交换所有奇偶位：取出所有奇数位和偶数位，然后将奇数位移到偶数位上，偶数位移到奇数位上。类似地，对于倒数第二层，每两位分一组，按组号取出所有奇数组和偶数组，然后将奇数组移到偶数组上，偶数组移到奇数组上，以此类推。

```java
public class Solution {
    // 用于位级操作的掩码
    private static final int M1 = 0x55555555; // 01010101010101010101010101010101
    private static final int M2 = 0x33333333; // 00110011001100110011001100110011
    private static final int M4 = 0x0f0f0f0f; // 00001111000011110000111100001111
    private static final int M8 = 0x00ff00ff; // 00000000111111110000000011111111

    /**
     * 反转 32 位整数的二进制表示。
```

```
 *
 * @param n 需要反转位的输入整数。
 * @return 具有反转位的整数。
 */
public int reverseBits(int n) {
    // 交换相邻的 2 位，然后是 4 位、8 位，最后是 16 位。
    n = n >>> 1 & M1 | (n & M1) << 1;
    n = n >>> 2 & M2 | (n & M2) << 2;
    n = n >>> 4 & M4 | (n & M4) << 4;
    n = n >>> 8 & M8 | (n & M8) << 8;
    // 交换最左边的 16 位和最右边的 16 位
    return n >>> 16 | n << 16;
}
}
```

上述代码实现了一个方法 reverseBits，用于反转一个 32 位整数的二进制表示。该方法使用位级操作和掩码来进行反转。具体而言，首先交换相邻的两位，然后是 4 位、8 位，最后是 16 位，最终交换最左边的 16 位和最右边的 16 位。因此，该算法的时间复杂度为 $O(1)$，因为无论输入的整数多大，都只需要固定数量的位级操作。而空间复杂度为 $O(1)$，因为算法中不需要额外的空间来存储除输入外的其他数据。

5.1.2 计数质数

题目来源：力扣（LeetCode）

链接：https://leetcode.cn/problems/count-primes/

给定整数 n，返回所有小于非负整数 n 的质数的数量。

示例 1：

输入：n = 10
输出：4

解释：小于 10 的质数一共有 4 个，它们是 2, 3, 5, 7。

示例 2：

输入：n = 0
输出：0

示例 3：

输入：n = 1
输出：0

考虑这样一个事实：如果 x 是质数，那么 x 的倍数，即 $2x, 3x$ ……一定不是质数，因此，可以从这里入手。设 isPrime[i] 表示数 i 是不是质数，如果是质数则为 1，否则为 0。从小到大遍历每个数，如果这个数为质数，则将其所有的倍数都标记为合数（除了该质数本身），即 0，这样在运行结束时就能知道质数的个数。

这种方法的正确性是比较显然的，绝对不会将质数标记成合数。因为当从小到大遍历到数 x 时，倘若它是合数，则它一定是某个小于 x 的质数 y 的整数倍，故根据此方法的步骤，在遍历到 y 时，就一定会在此时将 x 标记为 isPrime[i] = 0。因此，这种方法也不会将合数标记为质数。

还可以继续优化，对于一个质数 x，如果按上文说的从 $2x$ 开始标记其实是冗余的，应该直接从 x 开始标记，因为 $2x, 3x$ …这些数一定在 x 之前就被其他数的倍数标记过了，如 2 的所有倍数、3 的所有倍数等。

```java
class Solution {
    /**
     * 计算小于非负整数 n 的质数数量
     *
     * @param n 输入的非负整数
     * @return 小于 n 的质数数量
     */
    public int countPrimes(int n) {
        // 创建一个数组 isPrime, 用于标记每个数是否为质数, 初始全部标记为质数
        int[] isPrime = new int[n];
        Arrays.fill(isPrime, 1);

        // 初始化计数器 ans 为 0
        int ans = 0;

        // 遍历从 2 到 n - 1 的每个数
        for (int i = 2; i < n; ++i) {
            // 如果当前数 i 是质数, 则增加计数器 ans
            if (isPrime[i] == 1) {
                ans += 1;
                // 将 i 的倍数标记为非质数
                // 注意: 使用 (long) i * i 防止整数溢出
                if ((long) i * i < n) {
                    for (int j = i * i; j < n; j += i) {
                        isPrime[j] = 0;
                    }
                }
            }
        }
        // 返回质数数量
```

```
        return ans;
    }
}
```

下面分析这个算法的时间复杂度和空间复杂度。

- **数组初始化**：int[] isPrime = new int[n];，Arrays.fill(isPrime, 1);，这两行代码的时间复杂度是 $O(n)$。因为它们都涉及对数组的每个元素进行初始化操作。
- **主循环**：主循环是从 2 到 $n-1$ 的遍历，因此有 n 次迭代。
- **内层循环**：在主循环内，有一个内层循环 for (int j = i * i; j < n; j += i)，它负责将当前质数的倍数标记为非质数。这个内层循环的迭代次数并不是恒定的，而是随着 i 的增大而减小。在最坏情况下，内层循环的总迭代次数可以被认为是 $n/2 + n/3 + n/5 + \cdots + n/p$ 的和，其中 p 是小于 n 的最大质数。根据素数定理的性质可知，这个和约为 $O(n \log \log n)$。因此，总体来说，这段代码的时间复杂度可以近似看作 $O(n \log \log n)$。

空间复杂度为 $O(n)$，需要 $O(n)$ 的空间记录每个数是否为质数。

5.2 奇妙的数论题

数论（Number Theory）是数学的一个分支，专门研究整数及其性质。数论涉及一系列问题，包括素数、质因数分解、同余方程、模运算、最大公约数、最小公倍数等。在算法和编程领域，数论题目通常指涉及整数性质和运算的问题。在算法竞赛、编程面试及一些实际应用场景中，数论题目常常涉及对整数性质的深刻理解和灵活运用。解决数论问题，通常需要巧妙地运用数学知识，如数学归纳法、数学推理、数学构造等，然后结合算法设计，找到高效的解决方案。

研究数论题目有助于培养对数学性质的敏感度、解决实际问题的能力、数学思维和编程技巧。

5.2.1 镜面反射

题目来源：力扣（LeetCode）

链接：https://leetcode.cn/problems/mirror-reflection/

有一个特殊的正方形房间，每面墙上都有一面镜子。除西南角以外，每个角落都放有一个接收器，编号为 0、1、2。

正方形房间的墙壁长度为 p，一束激光从西南角射出，首先会与东墙相遇，入射点到接收器 0 的距离为 q。

返回光线最先遇到的接收器的编号（保证光线最终会遇到一个接收器）。

示例 1：

输入：p = 2, q = 1
输出：2

解释：这条光线在第一次被反射回左边的墙时就遇到了接收器 2。

示例 2：

输入：p = 3, q = 1
输出：1

相关示意如图 5-1 所示。

把光线的运动拆分成水平和垂直两个方向看。在水平和垂直方向，光线都在 0 到 p 之间往返运动，并且水平方向的运动速度是垂直方向的 p/q 倍。可以将光线的运动抽象成：每过一个时间步，光线在水平方向从一侧跳动到另一侧（即移动 p 的距离），同时在垂直方向前进 q 的距离，如果到达了边界就折返。

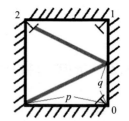

图 5-1　镜面反射示例示意图

由于接收器的位置在水平方向的两侧，所以，只有当光线经过整数个时间步后，才有可能到达某一个接收器。由于接收器的位置也在垂直方向的两侧，所以，光线经过 k 个时间步后，它在垂直方向移动的总距离 kq 必须是 p 的倍数，这样才会碰到垂直方向的两侧。

因此，需要找到最小的 k 使得 kq 是 p 的倍数，并且根据 k 的奇偶性可以得知光线到达了左侧还是右侧；根据 kq/p 的奇偶性可以得知光线到达了上方还是下方，从而得知光线到达的接收器的编号。

显然，设 $g = \gcd(p, q)$，g 为 p 和 q 的最大公约数，那么 $s = pq/\gcd(p, q)$，s 是最小的同时整除 p 和 q 的数，即 p 和 q 的最小公倍数。因此 k 的值为 $s/q = p/\gcd(p, q)$。

```
class Solution {
    // 计算镜面反射后光线到达的位置
    public int mirrorReflection(int p, int q) {
        // 计算 p 和 q 的最大公约数
        int g = gcd(p, q);
```

```
        // 将p和q分别除以最大公约数，然后对2取余数
        p /= g; p %= 2;
        q /= g; q %= 2;

        // 根据镜面反射规律判断最终光线到达的位置
        if (p == 1 && q == 1) return 1;
        return p == 1 ? 0 : 2;
    }

    // 辅助函数，计算两个数的最大公约数
    public int gcd(int a, int b) {
        // 使用辗转相除法计算最大公约数
        if (a == 0) return b;
        return gcd(b % a, a);
    }
}
```

时间复杂度为 $O(\log P)$ 该函数使用了辗转相除法，以求出最大公约数。

空间复杂度为 $O(1)$，除了函数的输入参数，算法本身并没有使用额外的空间。

5.2.2 n 的第 k 个因子

题目来源：力扣（LeetCode）

链接：https://leetcode.cn/problems/the-kth-factor-of-n/

给你两个正整数 n 和 k。

如果正整数 i 满足 n % i == 0，那么就说正整数 i 是整数 n 的因子。

考虑整数 n 的所有因子，将它们进行升序排列。请返回第 k 个因子。如果 n 的因子数少于 k，请返回 −1。

示例 1：

输入：n = 12, k = 3
输出：3

解释：因子列表包括 [1, 2, 3, 4, 6, 12]，第三个因子是 3。

示例 2：

输入：n = 7, k = 2
输出：7

解释：因子列表包括 [1, 7]，第二个因子是 7。

示例 3：

输入：n = 4, k = 4
输出：-1

解释：因子列表包括 [1, 2, 4]，只有 3 个因子，所以应该返回 −1。

方法 1：可以从小到大枚举所有在 [1, n] 范围内的数，并判断是否为 n 的因子。
方法 2：枚举优化。

方法 1 中的枚举时间复杂度较高，直观来说，如果 n = 1000，那么从 501 开始，到 999 结束，这些数都不是 n 的因子，但要将这些数全部枚举一遍。可以发现，如果 n 有一个因子 k，那么它必然有一个因子 n/k，这两个因子中至少有一个是小于或等于 $\sqrt{n}$ 的。

如何证明？使用反证法，假设 $k > \sqrt{n}$，且 $n/k > \sqrt{n}$，那么有

$$n = k * (n/k) > \sqrt{n} * \sqrt{n} = n$$

产生了矛盾！

只要在 $\left[1, \lfloor\sqrt{n}\rfloor\right]$ 的范围内枚举 n 的因子 x（这里 $\lfloor a \rfloor$ 表示对 a 进行下取整），这些因子都小于或等于 $\sqrt{n}$。在这之后，倒过来在 $\left[\lfloor\sqrt{n}\rfloor, 1\right]$ 的范围内枚举 n 的因子，但真正用到的因子是 n/x。这样一来，就从小到大枚举出了 n 的所有因子。

最后需要注意一种特殊情况：如果 n 是完全平方数，那么满足 $x^2 = n$ 的因子 x 被枚举了两次，需要忽略其中的一次。

```
class Solution {
    // 函数用于找到整数 n 的第 k 个因子
    public int kthFactor(int n, int k) {
        // 计数器，用于记录找到的因子数量
        int count = 0;
        // 因子，从 1 开始遍历到 sqrt(n)
        int factor;

        // 第一轮循环，找到小于或等于 sqrt(n) 的因子
        for (factor = 1; factor * factor <= n; ++factor) {
            // 如果 n 能被当前因子整除
            if (n % factor == 0) {
                // 增加因子计数
```

```
            ++count;
            // 如果找到的是第 k 个因子，返回当前因子值
            if (count == k) {
                return factor;
            }
        }
    }

    // 调整因子的值，处理完全平方数的情况
    --factor;
    if (factor * factor == n) {
        --factor;
    }

    // 第二轮循环，找到大于 sqrt(n) 的因子
    for (; factor > 0; --factor) {
        // 如果 n 能被当前因子整除
        if (n % factor == 0) {
            // 增加因子计数
            ++count;
            // 如果找到的是第 k 个因子，则返回当前因子值
            if (count == k) {
                return n / factor;
            }
        }
    }

    // 如果未找到第 k 个因子，则返回 -1
    return -1;
}
```

这段代码是一个用于找到整数 n 的第 k 个因子的函数。在该函数中，首先使用一个循环来找到小于或等于 $\sqrt{n}$ 的因子，然后使用另一个循环来找到大于 $\sqrt{n}$ 的因子。因此，时间复杂度与 $\sqrt{n}$ 相关，即 $O(\sqrt{n})$。在最坏的情况下，当 n 为完全平方数时，两个循环均会执行 $\sqrt{n}$ 次，因此，时间复杂度也是 $O(\sqrt{n})$。对于空间复杂度，只使用了几个整型变量来存储计数器、因子和返回值，因此，空间复杂度为 $O(1)$，与输入 n 的大小无关。

5.2.3 最简分数

题目来源：力扣（LeetCode）

链接：https://leetcode.cn/problems/simplified-fractions/

给你一个整数 n，请返回所有 0 到 1（不包括 0 和 1）满足分母小于或等于 n 的最简分

数。分数可以以任意顺序返回。

示例 1：

输入：n = 2
输出：["1/2"]

解释：1/2 是唯一一个分母小于或等于 2 的最简分数。

示例 2：

输入：n = 3
输出：["1/2","1/3","2/3"]

示例 3：

输入：n = 4
输出：["1/2","1/3","1/4","2/3","3/4"]

解释：2/4 不是最简分数，因为它可以化简为 1/2。

示例 4：

输入：n = 1
输出：[]

提示：$1 <= n <= 100$。

由于要保证分数在（0, 1）范围内，所以可以枚举分母 denominator $\in [2, n]$ 和分子 numerator $\in [1,$ denominator），若分子和分母的最大公约数为 1，则找到了一个最简分数。

```java
import java.util.ArrayList;
import java.util.List;

class Solution {

    // 函数用于生成简化分数列表
    public List<String> simplifiedFractions(int n) {
        // 存储结果的列表
        List<String> ans = new ArrayList<String>();

        // 外层循环，遍历分母从 2 到 n
        for (int denominator = 2; denominator <= n; ++denominator) {
            // 内层循环，遍历分子从 1 到 denominator-1
            for (int numerator = 1; numerator < denominator; ++numerator) {
                // 判断分子分母是否互质（最大公约数为 1）
                if (gcd(numerator, denominator) == 1) {
                    // 若是互质，则添加简化后的分数到结果列表
```

```
                ans.add(numerator + "/" + denominator);
            }
        }
    }
    // 返回生成的简化分数列表
    return ans;
}

// 辅助函数，计算两个数的最大公约数
public int gcd(int a, int b) {
    return b != 0 ? gcd(b, a % b) : a;
}
```

时间复杂度为 $O(n^2 \log n)$。需要枚举 $O(n^2)$ 对分子分母的组合，计算每对分子分母最大公因数和生成字符串的复杂度均为 $O(\log n)$。

空间复杂度为 $O(1)$。除答案数组外，我们只需要常数个变量。

5.2.4 使数组可以被整除的最少删除次数

题目来源：力扣（LeetCode）

链接：https://leetcode.cn/problems/minimum-deletions-to-make-array-divisible/

给你两个正整数数组 nums 和 numsDivide。你可以从 nums 中删除任意数目的元素。请你返回使 nums 中最小元素可以整除 numsDivide 中所有元素的最少删除次数。如果无法得到这样的元素，则返回 −1。

如果 y % x == 0，则称整数 x 整除 y。

示例 1：

输入: nums = [2,3,2,4,3], numsDivide = [9,6,9,3,15]
输出: 2

解释: [2, 3, 2, 4, 3] 中的最小元素是 2，它无法整除 numsDivide 中的所有元素。从 nums 中删除两个大小为 2 的元素，得到 nums = [3, 4, 3]。[3, 4, 3] 中的最小元素为 3，它可以整除 numsDivide 中的所有元素。所以 2 是最少删除次数。

示例 2：

输入: nums = [4,3,6], numsDivide = [8,2,6,10]
输出: -1

解释：这里想让 nums 中的最小元素可以整除 numsDivide 中的所有元素，但没有任何办法可以达到这一目的，所以返回 −1。

该问题的目标是找到数组 nums 中的某个元素，使其能整除数组 numsDivide 中的所有元素，这等价于这个元素能够整除 numsDivide 中的所有元素的最大公因数 g。

```java
import java.util.Arrays;

class Solution {
    public int minOperations(int[] nums, int[] numsDivide) {
        // 计算数组 numsDivide 中所有元素的最大公因数 g
        var g = 0;
        for (var x : numsDivide) g = gcd(g, x);

        // 对数组 nums 进行排序
        Arrays.sort(nums);

        // 遍历排序后的数组 nums
        for (var i = 0; i < nums.length; i++) {
            // 检查 g 是否能被当前元素整除
            if (g % nums[i] == 0) {
                // 如果可以，返回当前元素的索引
                return i;
            }
        }

        // 如果无法找到符合条件的元素，则返回 −1
        return -1;
    }

    // 辅助函数，计算两个数的最大公因数
    int gcd(int a, int b) {
        return a == 0 ? b : gcd(b % a, a);
    }
}
```

时间复杂度为 $O(m + \log U + n)$，其中 m 为数组 numsDivid 的长度，$U = \max($numsDivide$)$，n 为数组 nums 的长度。注意，求最大公因数 g 的过程（设初始 $g = U$），要么使 g 不变，要么使 g 至少减半，而 g 至多减半 $\log U$ 次，因此求最大公因数的迭代次数为 $m + \log U$ 次。总的时间复杂度为 $O(m + \log U + n)$。

空间复杂度为 $O(1)$，仅需要几个额外的变量。

5.3 灵活的数据结构

5.3.1 并查集类算法

并查集（Union-Find）是一种用于处理一些不交集的合并及查询问题的数据结构。例如网络中的连通分量、图的最小生成树算法（如 Kruskal 算法）及动态连通性问题。其优势在于可以快速判断网络中的任意两点是否相连。它能够高效地进行查找和合并操作。

- **查找**：确定某个元素属于哪个子集。它可以用来确定两个元素是否属于同一子集。
- **合并**：将两个子集合并成一个集合。

题目来源：力扣（LeetCode）

链接：https://leetcode.cn/problems/surrounded-regions/

给你一个 $m \times n$ 的矩阵 board，由若干字符 X 和 O 组成，你要找到所有被 X 围绕的区域，并将这些区域中所有的 O 用 X 填充。

示例 1：

输入：board = [["X","X","X","X"],["X","O","O","X"],["X","X","O","X"],["X","O","X","X"]]
输出：[["X","X","X","X"],["X","X","X","X"],["X","X","X","X"],["X","O","X","X"]]

解释：被围绕的区间不会存在于边界上，换句话说，任何边界上的 O 都不会被填充为 X。任何不在边界上或不与边界上的 O 相连的 O，最终都会被填充为 X。如果两个元素在水平或垂直方向相邻，则称它们是"相连"的。

示例 2：

输入：board = [["X"]]
输出：[["X"]]

提示：

- m == board.length。
- n == board[i].length。
- $1 <= m, n <= 200$。
- board[i][j] 为 X 或 O。

因为需要判断两个节点是否被重复连通，所以，可以使用并查集来解决。解决本道题目的主要思路是适时增加虚拟节点，想办法对所有元素进行分类，建立动态连通关系。因此，可以把所有靠边的 O 和一个虚拟节点 dummy 进行连通，然后遍历整个 board，那些和 dummy 不连通的 O 就是被围绕的区域，需要被替换。

```java
class Solution {
    public void solve(char[][] board) {
        if (board.length == 0) return;

        int m = board.length; // 行数
        int n = board[0].length; // 列数

        UF uf = new UF(m * n + 1); // 初始化并查集，加1是为了多加一个虚拟节点
        int dummy = m * n; // 虚拟节点的索引，用于表示边界上的 O
        // 处理第一行和最后一行上的 O，将它们与虚拟节点合并
        for (int i = 0; i < m; i++) {
            if (board[i][0] == 'O')
                uf.union(i * n, dummy);
            if (board[i][n - 1] == 'O')
                uf.union(i * n + n - 1, dummy);
        }

        // 处理第一列和最后一列上的 O，将它们与虚拟节点合并
        for (int j = 0; j < n; j++) {
            if (board[0][j] == 'O')
                uf.union(j, dummy);
            if (board[m - 1][j] == 'O')
                uf.union(n * (m - 1) + j, dummy);
        }

        int[][] d = new int[][]{{1, 0}, {0, 1}, {0, -1}, {-1, 0}};
        for (int i = 1; i < m - 1; i++) {
            for (int j = 1; j < n - 1; j++) {
                if (board[i][j] == 'O') {
                    // 遍历当前 O 的 4 个相邻方向
                    for (int k = 0; k < 4; k++) {
                        int x = i + d[k][0];
                        int y = j + d[k][1];
                        if (board[x][y] == 'O') {
                            // 如果相邻方向上也有 O，则将它们在并查集中合并
                            uf.union(x * n + y, i * n + j);
                        }
                    }
                }
            }
        }

        // 最后，遍历内部的 O，如果它们不与虚拟节点相连，则将其变为 X
        for (int i = 1; i < m - 1; i++) {
            for (int j = 1; j < n - 1; j++) {
                if (!uf.connected(dummy, i * n + j)) {
                    board[i][j] = 'X';
```

```
            }
          }
        }
      }
    }
}
class UF {
    private int count; // 连通分量的数量
    private int[] parent; // 父节点数组,用于表示元素所在集合的根节点
    private int[] size; // 每个根节点所在集合的大小

    public UF(int n) {
        this.count = n;
        parent = new int[n];
        size = new int[n];
        for (int i = 0; i < n; i++) {
            parent[i] = i; // 初始化,每个元素的父节点是自己
            size[i] = 1; // 初始化,每个集合的大小为 1
        }
    }
    // 将两个元素所在的集合合并
    public void union(int p, int q) {
        int rootP = find(p); // 找到 p 所在集合的根节点
        int rootQ = find(q); // 找到 q 所在集合的根节点
        if (rootP == rootQ)
            return; // 如果它们已经在同一个集合中,则无须合并

        // 将小集合合并到大集合中,以保持树的平衡
        if (size[rootP] > size[rootQ]) {
            parent[rootQ] = rootP;
            size[rootP] += size[rootQ];
        } else {
            parent[rootP] = rootQ;
            size[rootQ] += size[rootP];
        }
        count--; // 连通分量数量减少
    }

    // 判断两个元素是否在同一个集合中
    public boolean connected(int p, int q) {
        int rootP = find(p); // 找到 p 所在集合的根节点
        int rootQ = find(q); // 找到 q 所在集合的根节点
        return rootP == rootQ; // 如果它们的根节点相同,则表示在同一个集合中
    }

    // 查找元素所在集合的根节点
    private int find(int x) {
        while (parent[x] != x) {
            parent[x] = parent[parent[x]]; // 路径压缩,将 x 的父节点设为它的祖父节点
            x = parent[x];
        }
```

```
        return x; // 返回根节点
    }
    // 获取当前连通分量的数量
    public int count() {
        return count;
    }
}
```

下面分析这段代码的性能。

- **时间复杂度**：首先，初始化 UF 对象的时间复杂度为 $O(mn)$，其中 m 和 n 分别表示输入二维数组 board 的行数和列数。然后，第一个循环遍历首行和末行的 O，最坏情况下需要遍历 n 行，时间复杂度为 $O(n)$。第二个循环遍历首列和末列的 O，最坏情况下需要遍历 m 列，时间复杂度为 $O(m)$。第三个嵌套循环遍历内部元素，最坏情况下需要遍历 $(m-2)(n-2)$ 个元素，时间复杂度为 $O(mn)$。第四个嵌套循环再次遍历内部元素，同样需要 $O(mn)$ 时间。UF 中的操作（union 和 connected）的时间复杂度通常可以视为接近常数时间。因此，总体时间复杂度为 $O(mn)$。
- **空间复杂度**：空间复杂度主要由 UF 对象和常量数组 d 决定。UF 对象的空间复杂度为 $O(mn)$，用于存储父节点、大小等信息。常量数组 d 的空间复杂度是常数级的，即 $O(1)$。因此，总体空间复杂度为 $O(mn)$。

总体来说，这段代码的性能是相当高的，具有线性的时间复杂度和与输入大小成比例的空间复杂度。它能够有效解决二维字符数组中的 O 连通性问题，找到被包围的 O 并进行替换，而且具有相对较低的空间开销。

5.3.2 单调栈

单调栈实际上就是栈的一种特殊情况，其利用了一些巧妙的逻辑，使得每次新元素入栈后，栈内的元素都保持有序（单调递增或单调递减）。

单调栈模板如下。

```
int[] nextGreaterElement(int[] nums) {
    int n = nums.length;
    // 存放结果的数组
    int[] res = new int[n];
    Stack<Integer> s = new Stack<>();
    // 逆序向栈中存放元素
    for (int i = n - 1; i >= 0; i--) {
        // 判定大小
        while (!s.isEmpty() && s.peek() <= nums[i]) {
            // 小者出栈
```

```
            s.pop();
        }
        // nums[i] 身后的更大元素
        res[i] = s.isEmpty() ? -1 : s.peek();
        s.push(nums[i]);
    }
    return res;
}
```

题目来源：力扣（LeetCode）

链接：https://leetcode.cn/problems/next-greater-element-i/

nums1 中数字 x 的下一个更大元素是指 x 在 nums2 中对应位置右侧的第一个比 x 大的元素。给你两个没有重复元素的数组 nums1 和 nums2，下标从 0 开始计数，其中 nums1 是 nums2 的子集。对于每个 0 <= i < nums1.length，找出满足 nums1[i] == nums2[j] 的下标 j，并且在 nums2 中确定 nums2[j] 的下一个更大元素。如果不存在下一个更大元素，那么本次查询的答案是 −1。返回一个长度为 nums1.length 的数组 ans 作为答案，满足 ans[i] 是如上所述的下一个更大元素。

示例 1：

输入：nums1 = [4,1,2], nums2 = [1,3,4,2]。
输出：[-1,3,-1]

解释：nums1 中每个值的下一个更大元素如下所述。

- 4，用加粗斜体标记，nums2 = [1, 3, **4**, 2]。不存在下一个更大元素，所以答案是 −1。
- 1，用加粗斜体标记，nums2 = [**1**, 3, 4, 2]。下一个更大元素是 3。
- 2，用加粗斜体标记，nums2 = [1, 3, 4, **2**]。不存在下一个更大元素，所以答案是 −1。

示例 2：

输入：nums1 = [2,4], nums2 = [1,2,3,4]。
输出：[3,-1]

解释：nums1 中每个值的下一个更大元素如下所述：

- 2，用加粗斜体标记，nums2 = [1, **2**, 3, 4]。下一个更大元素是 3。
- 4，用加粗斜体标记，nums2 = [1, 2, 3, **4**]。不存在下一个更大元素，所以答案是 −1。

提示：

- 1 <= nums1.length <= nums2.length <= 1000。

- 0 <= nums1[*i*], nums2[*i*] <= 10^4。
- nums1 和 nums2 中所有整数互不相同。
- nums1 中的所有整数同样出现在 nums2 中。

本题可直接套用单调栈的模板，先使用单调栈实现一个计算下一个更大元素的函数。因为题目说 nums1 是 nums2 的子集，所以先把 nums2 中每个元素的下一个更大元素计算出来，存到一个映射中，然后用 nums1 中的元素去查表即可。

```
class Solution {
    public int[] nextGreaterElement(int[] nums1, int[] nums2) {
        // 调用 nextGreaterElement 方法，找出 nums2 中每个元素的下一个更大元素
        int[] greater = nextGreaterElement(nums2);

        // 使用 HashMap 构建 nums2 中每个元素到下一个更大元素的映射
        HashMap<Integer, Integer> greaterMap = new HashMap<>();
        for (int i = 0; i < nums2.length; i++) {
            greaterMap.put(nums2[i], greater[i]);
        }

        // 遍历 nums1，根据映射找出 nums1 中每个元素的下一个更大元素
        int[] res = new int[nums1.length];
        for (int i = 0; i < nums1.length; i++) {
            res[i] = greaterMap.get(nums1[i]);
        }
        return res;
    }

    int[] nextGreaterElement(int[] nums) {
        int n = nums.length;
        int[] res = new int[n];
        Stack<Integer> s = new Stack<>(); // 用于保存元素的索引

        for (int i = n - 1; i >= 0; i--) {
            // 如果栈不为空且栈顶元素小于当前元素，则弹出栈顶元素
            while (!s.isEmpty() && s.peek() <= nums[i]) {
                s.pop();
            }

            // 如果栈为空，表示当前元素后面没有更大的元素
            // 否则，栈顶元素就是当前元素的下一个更大元素
            res[i] = s.isEmpty() ? -1 : s.peek();

            // 将当前元素的索引入栈
            s.push(nums[i]);
        }
        return res;
    }
}
```

nextGreaterElement 方法使用了一个栈来遍历 nums 数组，每个元素最多被入栈一次和出栈一次，因此，时间复杂度为 $O(n)$，其中 n 是 nums 数组的长度。nextGreaterElement 方法的调用需要执行两次，一次调用 nums1，另一次调用 nums2，因此，总体时间复杂度为 $O(n1+n2)$，其中 $n1$ 和 $n2$ 分别是 nums1 和 nums2 数组的长度。这里使用了一个 HashMap 来存储 nums2 中元素与其下一个更大元素的映射，这需要额外的空间，但空间复杂度不会超过 $O(n2)$，其中 $n2$ 是 nums2 数组的长度。

总体来说，该算法的时间复杂度为 $O(n1+n2)$，其中 $n1$ 和 $n2$ 分别是 nums1 和 nums2 数组的长度，空间复杂度为 $O(n2)$。算法是相当有效的，尤其在大规模数据上表现良好。

5.3.3 位图

题目来源：力扣（LeetCode）

链接：https://leetcode.cn/problems/partition-to-k-equal-sum-subsets/

给定一个整数数组 nums 和一个正整数 k，找出是否有可能把这个数组分成 k 个非空子集，每个子集中的数相加所得和都相等。

示例 1：

输入：nums = [4, 3, 2, 3, 5, 2, 1], k = 4
输出：True

说明：有可能将上述数组分成 4 个子集（5）、（1,4）、（2,3）和（2,3），其中各个数的和相等。

示例 2：

输入：nums = [1,2,3,4], k = 3
输出：false

提示：

- $1 <= k <= \text{len}(nums) <= 16$。
- $0 < nums[i] < 10000$。
- 每个元素的频率为 [1, 4]。

本题的一个常用的解法就是用回溯算法暴力穷举所有的子集。假设从桶的视角进行穷举，每个桶需要遍历 nums 中的所有数字，决定是否把当前数字装进桶中；当装满一个桶之后，接着装下一个桶，直到所有桶都装满为止。期间，需要借助备忘录进行剪枝。如果想提高算法效率，则可以运用位图技巧优化空间复杂度。

```java
class Solution {
    public boolean canPartitionKSubsets(int[] nums, int k) {
        // 如果需要的子集数量大于数组长度，则无法分割成 k 个子集
        if (k > nums.length) return false;

        // 计算数组中所有元素的总和
        int sum = 0;
        for (int v : nums) sum += v;

        // 如果总和不能被 k 整除，则无法均等分割
        if (sum % k != 0) return false;

        // 计算每个子集的目标和
        int target = sum / k;

        // 使用一个位图来表示哪些元素已经被放入子集
        int used = 0;

        // 调用回溯函数来尝试分割数组成 k 个子集
        return backtrack(k, 0, nums, 0, used, target);
    }

    // 用于记忆化搜索的哈希表，以避免重复计算
    HashMap<Integer, Boolean> memo = new HashMap<>();

    boolean backtrack(int k, int bucket, int[] nums, int start, int used, int target) {
        // 如果成功分割成 k 个子集，则返回 true
        if (k == 0) {
            return true;
        }

        // 如果当前子集的和等于目标和，则递归尝试下一个子集
        if (bucket == target) {
            boolean res = backtrack(k - 1, 0, nums, 0, used, target);
            memo.put(used, res);
            return res;
        }

        // 如果已经计算过相同的状态，则直接返回之前的结果
        if (memo.containsKey(used)) {
            return memo.get(used);
        }

        // 遍历数组中的元素，尝试将它们加入当前子集
        for (int i = start; i < nums.length; i++) {
            // 如果元素已经被使用，则跳过
            if (((used >> i) & 1) == 1) {
```

```
            continue;
        }
        // 如果添加当前元素会使子集和超过目标和，则跳过
        if (nums[i] + bucket > target) {
            continue;
        }
        // 将当前元素添加到子集中
        used |= 1 << i;
        bucket += nums[i];
        // 递归调用，尝试下一个元素
        if (backtrack(k, bucket, nums, i + 1, used, target)) {
            return true;
        }
        // 回溯，将当前元素从子集中移除
        used ^= 1 << i;
        bucket -= nums[i];
    }

    // 无法找到合适的分割方案，返回 false
    return false;
}
```

backtrack 方法是递归的核心，它在每个递归层次中遍历数组元素，最坏情况下需要遍历所有的可能组合。这使得时间复杂度较高，最坏情况下为 $O(2^n)$，其中 n 是数组 nums 的长度。但由于使用了记忆化搜索，可以大幅减少重复计算，所以实际运行时间可能会更短。总体时间复杂度可以近似为 $O(n \times 2^n)$，其中 n 是数组 nums 的长度。记忆化搜索使实际运行时间可能会更短，但最坏情况下仍然是指数级的。

backtrack 方法中使用了哈希表 memo 来存储已经计算过的状态，最多可能需要存储 2^n 个状态，每个状态占用常数级别的空间。因此，空间复杂度为 $O(2^n)$。

5.3.4 LRU 缓存

题目来源：力扣（LeetCode）

链接：https://leetcode.cn/problems/lru-cache/

请设计并实现一个满足 LRU（最近最少使用）缓存约束的数据结构。

实现的 LRUCache 类，具体如下。

❑ LRUCache(int capacity)：以正整数 capacity 作为容量来初始化 LRU 缓存。
❑ int get(int key)：如果关键字 key 存在于缓存中，则返回关键字的值，否则返回 −1。
❑ void put(int key, int value)：如果关键字 key 已经存在，则变更其数据值 value；如

果不存在，则向缓存中插入该组 key-value。如果插入操作导致关键字数量超过 capacity，则应该移出最久未使用的关键字。

函数 get 和 put 必须以 $O(1)$ 的平均时间复杂度运行。

示例：

输入
["LRUCache", "put", "put", "get", "put", "get", "put", "get", "get", "get"]
[[2], [1, 1], [2, 2], [1], [3, 3], [2], [4, 4], [1], [3], [4]]
输出
[null, null, null, 1, null, -1, null, -1, 3, 4]

解释：

```
LRUCache lRUCache = new LRUCache(2);
lRUCache.put(1, 1); // 缓存是 {1=1}
lRUCache.put(2, 2); // 缓存是 {1=1, 2=2}
lRUCache.get(1);    // 返回 1
lRUCache.put(3, 3); // 该操作会使得关键字 2 作废，缓存是 {1=1, 3=3}
lRUCache.get(2);    // 返回 -1（未找到）
lRUCache.put(4, 4); // 该操作会使得关键字 1 作废，缓存是 {4=4, 3=3}
lRUCache.get(1);    // 返回 -1（未找到）
lRUCache.get(3);    // 返回 3
lRUCache.get(4);    // 返回 4
```

提示：

- $1 <=$ capacity $<= 3000$。
- $0 <=$ key $<= 10000$。
- $0 <=$ value $<= 10^5$。
- 最多调用 2×10^5 次 get 和 put 方法。

为了使 put 和 get 方法的时间复杂度为 $O(1)$，缓存数据结构必须满足以下条件。

- 具有时序性，以区分最近和最久未使用的数据，以便在容量满时删除最久未使用的元素。
- 必须能够快速查找特定 key 并获取相应的 value。支持在任意位置快速插入和删除元素，以便每次访问后将该元素更新为最近使用的状态。综合考虑哈希表的快速查找和链表的有序性与快速插入/删除特点，LinkedHashMap 这种数据结构应运而生，将哈希表和链表的优势结合起来。

实现代码如下。

```
class LRUCache {
```

```java
    int cap; // 缓存容量
    LinkedHashMap<Integer, Integer> cache = new LinkedHashMap<>(); // 使用
        LinkedHashMap 来实现 LRU 缓存

    public LRUCache(int capacity) {
        this.cap = capacity; // 初始化缓存容量
    }

    public int get(int key) {
        if (!cache.containsKey(key)) {
            return -1; // 如果缓存中不包含指定的键,则返回 -1,表示未找到
        }
        makeRecently(key); // 将访问的键移到最近使用位置
        return cache.get(key); // 返回键对应的值
    }

    public void put(int key, int val) {
        if (cache.containsKey(key)) {
            cache.put(key, val); // 如果键已存在,则更新键对应的值
            makeRecently(key); // 将访问的键移到最近使用位置
            return;
        }
        if (cache.size() >= this.cap) {
            int oldestKey = cache.keySet().iterator().next(); // 获取最老的键
            cache.remove(oldestKey); // 从缓存中移除最老的键值对
        }
        cache.put(key, val); // 将新的键值对添加到缓存
    }

    private void makeRecently(int key) {
        int val = cache.get(key); // 获取键对应的值
        cache.remove(key); // 从缓存中移除该键值对
        cache.put(key, val); // 将该键值对添加到缓存,使其成为最近使用的键值对
    }
}
```

对于 get 操作,直接在 LinkedHashMap 中查找键是否存在,如果存在,则将访问的键移到最近使用位置,因此,时间复杂度为 $O(1)$。对于 put 操作,如果键已存在,则更新键对应的值,将访问的键移到最近使用位置,时间复杂度为 $O(1)$。如果键不存在,则需要检查缓存容量是否超出限制,如果超出,需要移出最老的键值对,然后将新键值对添加到缓存,最坏情况下为 $O(cap)$,其中 cap 是缓存容量。makeRecently 方法用于将访问的键移到最近使用位置,其时间复杂度为 $O(1)$。

总体来说,该 LRU 缓存算法在大多数情况下都具有 $O(1)$ 的时间复杂度。尤其是 get 操作,它能够在常数时间内查找到对应的值。对于 put 操作,需要考虑缓存容量限制,但仍然具有很高的效率。因此,该算法非常适合用于需要实现 LRU 缓存的应用场景。

5.4 逃不过的算法题

算法题不是为了难倒应聘者，而是考查应聘者的基本功。不要完全脱离业务场景，完全沉迷于复杂的解题思路和技巧，要掌握必要的数据结构和常见算法。算法题是面试考察的一部分，所有算法题都不会因为复杂而无法解答。算法题一般作为国内面试流程的最后一环，前面的表现可能比算法题更重要。

5.4.1 模拟题

模拟题在算法题型中属于比较简单、容易理解的题型。模拟题的解题思路就是让计算机按照题目所给出的方法来运行，最终输出所需要的结果。

模拟题的特点如下：算法思想简单，解题思路复杂，代码量比较大，边界条件容易出错且难以查错。

题目来源：LeetCode(力扣)

链接：https://leetcode.cn/problems/spiral-matrix/

给你一个 m 行 n 列的矩阵 matrix，请按照顺时针螺旋顺序返回矩阵中的所有元素。

示例：

```
输入：matrix = [[1,2,3],[4,5,6],[7,8,9]]
输出：[1,2,3,6,9,8,7,4,5]
```

提示：

- m == matrix.length。
- n == matrix[i].length。
- $1 <= m, n <= 10$。
- $-100 <= $ matrix[i][j] $<= 100$。

相关示意如图 5-2 所示。

本题是典型的模拟题，对矩阵按照螺旋的方式进行访问。需要注意转向时的边界条件，以及遍历的终止条件，具体代码如下：

```
class Solution {
    public List<Integer> spiralOrder(int[][] matrix) {
        List<Integer> order = new ArrayList<Integer>();
```

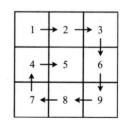

图 5-2 模拟题示例示意图

```
        if (matrix == null || matrix.length == 0 || matrix[0].length == 0) {
            return order;
        }
        int rows = matrix.length, columns = matrix[0].length;
        // 定义访问过的元素
        boolean[][] visited = new boolean[rows][columns];
        int total = rows * columns;
        int row = 0, column = 0;
        // 定义遍历的方向
        int[][] directions = {{0, 1}, {1, 0}, {0, -1}, {-1, 0}};
        int directionIndex = 0;
        for (int i = 0; i < total; i++) {
            // 访问数据
            order.add(matrix[row][column]);
            visited[row][column] = true;
            int nextRow = row + directions[directionIndex][0], nextColumn =
                column + directions[directionIndex][1];
            // 进行方向的判断
            if (nextRow < 0 || nextRow >= rows || nextColumn < 0 || nextColumn >=
                columns || visited[nextRow][nextColumn]) {
                directionIndex = (directionIndex + 1) % 4;
            }
            row += directions[directionIndex][0];
            column += directions[directionIndex][1];
        }
        return order;
    }
}
```

上述代码可以模拟螺旋矩阵的路径。初始位置是矩阵的左上角，初始方向是向右，当路径超出界限或者进入之前访问过的位置时，顺时针旋转，进入下一个方向。

判断路径是否进入之前访问过的位置，需要使用一个与输入矩阵大小相同的辅助矩阵，其中的每个元素表示该位置是否被访问过。当一个元素被访问时，将辅助数组中对应位置的元素设为已访问。

更关键的问题是如何判断路径是否结束。由于矩阵中的每个元素都被访问一次，所以路径的长度即为矩阵中的元素数量，当路径的长度达到矩阵中的元素数量时即为完整路径，将该路径返回。

除了保存返回结果的列表，这里还使用了辅助矩阵来保存访问情况，因此，该算法的时间复杂度和空间复杂度都为 $O(n^2)$。辅助矩阵降低了边界条件的判断复杂度，后续优化中可以将辅助矩阵去掉。

```
class Solution {
```

```java
public List<Integer> spiralOrder(int[][] matrix) {
    List<Integer> ans = new ArrayList<>();
    // l、r、t、b代表矩阵的左、右、上、下4个边界
    int l = 0, r = matrix[0].length - 1, t = 0, b = matrix.length - 1;
    while (true) {
        // 从左到右遍历
        for (int i = l; i <= r; i++) {ans.add(matrix[t][i]);
        if (++t > b) break;
        // 从上到下遍历
        for (int i = t; i <= b; i++) ans.add(matrix[i][r]);
        if (--r < l) break;
        // 从右到左遍历
        for (int i = r; i >= l; i--) ans.add(matrix[b][i]);
        if (--b < t) break;
        // 从下到上遍历
        for (int i = b; i >= t; i--) ans.add(matrix[i][l]);
        if (++l > r) break;
    }
    return ans;
}
```

按照题意，根据边界条件依次从左到右、从上到下、从右到左、从下到上进行遍历。此解法的难点在于边界条件的判断，去除了额外的辅助矩阵空间。

模拟题的理论基础是对问题的抽象能力。模拟题没有太多解题思路和技巧，多练即章法。

5.4.2 前缀和计算

前缀和是指某序列的前 n 项和，可以把它理解为数学上的数列的前 n 项和。前缀和通常用数组进行，如定义一个长度为 n 的数组 nums，其中每个元素为 $a_0, a_1, \cdots, a_i, \cdots, a_n$，其前缀和数组为 prefixSum，prefixSum[i] 的值为 $a_0+a_1+\cdots+a_i$。

前缀和有一个基本的数学规律，即 prefixSum[p] − prefixSum[q] = $a_q + a_q+1 + \cdots + a_{p-1} + a_p$，其中 $p > q$。可以通过空间换时间的方式快速对某些问题求解。

题目来源：LeetCode(力扣)

链接：https://leetcode.cn/problems/continuous-subarray-sum/

给你一个整数数组 nums 和一个整数 k，编写一个函数来判断该数组是否含有同时满足下述条件的连续子数组：子数组大小至少为 2，且子数组元素总和为 k 的倍数。如果存在，则返回 true；否则，返回 false。

如果存在一个整数 n，令整数 x 符合 $x = n \times k$，则称 x 是 k 的一个倍数。0 始终视为 k 的一个倍数。

示例 1：

输入：nums = [23,2,4,6,7], k = 6
输出：true

解释：[2, 4] 是一个大小为 2 的子数组，并且和为 6。

示例 2：

输入：nums = [23,2,6,4,7], k = 6
输出：true

解释：[23, 2, 6, 4, 7] 是大小为 5 的子数组，并且和为 42。

42 是 6 的倍数，因为 42 = 7 × 6 且 7 是一个整数。

示例 3：

输入：nums = [23,2,6,4,7], k = 13
输出：false

提示：

- $1 <=$ nums.length $<= 10^5$。
- $0 <=$ nums[i] $<= 10^9$。
- $0 <=$ sum(nums[i]) $<= 2^{31} - 1$。
- $1 <= k <= 2^{31} - 1$。

本题最直接的思路是遍历数组 nums 中的每个大小至少为 2 的子数组并计算每个子数组的元素和，判断是否存在一个子数组的元素和为 k 的倍数。当数组 nums 的长度为 n 时，上述思路需要用 $O(n^2)$ 的时间遍历全部子数组，对于每个子数组需要 $O(n)$ 的时间计算元素和，因此，时间复杂度是 $O(n^3)$。

题目中需要重复计算的部分为求取某个连续子数组的和，这里可以用前缀和来优化计算。如果事先计算出数组 nums 的前缀和数组，则对于任意一个子数组，都可以在 $O(1)$ 的时间内得到其元素和。因此，用 prefixSums[i] 表示数组 nums 从下标 0 到下标 i 的前缀和。

当 prefixSums[q] - prefixSums[p] 为 k 的倍数时，prefixSums[p] 和 prefixSums[q] 除以 k 的余数相同。因此，只需要计算每个下标对应的前缀和除以 k 的余数即可，使用哈希表存储每个余数第一次出现的下标。

由于哈希表存储的是每个余数第一次出现的下标，所以，当遇到重复的余数时，根据当前下标和哈希表中存储的下标计算得到的子数组长度是以当前下标结尾的子数组中满足元素和为 kkk 的倍数的子数组长度中的最大值。只要最大长度至少为 222，即存在符合要求的子数组。

```
class Solution {
    public boolean checkSubarraySum(int[] nums, int k) {
        int m = nums.length;
        if (m < 2) {
            return false;
        }
        Map<Integer, Integer> map = new HashMap<Integer, Integer>();
        map.put(0, -1);
        int remainder = 0;
        for (int i = 0; i < m; i++) {
            remainder = (remainder + nums[i]) % k;
            if (map.containsKey(remainder)) {
                int prevIndex = map.get(remainder);
                if (i - prevIndex >= 2) {
                    return true;
                }
            } else {
                map.put(remainder, i);
            }
        }
        return false;
    }
}
```

前缀和除了可以解决一维的问题，还可以拓展至二维。图 5-3 所示为二维前缀和示意图。二维前缀和依然具有一维前缀和的数学规律。

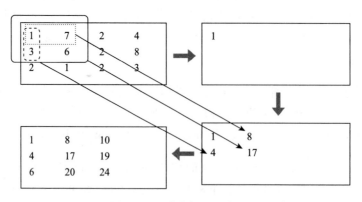

图 5-3　二维前缀和示意图

除了基础的前缀和，差分可以看成前缀和的逆运算。合理使用前缀和与差分，可以将某些复杂的问题简单化。有一数列 $a[1]$，$a[2]$，$\cdots$，$a[n]$，且令 $b[i]=a[i]-a[i-1]$，$b[1]=a[1]$，那么就有 $a[i]=b[1]+b[2]+\cdots+b[i]=a[1]+a[2]-a[1]+a[3]-a[2]+\cdots+a[i]-a[i-1]$，此时 b 数组称为 a 数组的差分数组。a 数组则是 b 数组的前缀和数组，例如，下列数组 a 与 b：

- 原始数组 a：9 3 6 2 6 8。
- 差分数组 b：9 -6 3 -4 4 2。

差分是一种常见的算法，用于快速修改数组中某一段区间的值。

5.4.3 随机化

随机化是一种特殊的题型，需要实现某些接口来随机返回某些结果。通常要借助编程语言提供的随机化库，类似于 Java 中的 Random 库、Golang 中的 rand 方法。

很多人都玩过掷骰子的游戏，通过掷骰子的方式生成的点数，就是一个 1～6 的随机数。随机数可以简单理解为随机的数字，是从一组可能的值中提取出来的，并且每个可能的值被提取的概率是一样的。随机数的基本特点是随机性、不可预测性和不可重现性。不可预测性是指不能基于过去的数列推测出下一个出现的数。不可重现性是指除非将数列本身保存下来，否则不能重现相同的数列。

计算机中使用的随机数都是伪随机数。既然真随机数比伪随机数更随机，为什么还需要使用伪随机数呢？这是因为随机数越接近真随机数，生成的成本越高。

一般的计算机根本无法生成真随机数。计算机中生成随机数的方法如下：首先获取一个种子数字（如计算机时间），然后将这个数字通过某种算法经过一系列运算，得到随机数，同时这个随机数又会作为下一个随机数的种子数字。但不管采用什么算法，都无法满足不可重现性这一特点。因为只要后面的数字与前面出现过的数字相同，后面生成的随机数列也相同。

要生成真随机数，除了依靠算法，还需要借助一些特殊硬件，在算法中加入其他一些随机因子。例如，在服务器上使用时可以获取服务器本身热噪声数据的硬件设备。

越接近真随机数，生成过程所花费的时间越长，因为这通常意味着需要使用更复杂的算法进行更多的运算。这也是很多场景中使用伪随机数，甚至是弱伪随机数的一个重要原因。

在大部分题目中，如果需要返回随机特性，一般直接调用语言所提供的弱随机性库即可，如下题：

给你一个单链表，随机选择链表的一个节点，并返回相应的节点值。每个节点被选中的概率一样。

题目来源：LeetCode（力扣）

链接：https://leetcode.cn/problems/linked-list-random-node/solutions/1210211/lian-biao-sui-ji-jie-dian-by-leetcode-so-x6it/

给你一个单链表，随机选择链表中的一个节点，并返回相应的节点值。每个节点被选中的概率一样。

实现 Solution 类，具体如下。

- Solution(ListNode head)：使用整数数组初始化对象。
- int getRandom()：从链表中随机选择一个节点并返回该节点的值。链表中所有节点被选中的概率相等。

示例：

输入：
["Solution", "getRandom", "getRandom", "getRandom", "getRandom", "getRandom"]
[[[1, 2, 3]], [], [], [], [], []]
输出：
[null, 1, 3, 2, 2, 3]

解释：

```
Solution solution = new Solution([1, 2, 3]);
solution.getRandom(); // 返回 1
solution.getRandom(); // 返回 3
solution.getRandom(); // 返回 2
solution.getRandom(); // 返回 2
solution.getRandom(); // 返回 3
// getRandom() 方法应随机返回 1、2、3 中的一个，每个元素被返回的概率相等
```

提示：

- 链表中的节点数在 $[1, 10^4]$ 内。
- $-10^4 <=$ Node.val $<= 10^4$。
- 至多调用 getRandom 方法 10^4 次。

可以在初始化时用一个数组记录链表中的所有元素，这样随机选择链表的一个节点，就变成在数组中随机选择一个元素。时间复杂度初始化为 $O(n)$，随机选择为 $O(1)$，其中，n 是链表的元素个数。另外，需要大小为 n 的空间存储链表中的所有元素，因此，时间复杂

度为 $O(n)$。

```java
class Solution {
    List<Integer> list;
    Random random;

    public Solution(ListNode head) {
        list = new ArrayList<Integer>();
        while (head != null) {
            list.add(head.val);
            head = head.next;
        }
        random = new Random();
    }

    public int getRandom() {
        return list.get(random.nextInt(list.size()));
    }
}
```

因为链表无法在 $O(n)$ 时间内做到随机访问任意元素，所以，上述解法中引入了额外的数组。那么，能否在 $O(1)$ 的空间复杂度下做到 $O(n)$ 的随机访问？

可以设计如下算法：从链表头开始，遍历整个链表，对遍历到的第 i 个节点，随机选择区间 $[0, i)$ 内的一个整数，如果其等于 0，则将答案置为该节点值，否则答案不变。该算法会保证每个节点的值成为最后被返回的值的概率均为 $1/n$。概率证明流程如下。

$P($第 i 个节点的值成为最后被返回的值$)$
$= P($第 i 次随机选择的值 $=0) \times P($第 $i+1$ 次随机选择的值 $\neq 0) \times \cdots \times P($第 n 次随机选择的值 $\neq 0)$
$= \dfrac{1}{i} \times \left(1 - \dfrac{1}{i+1}\right) \times \cdots \times \left(1 - \dfrac{1}{n}\right)$
$= \dfrac{1}{i} \times \dfrac{i}{i+1} \times \cdots \times \dfrac{n-1}{n}$
$= \dfrac{1}{n}$

算法实现代码如下。

```java
class Solution {
    ListNode head;
    Random random;

    public Solution(ListNode head) {
        this.head = head;
```

```java
        random = new Random();
    }

    public int getRandom() {
        int i = 1, ans = 0;
        for (ListNode node = head; node != null; node = node.next) {
            if (random.nextInt(i) == 0) { // 1/i 的概率选中（替换为答案）
                ans = node.val;
            }
            ++i;
        }
        return ans;
    }
}
```

在得出每个节点的概率计算公式后，编码的过程相对简单。

5.5 必知必会的 SQL 算法

在当今数据驱动时代，大数据的应用已成为提升业务决策和效率的关键因素之一。然而，尽管算法在大数据领域发挥着不可忽视的作用，但在实际的企业应用中，SQL 的使用却更为广泛。这是因为 SQL 具有出色的数据查询和分析能力，能够以更直观、高效的方式处理企业海量的数据，为企业提供有力的支持。

首先，SQL 具备广泛的适用性，几乎所有企业中的数据库管理系统都支持 SQL 查询语言。这使得企业在使用不同的数据库时能够保持一致的数据处理方式，无须因数据库切换而重新学习不同的数据处理语言，提高了工作效率。SQL 的标准化和通用性使得它成为企业数据处理的首选工具。其次，SQL 提供了强大的查询和过滤功能，使得企业能够快速、准确地从海量数据中提取所需信息。无论是进行基本的数据检索、过滤，还是进行复杂的数据分析，SQL 都能轻松胜任。这种灵活性使得企业可以根据自身需求随时调整查询条件，从而更好地满足不同业务场景的需求。另外，SQL 在企业中的应用不局限于数据查询，还可用于数据的处理和管理。通过 SQL，企业可以对数据进行增、删、改、查等操作，轻松维护数据的完整性和一致性。这对于企业来说至关重要，尤其是在需要频繁更新和管理数据的情况下。

对于大数据的利用，SQL 的使用方式也在不断演进。企业往往会借助 SQL 强大的窗口函数、聚合函数等特性，进行更复杂、深入的数据分析。这使得企业能够从数据中挖掘出更多信息，为业务发展提供更有力的支持。因此，在学习了大数据相关算法的同时，不断提升对应的 SQL 能力也是非常有必要的。

5.5.1 连续时间问题

在大数据领域,处理海量时间序列数据是数据分析与挖掘中的重要任务,其中的连续时间问题聚焦于如何高效地处理和分析时间序列数据中的连续时间段、区间、时间差异等问题。连续时间问题的重要性在于,在实际应用中,通常需要从时间的角度理解数据,抽象出一系列的时间概念,以便更好地理解和优化业务。

本节面对的是用户登录信息这类时间序列数据。用户登录行为往往呈现出一种连续性,因为用户通常会在相对短的时间内多次登录。这就涉及如何定义和找出这些连续登录的时间段,以更好地了解用户的行为模式。

真题:有一份包含用户登录信息的大型数据集,其中每条记录包括用户 ID、登录时间、登出时间等信息。我们的目标是找出用户连续登录的时间段,以便更好地理解用户行为和习惯。请写出 Hive SQL 查询语句,找出每位用户的连续登录时间段。

这个问题涉及对时间序列的处理,尤其是对用户登录行为的时间戳数据进行连续时间段的识别。通常会定义用户的连续登录时间段为相邻两次登录时间间隔在一定范围内的时间段。

- **数据准备**:假设有一张表 user_login,包含字段 user_id、login_time。首先,需要确保表中的数据按照用户 ID 和登录时间进行升序排列。
- **连续时间段的定义**:可以定义两次登录时间的间隔不超过一定阈值(如 30 分钟)为连续登录。如果两次登录时间的差值超过了阈值,就认为这两个不是连续时间段。
- **Hive SQL 查询**:使用窗口函数和 LAG 函数可以方便地解决这个问题。可以通过 LAG 函数获取上一次登录的时间,然后计算时间差。根据时间差是否在阈值内,进行分组标记。

处理该问题的 Hive SQL 代码如下。

```
-- 创建临时表,添加前一次登录时间的列
WITH user_login_with_prev_time AS (
    SELECT
        user_id,
        login_time,
        LAG(login_time) OVER (PARTITION BY user_id ORDER BY login_time) AS prev_
            login_time
    FROM
        user_login
)
-- 查询连续登录时间段
SELECT
```

```
    user_id,
    login_time AS start_time,
    LEAD(login_time) OVER (PARTITION BY user_id ORDER BY login_time) AS end_time
FROM
    user_login_with_prev_time
-- 筛选条件：两次登录时间间隔超过 30 分钟或为第一次登录
WHERE
    UNIX_TIMESTAMP(login_time) - UNIX_TIMESTAMP(prev_login_time) > 1800 OR prev_
        login_time IS NULL;
```

在这个 SQL 查询中，首先使用 LAG 函数获取上一次登录的时间，并计算与当前登录时间的时间差。然后通过筛选条件找出时间差大于 30 分钟或者没有上一次登录时间的记录，即认为这是一个新的连续登录时间段。这样，通过 Hive SQL，能够高效地找出用户的连续登录时间段，为进一步分析用户行为提供基础数据。

下面介绍面试中常见的一些 SQL 题目。这些题目由各中大厂的面试官总结，由于题目在各个公司的面试中均有出现，故这里不再说明具体出处。

5.5.2 时间间隔问题

时间间隔问题是指在数据分析和处理中，需要计算或分析时间点之间的间隔、持续时间等情况。这种问题在各个行业和领域都非常常见。例如，在金融领域，可能需要计算交易之间的时间间隔，以便进行交易模式分析和风险评估；在物流领域，可能需要计算货物从发货到送达的时间间隔，以便优化物流流程和客户服务等。

时间间隔问题涉及不同的时间单位，如天、小时、分钟、秒等。同时，还需要考虑不同的时间表示方式，如日期、时间戳、时间周期等。在实际应用中，需要处理不同时区的时间转换、跨天、跨月、跨年的情况，甚至还需要考虑闰年的影响。为了解决时间间隔问题，可以利用各种编程语言和数据库工具提供的日期函数和运算符。在 Hive SQL 中，可以使用内置的日期函数和运算符来进行时间间隔计算，例如，DATEDIFF 函数用于计算日期之间的天数差；TIMESTAMPDIFF 函数用于计算时间戳之间的秒数差等。

真题：分析用户行为日志，找出用户连续两次操作之间的时间间隔超过 10 分钟的情况。

具体而言，我们希望得到每个用户两次操作之间的时间间隔，以便进一步分析用户活跃度和行为规律。通过以下步骤详细分析这个案例。

- ❑ **数据准备**：假设有一个名为 user_activity 的表，包含用户 ID、操作时间等字段。
- ❑ **添加时间间隔列**：使用 Hive SQL 中的窗口函数，为每个用户的操作记录添加前一次操作的时间，计算时间间隔。

❑ **筛选条件**：根据时间间隔是否超过 10 分钟，筛选出符合条件的记录。

处理该问题的 Hive SQL 代码如下。

```
-- 创建临时表，添加前一次操作时间的列和时间间隔列
WITH user_activity_with_interval AS (
    SELECT
        user_id,
        action_time,
        LAG(action_time) OVER (PARTITION BY user_id ORDER BY action_time) AS
            prev_action_time,
        UNIX_TIMESTAMP(action_time) - UNIX_TIMESTAMP(LAG(action_time) OVER
            (PARTITION BY user_id ORDER BY action_time)) AS time_interval
    FROM
        user_activity
)
-- 查询时间间隔超过 10 分钟的记录
SELECT
    user_id,
    prev_action_time AS previous_action_time,
    action_time AS current_action_time,
    time_interval AS time_interval_minutes
FROM
    user_activity_with_interval
WHERE
    time_interval > 600;  -- 10 分钟对应的秒数
```

上述 Hive SQL 代码通过通用表表达式（WITH 语句）和窗口函数巧妙解决了时间序列数据中的连续时间问题。首先，在创建临时表 user_activity_with_interval 时，使用 LAG 窗口函数获取每个用户的前一次操作时间，为后续时间间隔计算奠定了基础。通过 UNIX_TIMESTAMP 函数，该代码计算了当前操作时间与前一次操作时间的时间差，得到了时间间隔列。最终的查询通过 time_interval > 600，筛选出用户操作时间间隔超过 10 分钟的记录，提取了用户 ID、前一次操作时间、当前操作时间和时间间隔，便于进一步分析。

5.5.3 Top N 问题

在大数据领域，Top N 问题是数据分析中经常遇到的一个关键挑战。本节将深入讨论 Top N 问题的本质、应用场景，以及如何通过 Hive SQL 灵活而高效地解决这一问题。

Top N 问题指的是从一个数据集中选取排名前 N 的数据，通常基于某种排序规则实现。这在实际应用中非常常见，如在电子商务平台中查找最畅销的商品、在社交媒体中找到最受欢迎的用户、在日志数据中找到访问次数最多的页面等。解决 Top N 问题对于业务决策、推荐系统及流行度分析等至关重要。

真题：从一个用户行为日志表中找出每天访问次数最多的前3个用户，并列出其用户ID和访问次数。

这是一个典型的 Top N 问题，需要在大规模数据中高效地找到每天的热门用户。通过以下步骤详细分析这个案例。

（1）通过 Hive SQL 的 GROUP BY 语句和 COUNT 函数，对每个用户每天的访问次数进行统计。这一步将生成一个中间表，其中包含用户 ID、日期和访问次数等关键信息。

（2）通过对窗口函数的应用，对上一步生成的中间表进行排序和排名。窗口函数的设置能够实现按日期分区，并按访问次数进行降序排列，从而为每个用户基于每天的访问次数进行排名。

（3）通过应用过滤条件，在排名结果上选择每天访问次数最多的前3个用户。这一步利用了 WHERE 子句对排名结果进行筛选，得到最终的结果集。

处理该问题的 Hive SQL 代码如下。

```sql
-- 创建临时表，统计每个用户每天的访问次数
WITH daily_user_activity AS (
    SELECT
        user_id,
        date,
        COUNT(*) AS daily_visit_count
    FROM
        user_activity
    GROUP BY
        user_id, date
)
-- 使用窗口函数按访问次数降序排列，为每个用户分配排名
, ranked_daily_user_activity AS (
    SELECT
        user_id,
        date,
        daily_visit_count,
        RANK() OVER (PARTITION BY date ORDER BY daily_visit_count DESC) AS visit_rank
    FROM
        daily_user_activity
)
-- 选择排名前3的用户
SELECT
    user_id,
    date,
    daily_visit_count
FROM
    ranked_daily_user_activity
```

```
WHERE
    visit_rank <= 3;
```

这段 Hive SQL 代码首先创建了一个临时表 daily_user_activity，用于统计每个用户每天的访问次数。接着，通过窗口函数和 RANK 排名创建了 ranked_daily_user_activity 表，为每个用户基于每天的访问次数进行降序排列。最后，在最外层的查询中选择了排名前 3 的用户，得到了每天访问次数最多的用户信息。

5.5.4 用户留存率问题

用户留存率是一个关键且常见的主题。企业通常要对用户留存率进行深入分析，以了解它们的产品或服务对用户的吸引力和黏性。留存率反映了用户在一定时间内持续使用产品或服务的能力，对于企业的长期发展至关重要。本节将深入探讨用户留存率问题，并通过 Hive SQL 提供解决方案。

在大数据环境下，用户留存率问题是指在某一特定时间段内用户持续使用产品或服务的比例。对于企业而言，了解用户在不同时间段的留存率情况，有助于制定更精准的市场策略和产品改进计划。通过分析留存率，企业可以更好地理解用户的需求，提升用户体验，从而提高用户忠诚度。

真题：计算用户在第一次登录后的留存率。

本题可以考虑用一个典型的用户行为日志表记录用户的登录信息。计算用户在第一次登录后的留存率，即用户在登录后的每个时间段的持续使用情况。通过以下步骤详细分析这个案例。

（1）通过 Hive SQL 的窗口函数，找到每个用户的第一次登录时间。
（2）通过计算每个用户在第一次登录后的不同时间段内的登录次数，得到用户的留存情况。
（3）通过合理计算和筛选，能够得到用户在每个时间段的留存率。

处理该问题的 Hive SQL 代码如下。

```
WITH first_login AS (
    SELECT user_id, MIN(login_time) AS first_login_time
    FROM user_log
    GROUP BY user_id
),
user_retention AS (
    SELECT
        user_id,
```

```sql
            login_time,
            DATEDIFF(login_time, first_login_time) AS days_after_first_login
        FROM user_log
        JOIN first_login ON user_log.user_id = first_login.user_id
)
SELECT
    days_after_first_login,
    COUNT(DISTINCT user_id) AS num_users,
    COUNT(DISTINCT CASE WHEN days_after_first_login = 1 THEN user_id END) AS
        day1_retention,
    COUNT(DISTINCT CASE WHEN days_after_first_login = 3 THEN user_id END) AS
        day3_retention,
    COUNT(DISTINCT CASE WHEN days_after_first_login = 7 THEN user_id END) AS
        day7_retention,
    COUNT(DISTINCT CASE WHEN days_after_first_login = 30 THEN user_id END) AS
        day30_retention
FROM user_retention
GROUP BY days_after_first_login;
```

上述 Hive SQL 脚本首先通过窗口函数找到每个用户的第一次登录时间，然后计算用户在第一次登录后的不同时间段内的留存情况，最终输出了每个时间段的留存率。

5.5.5 窗口函数问题

窗口函数是一类 SQL 函数，它能够在查询结果集内的特定窗口上执行计算，而不影响查询的行数。这使得在处理数据时可以更灵活地进行计算和分析，而无须聚合整个结果集。窗口函数通常涉及分组、排序和排名等操作，能够为数据提供更精确的洞察。

真题：计算每个用户的登录次数和累计登录次数。

可以用一个典型的用户行为日志表记录用户的登录信息，然后使用窗口函数计算每个用户的登录次数及累计登录次数。通过以下步骤详细分析这个案例。

- ❑ **分组和排序**：利用窗口函数的强大功能，可以对每个用户的登录记录进行分组和排序。这里使用 PARTITION BY user_id ORDER BY login_time 可以确保每个用户的登录记录按时间顺序排列。
- ❑ **计算登录次数**：使用 COUNT(*) OVER (...) 计算每个用户每次登录的次数。这个窗口函数会在每一行上执行，统计当前行之前（包括当前行）的记录数，可以在 PARTITION BY user_id ORDER BY login_time 的窗口内进行计数。
- ❑ **计算累计登录次数**：利用 SUM 函数和嵌套的 COUNT(*) 可以得到每个用户的累计登录次数。这是通过在 OVER (...) 子句中使用 SUM(COUNT(*)) 实现的，同样在每个用户的登录时间窗口内计算。

处理该问题的 Hive SQL 代码如下。

```
SELECT
    user_id,
    login_time,
    COUNT(*) OVER (PARTITION BY user_id ORDER BY login_time) AS login_count,
    SUM(COUNT(*)) OVER (PARTITION BY user_id ORDER BY login_time) AS cumulative_
        login_count
FROM
    user_log;
```

上述 Hive SQL 脚本首先通过窗口函数对每个用户的登录记录进行分组和排序，然后使用 COUNT 函数计算每个用户每次登录的次数。同时，通过 SUM 函数和累计窗口函数，得到了每个用户的累计登录次数。

第 6 章
面试准备指南

准备面试是求职成功的关键之一,在大数据时代,算法刷题成为面试中不可或缺的一部分。但是在面试前,了解公司的背景、文化和价值观也是不可或缺的。我们需要了解公司的产品或服务,并研究相关行业的趋势和竞争对手,还要仔细阅读职位描述和要求,以及所申请职位的责任和技能要求。

要对自己进行自我评估,思考自己的优势、技能和经验,以及如何将它们与所申请的职位相匹配。准备一些相关的故事或例子,以展示在过去的工作或学习中取得的成就。

准备一些常见的面试问题,并练习回答。这些问题包括介绍自己、谈论你的工作经历、解释你的职业目标和动机,以及应对挑战的能力等。确保你的回答简洁明了,并且能够突出你的优势和适应性,展示你的良好的沟通技巧。面试时,良好的沟通技巧是非常重要的。应清晰地表达自己的观点,避免使用行话或术语。同时,展示积极的肢体语言和面部表情,以表达自信和兴趣。

6.1 算法刷题的重要性

算法是面试中经常被考查的知识点,算法的重要性体现在如下几点:

- ❏ 能够帮助面试者顺利通过技术面试。
- ❏ 提升面试者的编程能力和解决问题的能力。
- ❏ 培养面试者的思维能力和分析问题的能力。
- ❏ 解决实际工作中的技术难题。

6.1.1 大数据时代的挑战

随着人工智能大语言模型的爆发，IT行业已开启新的篇章，要想在行业中谱写属于自己的天地，算法是必不可少的一项基本技能。大数据与人工智能的结合为我们带来了许多新的挑战。

首先，处理大规模数据集是大数据和人工智能领域面临的首要挑战。传统的算法和技术往往无法有效处理如此庞大的数据集，因此，需要一种可扩展性强的算法和分布式计算框架，能够并行处理大规模数据。此外，大数据时代所涉及的数据类型也更加丰富多样，包括非结构化和半结构化的数据，如文本、图像、音频和视频等。针对这些数据类型的处理方式与传统数据类型有所不同，需要采用特定的算法和技术来提取和分析有用的信息。其次，大数据时代，数据的产生速度极快，需要实时处理和分析数据以满足业务需求。这对算法的实时性和高吞吐量提出了更高的要求。因此，需要采用流式数据处理的技术和算法，以便能够实时处理数据流并及时做出相应的决策和调整。

另外，大数据时代的数据常常包含噪声、异常值和缺失数据，这可能会影响算法的准确性。因此，在使用大数据进行分析之前，需要进行数据清洗和预处理，以提高数据质量，并确保算法能够产生可靠的结果。

大数据时代也对数据的隐私和安全性提出更高的要求。大规模的数据分析可能会泄露个人隐私和敏感信息。因此，算法需要考虑数据隐私保护和安全处理机制，如使用数据脱敏、加密和访问控制等技术手段，以确保有足够高的数据的安全性和隐私性。

综上所述，大数据与人工智能的结合给算法带来了新的挑战，包括处理大规模数据集、实时处理和分析、数据清洗和预处理，以及数据隐私和安全等方面的挑战。解决这些挑战需要不断推进算法技术的创新和发展，并结合大数据和人工智能的特点，提出适应大数据时代的解决方案。

对这些挑战的了解和掌握是非常重要的。这既可以体现出对大数据的理解和应用能力，也能体现可使用合适的算法和技术来应对这些挑战，从而提升自己的竞争力。综上可见，在当今这个时代掌握算法能力有多重要。

6.1.2 算法对于大数据处理的作用

算法在大数据处理中起着非常重要的作用，这里举例说明算法在大数据处理中的具体作用。

- ❑ **数据挖掘和分析**：大数据包含着丰富的信息，如何从中提取有价值的洞察力是一项挑战。算法可以帮助发现数据中的模式、趋势和相互关系。例如，使用关联规则算法可以发现购物篮中的关联商品；使用分类算法可以预测用户行为；使用聚类算法可以进行市场细分等。

- **高效计算和存储**：大数据通常需要在分布式计算平台上进行处理，而高效的算法可以减少计算和存储资源的消耗，提高计算效率。例如，使用 MapReduce 算法可以并行计算数据；使用压缩算法可以减少存储空间占用；使用索引算法可以加速数据检索等。
- **实时处理和流式分析**：随着大数据的产生速度越来越快，实时处理和流式分析变得至关重要。算法可以帮助快速处理数据流，尽快发现和响应数据中的变化。例如，使用滑动窗口算法可以处理数据流；使用近似计算算法可以加快实时分析速度等。
- **数据隐私和安全性保护**：算法可以帮助实现数据的加密、脱敏和匿名化，保护数据的隐私。例如，使用加密算法可以对敏感数据进行加密；使用差分隐私算法可以实现数据匿名化等。

6.2 大数据刷题技巧

在准备求职前，为了有效提升算法能力，可以设定刷题目标，并制订相应的计划。例如，每天刷一定数量的算法题，或者针对特定类型的题目进行重点练习。这有助于加强对特定算法的理解和应用能力。

表 6-1 所示为一个为期 14 天的刷题计划，这个计划可帮助求职者在 2 周内系统提升大数据算法能力。每天的任务都有具体的题目数量和主题，以及解释和总结的时间。

表 6-1 14 天的刷题计划

	题目数量	主题	解释和总结时间 /min
第 1 天	3	数组和字符串	15
第 2 天	3	排序与查找	15
第 3 天	4	栈与队列	15
第 4 天	4	链表	15
第 5 天	4	树与图	15
第 6 天	3	动态规划	15
第 7 天	4	贪心算法	15
第 8 天	3	回溯算法	15
第 9 天	4	DFS 和 BFS	15
第 10 天	3	哈希表	15

(续)

	题目数量	主题	解释和总结时间/min
第 11 天	4	模拟面试	30
第 12 天	4	实战演练	30
第 13 天	2	系统设计	20
第 14 天	2	数据库	20

在这个计划中，前5天主要是针对基本的数据结构进行学习，包括数组、字符串、排序和查找、栈和队列、链表、树和图等。接下来的几天，涉及一些常用的算法，如动态规划、贪心算法、回溯算法、DFS 和 BFS 等。在第 10 天，可以尝试学习哈希表相关的内容。第 11 天和第 12 天是模拟面试和实战演练，为实际面试做准备。最后两天学习关于系统设计和数据库的内容。

每天的题目数量可以根据难度和复杂度进行适当安排。解释和总结时间用来复习和总结每天刷题的经验和知识。

需要注意的是，这个计划只是一种参考，实际情况可以根据个人时间和能力进行调整。考虑到每个人的学习速度和能力不同，有些人可能需要更多的时间来解决问题。对于某些特定的主题，如果感到比较吃力，可以适当延长时间或者加入更多的练习题目。

最重要的是坚持，保持学习的动力和积极的态度，只有持续学习和实践，才能真正提升大数据算法能力。

对于技巧，必须先熟悉常见的数据结构和算法：在开始刷题之前，确保对常见的数据结构（如数组、链表、树、图等）和算法（如排序、查找、动态规划等）有基本的了解，控制刷题的难度，选择适合自己水平的题目，不要盲目选择过于困难的题目，从简单的题目开始，逐渐增加难度。这样可以建立自信，提高技能，然后逐步提升到更复杂的题目。对于特定的算法或数据结构，可通过反复练习来加深理解和掌握程度。这和平时数学刷题有点相似。

注重问题分类，将题目按照不同的主题进行分类，如数组和字符串、树和图、动态规划等。在解题过程中，记录下关键的思路、重要的知识点和解题技巧，同时，在解题后进行总结，复习所学到的知识和思路，并记录经验教训，以便以后参考。在刷题时一定不要写好代码直接提交，应先通过自带的编译器对标题目需求进行反复确认后再提交，这样有助于理解代码运行的过程及发现错误。

除了刷题，还需对每道题进行详细分析，例如，分析题目需求，以及它的时间复杂度和空间复杂度，怎么以最少的时间换取最优解。

6.2.1 解决问题的方法论

要解决一个实际问题,必须从实际情况出发,一步步去完成,剖析一个算法问题也是如此,譬如,如下算法问题。

题目来源:LeetCode(力扣)

链接:https://leetcode.cn/problems/two-sum/description/

给定一个整数数组 nums 和一个目标值 target,在数组中找出和为目标值的两个整数,并返回它们的索引。

示例:

```
输入: nums = [2, 7, 11, 15], target = 9
输出: [0, 1]
```

解释:因为 nums[0] + nums[1] = 2 + 7 = 9,所以返回 [0, 1]。

当拿到这个题目时首先要想到的是解题步骤。

(1)**理解问题**:题目要求在给定的整数数组中找到两个数,使它们的和等于目标值。需要返回这两个数的索引。

(2)**划分问题**:在这个问题中,主要需要找到两个数,因此,可以以遍历数组的方式逐个考查元素。将问题分解为如下两个子问题。

- 找到一个数和目标值的差值。
- 在剩余的数组中找到这个差值。

(3)**设计算法**:可以使用哈希表来解决这个问题。遍历数组,计算每个元素与目标值的差值,然后检查这个差值是否存在于哈希表中。如果存在,则返回差值对应的索引和当前元素的索引;如果不存在,则将当前元素和它的索引加入哈希表中。

(4)**编写代码**。

```java
import java.util.HashMap;
public class Solution {
    public int[] twoSum(int[] nums, int target) {
        HashMap<Integer, Integer> numMap = new HashMap<>();
        for (int i = 0; i < nums.length; i++) {
            int complement = target - nums[i];
            if (numMap.containsKey(complement)) {
                return new int[]{numMap.get(complement), i};
            }
```

```
            numMap.put(nums[i], i);
        }
        throw new IllegalArgumentException("No two sum solution");
    }
}
```

（5）调试和测试：可以对不同的测试用例进行测试，验证代码的正确性。例如，对于示例输入 [2, 7, 11, 15] 和目标值 9，输出应该为 [0, 1]，对于其他类似的测试用例也应该得到正确的输出。

以上步骤统称为计算机科学中的"五步法"，在解决问题时，常用的方法包括理解问题、划分问题、设计算法、编写代码、调试和测试，此种方法可解决计算机科学中大部分算法问题，通俗理解如下。

（1）理解问题：仔细阅读问题描述，明确问题要求，确保完全理解问题的背景和需求。搞清楚问题的输入和输出格式、题目给出的限制条件等。这个步骤非常重要，因为只有正确理解了问题，才能准确地解决它。

（2）划分问题：将复杂的问题分解为更小、更简单的子问题。这使得问题更易于处理，也有助于优化解决方法。问题分解需要根据具体情况进行，可以考虑采用递归、迭代或者其他算法技巧。

（3）设计算法：根据子问题的性质和解决目标，设计合适的算法解决方案。可以考虑使用已知和常用的算法、数据结构，或者自己设计新的算法。对于一些常见的问题，可以借鉴已有的解决方法。

（4）编写代码：将算法方案转化为具体的代码实现。在编写代码时，需要根据编程语言的语法规则和库函数等进行实现。编写时需保证代码简洁、易读、可维护，并且考虑边界条件和异常情况。

（5）调试和测试：对编写的代码进行测试和调试，确保代码的正确性和健壮性。可以通过编写单元测试、边界测试和随机测试等方式进行验证。如果出现错误，需要进行调试，定位和修复问题。

当刷题遇到问题时，可以按照上述 5 个步骤进行思考和解决。首先确保理解题目，然后根据问题的复杂程度和特点，进行问题的划分和分析。接下来根据问题的划分设计算法，将算法转化为代码实现。最后进行测试和调试，确保代码的正确性和性能。根据实践和经验的积累，能够提高解决问题的效率和准确性。

6.2.2 多种解法对比和分析的重要性

在解决问题时，应该尝试多种不同的解决方法，并对它们进行详细分析和对比。这有助于理解各种方法的优劣势，以及它们在不同情况下的适用性。

（1）**寻找最优解**。这主要从如下几个方面进行。

- **时间复杂度**：对比不同解法的时间复杂度，可以帮助评估算法的执行效率。通常情况下，希望选择时间复杂度较低的算法，因为它们的执行速度更快。
- **空间复杂度**：对比不同解法的空间复杂度，可以帮助评估算法所需的存储空间。有时候，可能需要权衡时间和空间的消耗，从而选择合适的解决方案。
- **执行效率**：通过对比不同解法的具体执行时间，可以找到最优的解决方案。这可以通过实际运行测试示例并比较执行时间来判断。

（2）**了解算法特点**：不同的算法可能有不同的优势和局限性。通过对比和分析它们的特点，可以更好地了解它们在特定场景下的适用性。

（3）**学习和知识积累**：通过对比和分析多种解法，可以学到不同的思路和方法。这有助于扩展知识面，并提升解决问题的能力。借鉴其他人的解决方案并理解其中的原理和思路，可以通过学习多种解法积累宝贵的经验，为以后的问题解决提供参考。

（4）**算法的优化和改进**：对比和分析不同解法的性能效果，可以帮助理解或发现算法的优势和瓶颈，从而提出优化和改进的方向。通过对已有的解法进行改进，可以大大提高算法的效率和解决问题的能力，其中包括优化时间复杂度、减少额外的空间消耗或通过不同的数据结构来提高算法性能。

（5）**考虑问题的特点和限制**：不同问题可能有不同的特点或者限制。通过对比和分析多种解法，可以更全面地考虑问题，并给出最适合解决特定问题的方案。比较同一解法在特殊情况下的表现，如大规模数据集、边界条件或特定约束的问题，可以确保解决方案在不同情况下都能有效。

综上所述，对比和分析多种解法在问题解决过程中扮演着重要角色。它们可以帮助找到最优解、增加知识积累、提升算法能力，并更全面地考虑问题的特点和限制。

6.2.3 多做题目多总结

刷题是提升算法能力的有效方法，但仅刷题是不够的，还要提升思维。算法刷题除了掌握各种题型的解题方法和技巧外，另一个作用就是让思维更灵活。面对每道题，我们都要活学活用，确保以后再遇到类似的题目，脑海里第一时间就能浮现出对应的解决方案。为此我们应该及时总结每道题目的解题思路、优化方法和相关算法知识，对所学习的知识和技巧进行系统化整理，提升长期记忆和应用能力。

多做题目并总结经验是提高理解能力的有效方法，还有助于巩固知识，培养解决问题的能力，提升做题速度。有了一定的基础之后，就可以尝试解决其他类型和难度级别的题目了，从而培养灵活思维和解决不同问题的能力。

下面是几个实用的小技巧。

- **在做题过程中，要养成思考和记录解题思路和方法的习惯**。例如，可以尝试回答以下问题：问题的关键点是什么？是否有类似的问题可以参考？需要哪些特定的算法或数据结构？这样做能够帮助你更好地理解解题思路和方法。
- **注意经常出现的模式和规律**。这些模式可能是特定算法、数据结构的应用或解决问题的通用思路，总结这些模式和规律，并将其作为解决新问题的参考。
- **与其他学习者、同学或老师分享你的解题心得和经验**。通过交流和讨论，可以从他人那里学习新的观点和解题技巧。
- **定期回顾所做的题目和总结的经验**。这有助于巩固知识，并在需要的时候快速找到解题方法。

6.2.4　面试模拟和实战演练

在面试准备过程中，进行模拟面试和实战演练非常重要。可以加入相关社区参加模拟面试，或者寻找相关面试题目进行实际操作，以熟悉面试流程和提高应对面试问题的能力。下面是来自某企业大致的算法面试流程。

面试官（O）：你好，欢迎来面试。我是面试官O，让我们开始面试。请问你在工作中遇到过哪些比较困难的技术问题，是如何解决的？

求职者（C）：在之前的某个项目中，我遇到了一个对性能要求较高的问题。我们的系统需要处理大量的数据并进行复杂计算。初期的实现方式在面对大数据量时表现不佳。为了解决这个问题，我经过性能分析和优化，对算法和数据结构上进行了调整。我采用了分而治之的思想，将大数据集拆分为多个小数据集进行并行处理。此外，我还对数据库的索引和查询进行了优化，减少了查询时间。通过这些优化措施，我们成功提高了系统的性能和响应速度。

O：很棒！你展示了解决复杂问题和优化性能的能力。那么，我们来谈谈你的算法和数据结构方面的知识。你对常见的排序算法是否熟悉？

C：是的，我熟悉常见的排序算法，如冒泡排序、插入排序、选择排序、快速排序、归并排序和堆排序。每种算法都有其适用的场景和性能特点。我可以根据具体的需求选择最合适的算法来提高排序的效率。

O：那么，请你简要介绍一下快速排序的原理和过程。

C：快速排序是一种分治的排序算法。它的基本思路是选择一个基准元素，将数组划分为左、右两个子数组，左边的子数组都小于或等于基准元素，右边的子数组都大于或等于基准元素。然后，对左、右子数组分别按递归的方式进行快速排序。最后将左子数组、基准元素和右子数组合并起来，得到最终的有序数组。快速排序具有较快的平均时间复杂度和较低的额外空间消耗。

O：非常好，你对快速排序的理解很透彻。综合你的简历和回答，你展示了良好的技术背景和问题解决能力。

下面有一些题目请你针对以下问题进行思考和回答。

题目一：

题目来源：LeetCode(力扣)

链接：https://leetcode.cn/problems/move-zeroes/description/

给定一个整数数组 nums，编写一个函数将所有 0 移动到数组的末尾，同时保持非零元素的相对顺序不变。例如，给定 nums = [0, 1, 0, 3, 12]，调用函数后，nums 应该变为 [1, 3, 12, 0, 0]。请你描述一下你会如何解决这个问题。

C：我会采用两个指针的方法，一个指针用来遍历数组，寻找非零元素，另一个指针用来记录非零元素的位置。遍历过程中，如果当前元素不为零，则将其放在非零指针指向的位置，并将非零指针往后移动一位。遍历结束后，将非零指针后面的位置都填上零即可。

下面是相应的 Java 代码实现。

```java
public void moveZeroes(int[] nums) {
    int nonZeroPointer = 0; // 非零元素的指针
    for (int i = 0; i < nums.length; i++) {
        if (nums[i] != 0) {
            nums[nonZeroPointer] = nums[i];
            nonZeroPointer++;
        }
    }
    for (int i = nonZeroPointer; i < nums.length; i++) {
        nums[i] = 0; // 将非零指针后面的位置都填上零
    }
}
```

O：很好，你使用了双指针的方法来解决这个问题，并且时间复杂度是 $O(n)$，非常高效。下面我们继续下一个问题。

题目二：

题目来源：LeetCode（力扣）

链接：https://leetcode.cn/problems/valid-palindrome/description

给定一个字符串 s，判断其是否是回文串。注意只考虑字母和数字字符，忽略大小写。例如，"A man, a plan, a canal: Panama"是一个回文串，"race a car"不是一个回文串。请你描述一下你会如何解决这个问题。

C：我会采用双指针的方法来解决这个问题。首先，我会将字符串中的所有非字母和数字的字符去除，并将字母字符全部转换为小写。然后，使用两个指针分别指向字符串的起始和末尾，比较两个指针指向的字符是否相等。如果相等，两个指针向中间移动，继续比较下一对字符，直到指针相遇或者发现不等的字符为止。

下面是相应的 Java 代码实现。

```java
public boolean isPalindrome(String s) {
    s = s.replaceAll("[^a-zA-Z0-9]", "").toLowerCase(); // 去除非字母和数字字符，并转
        换为小写
    int left = 0;
    int right = s.length() - 1;
    while (left < right) {
        if (s.charAt(left) != s.charAt(right)) {
            return false;
        }
        left++;
        right--;
    }
    return true;
}
```

O：很好，你使用了双指针的方法来解决这个问题，并且考虑了特殊字符和字符大小写。如果字符串非常长，你的方法会不会导致内存溢出？或者是否有其他可以更高效处理的算法？

C：对于长字符串导致的内存溢出问题，可以考虑使用逐个字符判断的方式，不需要将整个字符串都转换为小写。这样可以减少额外的内存使用。另外，可以预先计算字符串的长度，这样可以减少每次判断是否相等的循环次数。

O：非常好，你注意到了在处理长字符串时可能会出现的内存溢出问题，并提出了逐个字符判断、预先计算长度等优化方法。同时，你也表达了学习和探索更高效算法的意愿。这样的思考和求知能力在面试中非常有价值。

最后一个问题。请你描述一下你对我们公司的了解，以及你选择加入我们的原因。

C：我对贵公司有一定的了解。贵公司是全球先进的技术供应商，致力于提高客户体验，提供高质量的产品和服务。

我选择加入贵公司是因为我对贵公司的技术实力和创新能力深感钦佩。贵公司在技术研发方面也很不错，同时也有很好的职业发展机会和良好的工作环境。我相信加入贵公司能够获得宝贵的经验和发展机会，并为贵公司的发展作出贡献。

O：非常感谢你的回答和参与面试。我们会对你的表现进行评估，稍后会跟你联络。

C：期待能够得到您的回复。再次感谢！

从上述面试过程中不难看出，算法知识储备充足，关键时候能够给自己足够的信心。在面试过程中要想与面试官对答如流，需要做到如下几点。

- **学习算法和数据结构知识**。面试中涉及的问题是基于经典算法和数据结构的，因此，需要系统地学习和掌握这些算法和数据结构的基本原理、操作和特性。
- **提高编程语言的熟练度**。面试要求使用 Java 语言来写代码，因此，需要熟练掌握 Java 的语法和相关库的使用。可以通过编写 Java 程序、实践项目和阅读 Java 相关的书籍和文档来提高自己的 Java 编程技能。
- **注意理解题目要求和边界**。面试中的题目往往涉及各种边界情况和特殊要求，因此，在解答问题时要仔细阅读题目要求，确保理解清楚题意，并注意考虑各种可能情况，包括极端情况和输入异常的情况。
- **加强问题解决能力和优化思维**。在面试中，除了正确解答问题，面试官还会重点关注你解决问题的思路和优化能力，因此，需要提高自己的解决问题的能力，善于从多个角度思考问题，并且能够提出高效的解决方案。
- **实战演练和模拟面试**。为了做好准备，可以参加一些实战演练和模拟面试来熟悉面试过程，提高自己的应对能力和自信心。可以通过参加在线编程挑战、多做 LeetCode 等平台上的题目，并邀请朋友或同事扮演面试官进行模拟面试。

6.2.5　学会利用资源

在做题和准备面试时，应该善于利用各种资源。可以参考相关书籍、教程和在线资源，深入了解算法和数据结构的原理和应用。还可以参加算法讨论群、刷题社区和编程竞赛等活动，与其他同行交流学习。仅会做题还不够，业务能力同样重要。

在面试中学会利用资源是帮助提高竞争力的重要技巧。首先，应了解面试官和公司，在面试前，尽可能了解面试官的背景和公司的背景，包括他们的研究领域、工作经历和所关注的技术方向。这将帮助你在面试中提供更加有针对性的答案，并充分展示你对公司和行业的理解。其次，应深入研究公司文化和项目，可以通过查阅公司的网站、阅读新闻报道、参加公司的研讨会或者参与相关社交媒体来获取信息。这样，你能够更好地回答与公司价值观和项目相关的问题，并展示你对公司的兴趣和适应能力。

利用线上资源，参考专业网站、技术论坛和博客，以获取与大数据算法相关的最新动态和研究进展。这些资源提供了深入理解新兴技术和最佳实践的途径，使你能够紧跟行业的发展趋势，并在面试中展示你对最新技术的了解和应用能力。

加入与大数据算法相关的开源社区，可以与其他领域的技术人员和热情爱好者交流，并分享心得和经验。通过与他人合作和互动，可以学习新的技术和解决问题的方法，扩展知识面，并建立有价值的专业联系。

参与技术交流会议和研讨会，如学术会议、专业讲座，是获取新知识，以及与同行交流的重要途径。这些活动通常涵盖最新的研究成果和实践经验，参与其中可以获取思维启发和新的解决方案。

通过刷题和解决实际的大数据问题，可以锻炼算法设计和优化的能力。利用在线刷题平台和实际项目，寻找与面试相关的算法题目，不断尝试不同的解决方案，并思考如何优化算法的复杂度和性能。

6.3 面试准备

在准备面试之前，有几个重要的步骤需要注意，本节将对这些步骤进行全面介绍。

6.3.1 了解大数据职业方向

在准备面试之前，要了解大数据领域的职业方向和常见职位要求。这有助于你选择适合自己的面试准备方向，并更好地展示自己的专业能力。

要了解大数据的职业方向，首先需明确大数据的定义和范围。大数据指的是规模巨大、种类繁多、增长迅速的数据集合。这些数据可以来自互联网、社交媒体、传感器、移动设备等。与传统的数据处理方法不同，大数据需要使用特殊的技术和工具进行存储、处理和分析。

下面是一些大数据工程师职位。

- ❑ **数据科学家**。数据科学家是大数据领域最热门的职业之一。他们利用统计学、机器学习和数据挖掘等技术，从大数据中找出有价值的信息，并提供决策支持和业务洞察。数据科学家需要具备数学和统计学的基础知识，以及编程和数据处理技能。
- ❑ **数据工程师**。数据工程师负责设计、构建和维护大数据系统和基础架构。他们使用各种技术和工具来处理、转换和存储大规模数据，并确保数据的可用性和安全性。数据工程师需要掌握分布式系统、数据库管理和编程等技能。
- ❑ **数据分析师**。数据分析师负责对大数据进行分析和解读，以发现数据中的模式、趋势和关联。他们使用统计学和数据可视化工具来提取有用的信息，并为企业提供决策支持。数据分析师需要具备数学和统计学的基本知识，以及良好的沟通和解释能力。
- ❑ **大数据架构师**。大数据架构师负责设计和实施大数据解决方案，以满足业务需求。他们需要了解不同的数据存储和处理技术，如 Hadoop、Spark 和 NoSQL 数据库等。大数据架构师需要具备扎实的技术背景和架构设计能力。

了解这些大数据的职业方向后，可以根据自己的兴趣和能力选择适合自己的方向进行深入学习和准备。除了专业知识，还应关注行业趋势、新技术和工具的发展。大数据领域一直在不断演进，掌握最新的技术和趋势可以提高在面试中的竞争力。

6.3.2 不同职位对算法的要求

不同职位对算法的要求可能有所不同。建议仔细研究目标职位的招聘要求，并根据要求进行针对性准备。这包括掌握特定领域的算法和数据结构，以及了解相关领域的业界发展动态。

任何职位都有初中高级要求，在算法方面，初级要求是具备数据结构的基本知识，如数组、链表、栈、队列、哈希表、树、图等，了解它们的特性、操作和应用场景。具体的职位需要用到的算法如下。

（1）数据分析师需要具备如下能力。

- ❑ **数组和链表**：用于处理和分析数据集，进行数据的整理、过滤、排序等。
- ❑ **哈希表**：用于数据的快速查找和去重，加速数据分析过程。
- ❑ **统计算法**：包括基本的统计指标计算、概率分布、假设检验等，用于数据的描述和分析。
- ❑ **数据可视化算法**：用于将数据以图形方式展示，帮助分析师更好地理解和传达数据。
- ❑ **机器学习算法**：用于构建模型、进行预测和分类等，帮助发现数据背后的规律和洞察。

（2）数据工程师需要具备如下能力。

- **数组和链表**：用于对大规模数据的存储、处理和索引，实现高效的数据操作。
- **栈和队列**：用于实现数据流的缓冲和调度，处理数据的交换和传输。
- **哈希表**：用于数据的散列划分和分片，实现数据的分布式存储和处理。
- **平衡树**：用于实现快速的范围查询、删除和插入，提高数据处理的效率。
- **图算法**：用于处理大规模的网络结构和依赖关系，进行图的遍历、聚类和分析。

（3）机器学习工程师需要具备如下能力。

- **数组和矩阵**：用于存储和处理特征向量和模型参数，进行线性代数运算。
- **栈和队列**：用于优化算法的实现，如迭代法、梯度下降法等。
- **哈希表**：用于高效地存储和检索大规模数据集，缓存中间结果。
- **决策树和随机森林**：用于特征选择和模型构建，进行数据的分类和回归。
- **深度学习算法**：如神经网络、卷积神经网络和循环神经网络，用于处理图像、文本和序列数据等。

（4）数据科学家需要具备如下能力。

- **数组和矩阵**：用于存储和处理大规模数据集，进行数据的变换和计算。
- **栈和队列**：用于数据流的缓冲和处理，实现数据的分片和分布式计算。
- **哈希表**：用于高效地处理大规模数据集，进行数据的去重、查找和聚合。
- **统计算法**：包括统计建模、时间序列分析、因子分析等，用于挖掘数据的内在规律。

6.4 面试技巧

下面以 6.2.4 节举的面试例子为背景，对面试技巧进行详细介绍。

（1）**提前准备**：在面试前，要对公司背景、职位要求和行业趋势进行充分调研。了解公司的价值观和使命，并准备相关问题和答案。

（2）**知识准备**：温习相关领域的基础知识和技术，确保自己能够回答相关问题。回顾过去的项目和经验，准备好能够深入描述的例子。

（3）**简历准备**：一份好的简历是打开企业大门的钥匙，应保持简历内容简洁明了，突出重点信息，避免废话过多和句子冗长。使用简练的措辞和清晰的标题，使简历易于阅读和理解。在专业技能和项目经历部分，重点突出与大数据算法相关的技能和经验。详细描述你熟悉的编程语言、数据处理工具、大数据技术、机器学习和深度学习算法、数据可视化工具等。列举和描述与目标岗位关键技能相关的项目经历，强调自己在实践中解决问题和取得成果的能力，在介绍项目经历和实习（或工作）经历时，尽量量化自己的成果和达到的效果，如减少数据处理时间的百分比、提高算法准确度的百分比、发表的论文数量、获得奖项的数量等。这样可以用更具说服力的方式展示你的能力和贡献。如果你在实习或工作中承担过与大数据算法相关的职责，可详细描述你的工作内容、使用的技术和取得的成果。突出强调数据采集、清洗、分析和建模的经验，以及使用Java、SQL、Hadoop、Spark等技术的能力。

- **教育背景与证书**：在教育背景部分，可以简要描述你的学位和相关学校的名称、时间等。如果你有与大数据算法相关的在线课程证书或培训证书，也要将其列出以显示你对学习和提升自己的意愿。
- **荣誉与奖项**：如果你曾获得与大数据算法相关的奖项、奖学金或荣誉，可列出并简要描述。这可以进一步证明你的能力和专业性。
- **语言能力和个人信息**：在语言能力部分，可以指明你的英语水平，特别是对于国际性的公司和团队来说，良好的英语沟通能力通常是加分项。最后，在个人信息中提供联系方式，如电话号码、电子邮件地址和个人网页链接（如果适用）。

确保简历突出展示你的技能、经验和成果。此外，一定要始终保持简历格式整洁和一致，以增加易读性。

6.4.1　自信和积极的态度

当面试官问职业目标时，应表现出积极的态度。

面试官：请问你未来的职业目标是什么？

面试者：我的职业目标是成为一名优秀的大数据工程师，并在这个领域做出重要的贡献。对我来说，大数据领域充满了机遇和挑战，我对此充满了热情。在之前的工作经历中，我已经积累了一定的经验，包括处理和分析大规模数据集、优化算法和解决实际业务问题等。我也一直在不断地学习和深化自己的技能，包括学习新的算法模型和工具。我相信通过努力和持续学习，我能够在这个领域不断成长，并为公司带来创新的解决方案。

面试官：你如何处理工作中的压力？

面试者：我理解工作中会有一定的压力，尤其在大数据算法这样具有挑战性的工作中，但我对于在压力环境中表现出色有很大的信心。在过去的项目中，我遇到过截止日期紧迫的情况，在这样的情况下，我利用良好的时间管理和任务优先级技巧最终解决了问题。我相信自己的能力和积极的态度有助于应对任何压力，并完成工作。

总之，在面试中展现自信和积极的态度是成功的关键，因为这可以帮你给面试官留下积极而自信的印象。展现自信和积极的态度的关键不外乎以下 4 点。

- 积极言行。在面试中保持积极的言行，展现你对面试机会的兴趣和对公司的热情。注意保持良好的姿态、面部表情和眼神接触，这些都是展现自信和积极态度的一个重要方面。
- 真诚表达兴趣。在回答问题时，展示你对所申请的职位和公司的兴趣。例如，可以分享你对大数据算法领域的热情，并说明你如何乐于接受新的挑战和学习新的技能。这种真诚的表达会让面试官感受到你的积极态度。
- 谈论解决问题的能力。在回答与解决相关问题时，突出强调你解决问题的能力和积极态度。例如，可以提到之前的项目经历，描述在面临技术挑战时你是如何主动采取行动来解决问题的。强调你的决心和承诺，表明你具备解决问题和克服难题的能力。
- 积极参与问答环节。当面试官给你机会提问时，你应积极参与，表达你对公司、团队和职位的兴趣。例如，可以问一些关于公司文化、团队合作和发展机会的问题。这显示出你的积极主动，愿意积极融入团队并为公司作出贡献。

6.4.2 清晰的表达和逻辑思维

在回答问题时，语言的清晰性和条理性是非常重要的，同时还需要保持逻辑性，确保思路和解决方案能够清晰地传达给对方。在回答问题之前，可以先花一些时间梳理思路，确保自己明白问题的要求和重点，然后根据问题进行分析并提供解决方案。

- 结构化回答：在表达思路和解决方案时，采用结构化的方式能够使思路更加清晰。可以使用停顿、加重语气或序号来组织自己的回答，使其具备逻辑性。
- 清晰的语言表达：采用简洁明了的语言表达，避免使用过于复杂或晦涩的词汇。用清晰明了的语句，将自己的观点和解决方案传达给对方。
- 逻辑连接词：使用逻辑连接词或短语，如"首先""其次""此外""然而"等，来帮助组织自己的思路，清晰地表达不同观点或解决方案之间的关系和转折。
- 举例说明：在解释或说明某个观点或解决方案时，可以采用具体的例子来加以说明。这样可以使观点更加具体和清晰，并能帮助对方更好地理解你的思路。
- 复述和总结：在回答问题的结尾，可以对自己的观点和解决方案进行复述和总结，确保对方能够清晰地理解你的思路和解决方案。例如，当面试官让你解释一下哈希表的原理和应用场景时，可以首先介绍哈希表的原理，然后说明哈希表的应用场景，最后给出一个实际应用示例。应用示例就属于复述和总结的内容。

下面看一个关于解读哈希表原理的例子。

哈希表是一种基于哈希函数的数据结构，它可以将任意大小的输入值映射为固定大小的输出值，我们称之为哈希值。哈希表内部使用一个数组来存储数据。当需要存储一个键值对时，首先通过哈希函数计算出键的哈希值，然后将键值对存储在数组中的相应位置。当需要查找或获取对应键的值时，同样通过哈希函数计算出键的哈希值，并在数组中寻找对应位置的值。

哈希表在实际工作中具有广泛的应用场景，常见的应用场景如下。

（1）数据库索引：哈希表可以用于加速数据库中的索引操作，快速定位到对应的数据。
（2）缓存系统：哈希表可以用于缓存系统中存储键值对，提高读取速度。
（3）字典：哈希表可以作为实现字典数据结构的基础，快速查找对应的值。

例如，当用户登录网站时，系统会使用哈希函数将用户提供的密码转换成哈希值，并将该哈希值存储在数据库中。当用户再次尝试登录时，系统会对用户提供的密码进行哈希转换，并与数据库中存储的哈希值进行比对。这样可以保护用户密码的安全性，同时提供快速的密码验证过程。

上述回答语言简洁明了，并使用逻辑连接词来组织整体的结构，使得回答更加清晰和有条理。最后，面试者通过总结来确保对方能够清晰地理解他的回答。这样的回答展示了清晰表达和逻辑思维能力。

6.4.3 如何回答算法问题和优化思路

面试官可能会问一些关于算法和数据结构的问题。在回答时，要展示对算法的理解和应用能力，同时思考如何优化算法的时间复杂度和空间复杂度。在面试时也可能被重点问及怎么用时间换空间、怎么调优。从时间和空间复杂度到时间换空间，以及算法调优是大数据算法工程师的升级过程。当谈到算法的优化思路时，面试者必须深入理解时间复杂度和空间复杂度的概念。

时间复杂度和空间复杂度衡量了算法在输入规模增加时所需处理的资源，包括时间资源和空间资源。在实际应用中，工程师会将时间复杂度和空间复杂度作为算法设计和优化的一个重要参考，根据具体情况，他们会追求以下目标。

❏ **提高时间效率**。如果算法需要在更短的时间内处理大量数据，可以选择具有较低时间复杂度的算法。常见的时间复杂度可以分为常数时间 $O(1)$、对数时间 $O(\log n)$、线性时间 $O(n)$、线性对数时间 $O(n \log n)$、平方时间 $O(n^2)$ 等。他们会选择时间复杂度较低的算法来提高执行速度。

❏ **优化空间利用**。如果算法需要处理大规模数据但又有内存资源限制，工程师会寻找具有较低空间复杂度的算法。他们可能会优化数据结构或算法的设计，减少不必要的内存开销，如使用指针、动态数组、压缩算法或哈希表等。

时间复杂度和空间复杂度之间存在一定的关联，有时通过优化时间复杂度，可以间接减少空间复杂度，但也可能会牺牲空间复杂度。例如，使用哈希表作为数据结构，可以在 $O(1)$ 的时间内查找元素，但可能需要更多的内存空间来存储哈希表本身。

6.4.4　针对不熟悉的问题的应对策略

面试中可能会遇到不熟悉或不清楚的问题，具体应对方法如下。

- **保持冷静，不要惊慌或紧张**。重要的是展示自信和积极的态度。**面试官更关注你的思考过程和解决问题的能力**，而非完美的答案。确保你准确理解了问题的内容和要求更需要。
- **尽可能从问题的相关知识点入手**。即使你对整个问题不熟悉，也可以思考是否了解其中的一些概念、原理或类似的问题。通过这种方式，你可以展示你的推理和分析能力，尝试系统地提出解决问题的思路或方法。可以通过思维导图、流程图或纸上草稿来整理自己的想法。表达你的推断、假设或可能的解决路径。即使你的思路可能是错误的，这个过程也能显示你的逻辑思维能力。
- **如果你对问题中的某些方面不熟悉，可以主动提问以进一步了解**。这表明你对问题和主题的兴趣，并且向面试官展示你学习和适应的能力。
- **如果你在其他相关项目中遇到过类似的问题，可以谈谈你是如何解决的**。即使解决方案不完全适用于当前问题，也能展示你的经验和解决问题的能力。
- **如果你真的不清楚或者不熟悉问题，可以诚实地告诉面试官，但要表达自己愿意学习和尽快掌握相关的知识**。这样可以展示你的诚实和谦虚态度。遇到不会的问题一定要谦虚回答，因为你不知道此家公司是否对求职者的信息做过备调，真诚永远是必杀技。

总之，面试中遇到不熟悉的问题并不可怕，重要的是展示你的思考过程、分析能力和学习能力。记住，面试是一个相互了解的过程，不仅要展示已知知识，还要展示你未来的潜力和发展能力，这是面试官可能重视的素质之一。

6.4.5　强调代码风格和可读性

在面试问题中涉及编写代码示例时，要注意代码风格，使其易于理解和阅读，注重变量命名、缩进和注释等方面的规范。

可读性强的代码具有如下优势。

- **可以更清晰地表达算法的思想和逻辑**。这使面试官能够更容易理解你所实现的算法，快速判断你是否理解解决问题的思路。当面试官需要检查算法是否正确或进行分析时，可读性强的代码不仅可以提供更好的可视化效果，还能够帮助面试官快速定位代码中的潜在错误或优化可能性。
- **反映你的编码能力和代码组织能力**。在面试中，编写可读性强的代码有助于面试官对你的工程实践和团队合作能力的评估，算法代码的可读性也是面试中的加分项。通过使用有意义的变量名、良好的缩进和适当的注释，能够展示你对编码规范的理解和遵守能力。
- **有助于你与团队成员之间的沟通和合作**。当团队成员能够轻松理解你的代码时，工作效率会得到提高，团队整体合作也会更加高效。

可读性差的代码可能会造成如下影响。

- **可维护性差**。缺乏可读性的代码往往更难以维护。当你或其他人需要修改或扩展代码时，没有清晰的指导和解释，可能会导致错误和困惑。
- **开发效率低**。可读性差的代码通常需要更多的时间来理解和修改。代码中缺乏清晰的命名、不良的缩进和结构，会导致阅读代码变得困难，从而降低开发效率。
- **错误和漏洞**。可读性差的代码容易出现错误和漏洞。代码逻辑不清晰和不明确的命名可能导致难以察觉的缺陷，这可能会在生产环境中引发问题。
- **团队协作困难**。在一个团队中，如果成员之间的代码不易理解，将会增加沟通和合作的难度。虽然你能理解自己的代码，但如果他人难以理解你的代码，将会降低团队整体的工作效率。

6.4.6 了解算法的应用场景

算法是解决问题的关键方法之一，了解算法的应用场景对于软件工程师至关重要，因为它们为我们提供了在不同领域高效解决问题的方法。了解算法在实际场景中的应用，有助于展示你对算法和数据结构的综合应用能力。

- **数组**。数组是一种基本的数据结构，在存储和处理大规模数据方面扮演着重要角色。通过数组，可以进行各种操作，如排序、查找等。例如，在大数据处理中，数组可以用于快速排序、二分查找等操作，以提高数据处理效率。
- **链表**。链表是一种动态的数据结构，可以在运行时进行扩展和收缩。在软件开发的许多领域，链表的应用非常广泛。例如，在文件系统中，链表被用于实现文件块的链表结构，以便存储文件的块索引。此外，链表也可以用于实现浏览器的历史记录功能，以记录用户浏览过的网页。
- **栈**。栈是一种后进先出的数据结构，在函数调用、计算器等方面发挥着重要作用。在函数调用过程中，栈用于保存函数的局部变量和返回地址，以便在函数返回时能正确恢复执行。另外，在计算器中，栈可以用于处理表达式求值，存储运算符和操作数。
- **队列**。队列是一种先进先出的数据结构。在许多操作系统中，队列被用于实现任务调度，确保以先进先出的顺序执行任务。例如，在银行业务中，队列可以用于模拟客户排队等候办理业务的场景。
- **哈希表**。哈希表是一种高效的数据结构，通过将键映射到索引来快速访问数据。在实际应用中，哈希表广泛用于缓存系统，以提高数据的访问速度。此外，哈希表也被用于数据库索引，以加速数据的检索操作。
- **树**。树是一种分层结构的数据结构。在文件系统中，树被用于表示目录结构，方便文件的组织和查找。此外，树还被广泛应用于 XML/JSON 解析，以便对数据进行操作和转换。
- **图**。图是一种由节点和边构成的数据结构，在网络路由、社交网络分析等领域发挥着关键作用。例如，在网络路由中，图被用于确定数据在网络中传输的最佳路径。另外，在社交网络分析中，图可以帮助我们找到关键人物或社群，从而推断出有用的信息。

推荐阅读